全国高职高专应用型规划教材·机械机电类

机械制造工艺学基础

主　编　孙居彦

副主编　唐利娟　修艳林　房　鹏

内容提要

本书从工艺实施的生产实际出发，本着“实际、实用、实效”的原则，以技术应用为主线，基础理论以必须、够用为度，突出通用典型实例，注重基本概念和原理的讲述和分析，保证了理论体系的完整性。书中没有较复杂的理论分析和公式推导，强化了加工误差的综合分析以及保证和提高装配精度的工艺方法的应用。

本书共7章，包括：工件的定位与夹紧，机械加工工艺规程的制定，机械加工精度与表面质量分析，典型零件的加工工艺分析，装配工艺基础理论及提高装配精度的方法，机械加工现代工艺技术简介等内容。为了加深对知识点的理解，每章后附有习题与思考题。

本书可供高职高专、技师学校的机械制造、机电一体化、模具等机电类专业使用，也可供普通工科院校师生及相关工程技术人员参考。

图书在版编目(CIP)数据

机械制造工艺学基础/孙居彦主编. —北京：北京大学出版社，2010.8
(全国高职高专应用型规划教材. 机械机电类)
ISBN 978-7-301-17270-4

Ⅰ. ①机… Ⅱ. ①孙… Ⅲ. ①机械制造工艺—高等学校：高等学校—教材
Ⅳ. ①TH16

中国版本图书馆 CIP 数据核字(2010)第101639号

书　　名：机械制造工艺学基础
著作责任者：孙居彦 主编
策 划 编 辑：傅　莉
责 任 编 辑：傅　莉
标 准 书 号：ISBN 978-7-301-17270-4/TH·0194
出 版 发 行：北京大学出版社
地　　址：北京市海淀区成府路205号　100871
电　　话：邮购部62752015　发行部62750672　编辑部62765126　出版部62754962
网　　址：http://www.pup.cn
电 子 信 箱：zyjy@pup.cn
印　刷　者：北京鑫海金澳胶印有限公司
经　销　者：新华书店
787毫米×1092毫米　16开本　13.5印张　328千字
2010年8月第1版　2010年8月第1次印刷
定　　价：27.00元

前　言

机械制造工艺学基础是机械制造类、机电一体化专业的主要专业课。编写本书时，编者参阅了大量的同类课程不同版本的书籍，吸取了其中的精华部分，借鉴了机械工业发展的新技术成果，充实了本书的内容，使本书结构更加合理，理论更加完整。

本书根据职业教育的特点，针对高职高专学生的培养目标，以提高学生的实践能力为根本，结合学生的就业去向及职业性质，对教材中理论知识的广度和深度进行了合理的整合，增加了生产使用知识的比例，减少了较深的理论分析和复杂的公式推导。

本书内容主要包括机械制造工艺过程中的工件定位装夹、机械制造工艺基本理论、典型零件加工及现代制造技术四部分。工件的定位与装夹主要介绍了定位与装夹的基本原理，为后续的机械制造工艺理论论述做理论铺垫；在基本理论的论述中，本书注重建立基本概念和原理的具体应用，为培养学生从事产品工艺设计的初步能力，加强了产品加工精度分析及装配工艺的基础知识，编者从保证产品质量出发，紧紧围绕质量、生产率、成本三者的辩证关系分析工艺问题；在典型零件加工工艺中，编者注重工艺分析和能力的培养，因而本书既适合“机械制造”专业理论的教学，又适合“机械制造”专业操作技能的教学；现代机械制造技术反映了国内外机械制造行业的发展动向和发展水平，以扩大视野、开阔思路为目的。

本书共7章，每章后附有习题与思考题，以方便学生复习该章内容。

在编写过程中，编者结合近二十年的一线技术工作实践经验，在保证提高学生基本技能的情况下，竭力维持机械制造工艺理论的完整性，而不是将几门专业课进行内容删减的简单叠加。有了完整的理论基础，学生在未来才会有更大的提升空间。

由于编者水平有限，加之时间紧迫，书中错误在所难免，恳请读者批评指正。

编　者

2010年6月

目　录

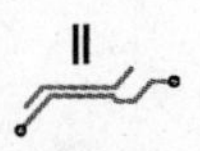

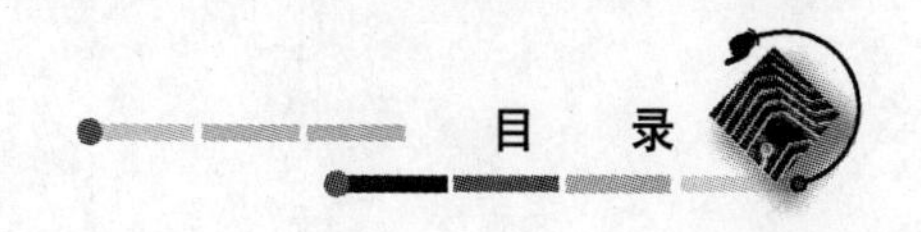

第1章 机床夹具基础知识

1.1 概　　述

夹具是在机械制造过程中，用来固定加工对象，使之占据正确加工位置的工艺装备，它广泛应用于机械制造过程的切削加工、热处理、装配、焊接和检验等工艺过程中。

在各种金属切削机床上用于装夹工件的工艺装备称为机床夹具，如车床上使用的三爪自定心卡盘、四爪卡盘，铣床上使用的平口虎钳等。在现代生产中，机床夹具是一种不可缺少的工艺装备，它直接影响着工件的加工精度、劳动生产率和制造成本等。

机床夹具对工件进行装夹包含两层含义：一是使同一工序中一批工件都能在夹具中占据正确的位置，称为定位；二是使工件在加工过程中保持已经占据的正确位置不变，称为夹紧。

1.1.1 机床夹具的分类

根据夹具的通用特性，目前常用机床夹具可分为通用夹具、专用夹具、可调夹具、组合夹具和自动线夹具五大类。

(1) 通用夹具。通用夹具是指结构、尺寸已标准化，而且具有一定通用性的夹具，如三爪自定心卡盘、四爪单动卡盘、台虎钳、万能分度头、顶尖、中心架和电磁吸盘等。这类夹具的特点是加工精度不是很高，生产率较低，可以装夹一定尺寸范围内的多种工件，使用范围广。主要用于单件小批量生产。

(2) 专用夹具。专用夹具是根据零件的某一道工序的加工要求而专门设计和制造的夹具。其特点是针对性强，没有通用性。在产品相对稳定，批量较大的生产中，常用各种专用夹具，可获得较高的生产率和加工精度。但专用夹具的设计周期较长，投资较大，当产品变更时，夹具将无法再使用而报废。

(3) 可调夹具。可调夹具是针对通用夹具和专用夹具的缺陷而发展起来的一类新型夹具，加工形状相似、尺寸相近的多种工件时，只需更换或调整夹具上的个别元件或部件便可使用。它一般又可分为通用可调夹具和成组夹具两种。前者的通用范围更广一些；后者则是一种专用可调夹具，它按成组原理设计并能加工一族相似的工件，故在多品种，中、小批量生产中使用，有较好的经济效果。

(4) 组合夹具。组合夹具是一种模块化的专用夹具，由一套预先制造好的具有较高精度和耐磨性的标准元件和部件组装而成。标准元件和部件，具有完全互换性，可以随时组装和拆卸，因此组合夹具在单件、中、小批量多品种生产和数控加工中，是一种较经济的夹具。

(5) 自动线夹具。自动线夹具是指在自动线上使用的夹具。自动线夹具一般分为两种：一种为固定式夹具，它与专用夹具相似；另一种为随行夹具，使用中夹具随着工件一起运动，并将工件沿着自动线从一个工位移至下一个工位进行不同工序的加工。

1.1.2 机床夹具的组成

虽然各类机床夹具结构不同，但从组成元件的功能来看，可以分成定位元件、夹紧装置、夹具体、其他装置等四部分。

（1）定位元件。定位元件用以确定工件在夹具中的正确位置，其定位精度直接影响工件的加工精度。

（2）夹紧装置。夹紧装置用以确保工件在加工过程中不因受外力作用而破坏其已占据的正确位置。通常夹紧装置的结构会影响夹具的复杂程度和性能。它的结构类型很多，设计时应注意选择。

（3）夹具体。夹具体是用于连接夹具各组成部分，使之成为一个整体的基础件。常用的夹具体包括铸件结构、焊接结构、组装结构和锻造结构，形状有回转体形和底座形等。

（4）其他装置。

对刀或导向元件：用于确定、引导刀具相对于定位元件的正确位置的元件。

连接元件：是指用于保证夹具与机床间相互位置的元件。如车床夹具上的过渡盘、铣床夹具上的定位键都是连接元件。

根据加工需要，有些夹具还采用分度装置、靠模装置、上下料装置、顶出器和平衡块等。

1.1.3 机床夹具的作用

机床夹具的作用主要有如下几点。

（1）保证加工精度。用夹具装夹工件时，工件相对于刀具及机床的位置精度由夹具保证，不受工人技术水平的影响，使一批工件的加工精度趋于一致。

（2）提高生产率。用夹具来装夹工件方便、快速，工件不需要划线找正，可显著减少辅助时间，提高生产率。

（3）降低生产成本。在批量生产中使用夹具后，可使用技术等级较低的工人，废品率下降，时间定额减少，可明显地降低生产成本。

（4）改善工人的劳动条件。机床夹具装夹工件方便、省力、安全，能减轻工人的劳动强度，保证安全生产。

（5）扩大机床的使用范围。有些机床夹具实质上是对机床进行了部分改造，扩大了原机床的功能和使用范围。如在车床床鞍上安装镗模夹具，通过夹具使工件的内孔与车床主轴同轴，镗杆右端由尾座支承。左端用三爪自定心卡盘带动旋转，就可以对零件进行孔加工，如图 1-1 所示。

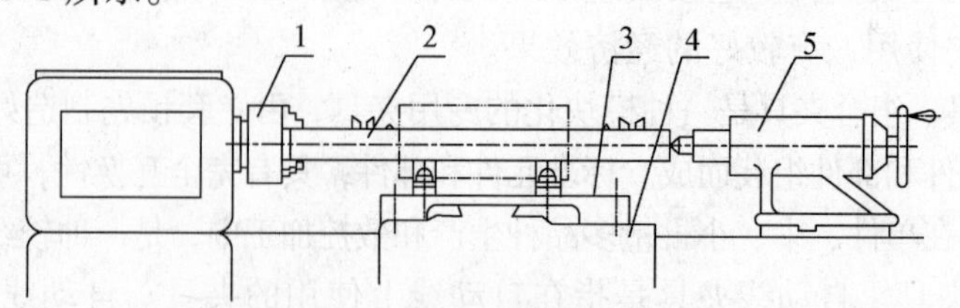

图 1-1 在车床上镗孔示意图

1—三爪自定心卡盘；2—镗杆；3—夹具；4—床鞍；5—尾座

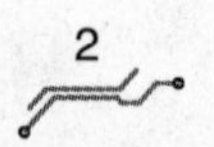

1.2　夹具的定位原理和定位方式

1.2.1　六点定位原理

1. 工件的自由度

如图1-2所示，在空间直角坐标系中，工件可沿 x、y、z 轴移动至不同位置，也可绕着 x、y、z 轴转动至不同位置，这种工件位置的不确定性，通常称为自由度，任何一个尚未确定位置的物体在三维空间中都有六个自由度。沿 x、y、z 轴方向移动的自由度，用 $\vec{x}$、$\vec{y}$、$\vec{z}$ 表示。绕 x、y、z 轴线方向转动的自由度，用 $\overset{\frown}{x}$、$\overset{\frown}{y}$、$\overset{\frown}{z}$ 表示。要使工件在夹具中正确定位，必须限制或约束工件的这些自由度。

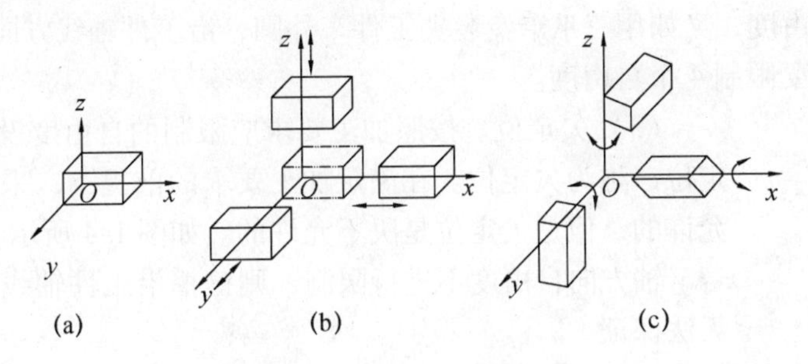

图1-2　工件的6个自由度

2. 六点定位原理

工件定位的实质就是通过限制工件的自由度实现定位。用合理分布的6个支承点，限制工件的部分或全部6个自由度，使工件在夹具中的位置完全确定，这就是“六点定位规则”，简称“六点定则”。

工件的形状及加工要求不同，6个支承点的分布形式不同。如图1-3（a）所示为六面体类工件的六点定位情况。工件底面 A 安放在不处于同一直线上的3个支承点上，限制了工件的3个自由度（$\vec{z}$、$\overset{\frown}{x}$、$\overset{\frown}{y}$），侧平面 B 靠在两个支承点上，限制了工件的两个自由度（$\vec{x}$、$\overset{\frown}{z}$），侧平面 C 与一个支承接触，限制了一个自由度（$\vec{y}$），这样工件的6个自由度均被限制，工件在夹具中的位置就完全确定。

图1-3（b）为盘类工件的六点定位。底面用3个支承点限制3个自由度（$\vec{z}$、$\overset{\frown}{x}$、$\overset{\frown}{y}$）；圆周表面用两个支承点限制两个自由度（$\vec{x}$、$\vec{y}$）；槽的侧面用一个支承点限制一个自由度（$\overset{\frown}{z}$）。这样工件的位置被完全确定。

图1-3（c）为轴类工件的六点定位。由图可见，工件的位置被完全确定。

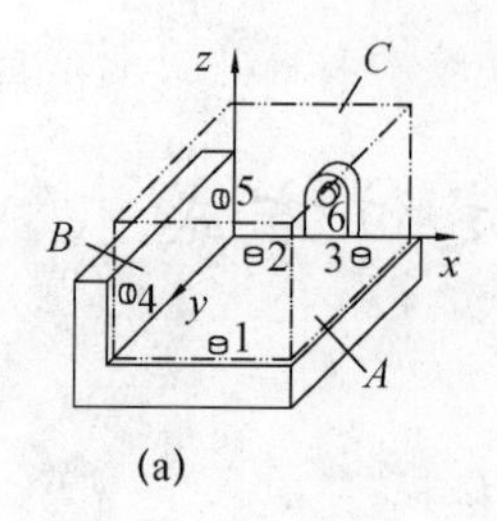

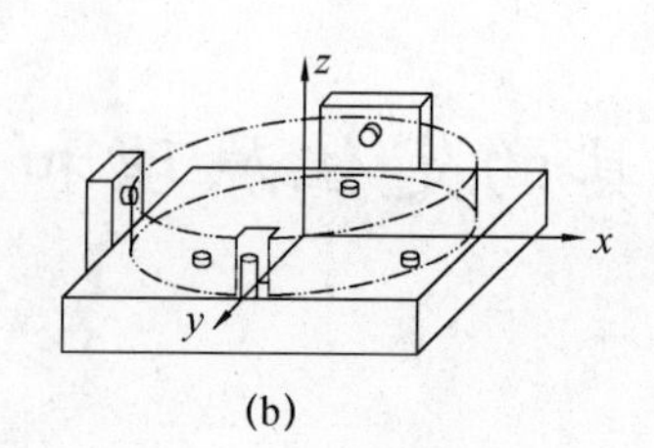

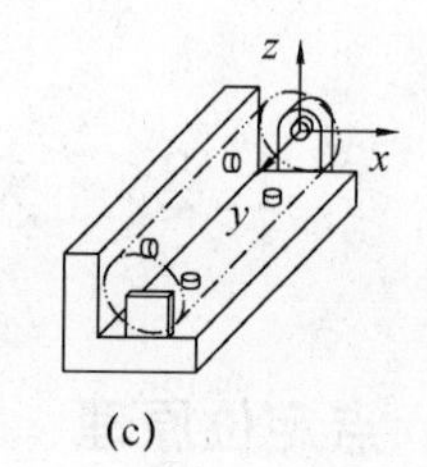

图 1-3　工件的六点定位

1.2.2　定位方式

（1）完全定位。用6个支承点限制了工件的全部自由度，称为完全定位。如图1-3（a）、（b）所示都是完全定位的情况。

（2）不完全定位。只部分限制工件几个方向的自由度，而能满足工件的工序加工要求，称为不完全定位。这种情况在生产中应用很多，如工件装夹在电磁吸盘上磨削平面只需限制3个自由度，又如用三爪卡盘装夹工件车外圆，沿工件轴线方向的移动和转动不需要限制，只需要限制4个自由度。

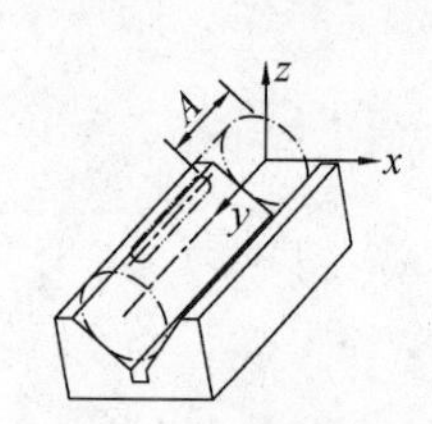

图1-4　工件的欠定位

（3）欠定位。按照加工要求应限制的自由度没有被全部限制的定位，称为欠定位。在满足加工要求的前提下，采用不完全定位是允许的，但是欠定位是决不允许的。如图1-4所示，工件上铣槽时，若 y 轴方向自由度不进行限制，则键槽沿工件轴线方向的尺寸 A 就无法保证。

一般来说，用精度较低的毛坯表面作定位表面时，不允许出现过定位；用已加工过的表面或精度较高的毛坯表面作为定位表面时，为了提高工件定位的稳定性和刚度，在一定的条件下，允许采用过定位。

（4）过定位（重复定位）。工件在定位时，同一个自由度被两个或两个以上支承点限制，即同一个自由度受到重复限制，这种定位称为过定位。过定位容易造成工件装夹困难，产生定位误差，影响加工质量。一般来说，用精度较低的毛坯表面作定位表面时，不允许出现过定位；用已加工过的表面或精度较高的毛坯表面作为定位表面时，为了提高工件定位的稳定性和刚度，在一定的条件下，允许采用过定位。所以，过定位是否允许，视具体情况而定。下面对6个具体的定位例子做简要分析。

如图1-5（a）所示为利用工件底面及两销孔定位，采用的定位元件是一个平面和两个短圆柱销。平面限制 $\vec{z}$、$\overset{\curvearrowright}{x}$ 和 $\overset{\curvearrowright}{y}$ 这3个自由度，短圆柱销1限制 $\vec{x}$ 和 $\vec{y}$ 两个自由度，短圆柱销2限制 $\vec{y}$ 和 $\overset{\frown}{z}$ 两个自由度，于是 y 方向的自由度被重复限制，产生了过定位。在这种情况下，会因为工件的孔心距误差以及两定位销之间的中心距误差使得两定位销无法同时进入工件孔内。为了解决这一过定位问题，通常是将两圆柱销之一定位在干涉方向，即 y 方向削边，做成菱形销，如图1-5（b）所示，使它不限制 y 方向的自由度，从而消除 y 方向的定位干涉问题。

如图1-5（c）所示为孔与端面组合定位的情况，其中，长销的大端面可以限制 $\vec{y}$、$\overset{\curvearrowright}{x}$、$\overset{\curvearrowright}{z}$ 这3个自由度，长销可限制 $\vec{x}$、$\vec{z}$ 和 $\overset{\curvearrowright}{x}$、$\overset{\curvearrowright}{z}$ 这4个自由度。显然 $\overset{\curvearrowright}{x}$、$\overset{\curvearrowright}{z}$ 自由度被重复限

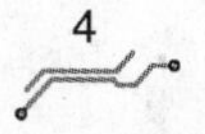

制，出现了两个自由度过定位。在这种情况下，若工件端面和孔的轴线不垂直，或销的轴线与销的大端面有垂直度误差，则在轴向夹紧力作用下，将使工件与长销产生变形。采取措施，通常用小平面与长销组合定位［如图 1-5（d）所示］，也可以用大平面与短销组合定位［如图 1-5（e）所示］，还可以用球面垫圈与长销组合定位［如图 1-5（f）所示］来避免这种情况。

在设计夹具时，是否允许过定位，应根据工件的不同情况进行分析。如加工一长方体零件，当铣削工件的上表面时，以工件底面为定位基准，放置在 3 个支承钉上，此时限制了工件的 3 个自由度，属于不完全定位。若将工件放置在 4 个支承钉上，就会造成过定位。

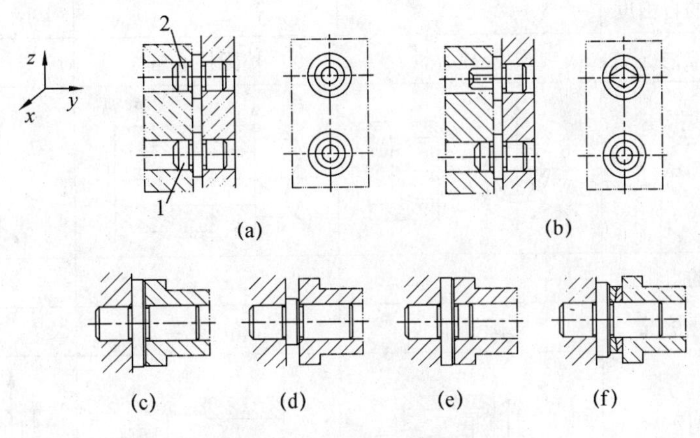

图 1-5　过定位与避免措施

实际生产应用中，过定位并不是必须完全避免的，有时因为要加强工件刚性或者特殊原因，必须使用相当于比 6 个支承点多的定位元件。常见的定位元件限制的自由度参见表 1-1。

表 1-1　定位元件限制的自由度

定位面	夹具的定位元件				
工件的平面	支承钉	定位情况	一个支承钉	两个支承钉	三个支承钉
		图示			
		限制的自由度	$\vec{x}$	$\vec{y}$ $\overset{\frown}{z}$	$\vec{z}$ $\overset{\frown}{x}$ $\overset{\frown}{y}$
	支承板	定位情况	一块条形支承板	两块条形支承板	矩形支承平板
		图示			
		限制的自由度	$\vec{x}$ $\overset{\frown}{z}$	$\vec{z}$ $\overset{\frown}{x}$ $\overset{\frown}{y}$	$\vec{z}$ $\overset{\frown}{x}$ $\overset{\frown}{y}$

（续表）

定位面	夹具的定位元件				
工件的内孔	柱销	定位情况	短圆柱销	长圆柱销	菱形销
		图示	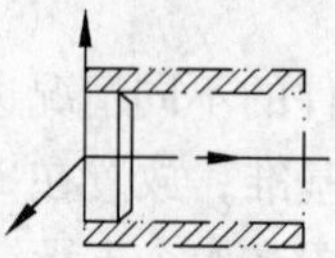	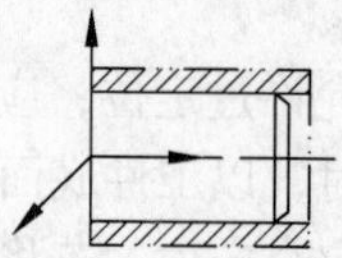	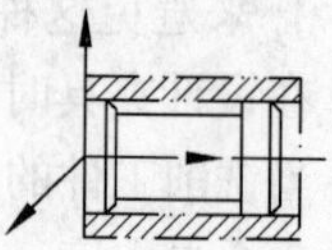
		限制的自由度	$\vec{y}$ $\vec{z}$	$\vec{y}$ $\vec{z}$ $\overset{\frown}{y}$ $\overset{\frown}{z}$	$\vec{z}$
	心轴	定位情况	短圆柱心轴	长圆柱心轴	圆锥心轴
		图示	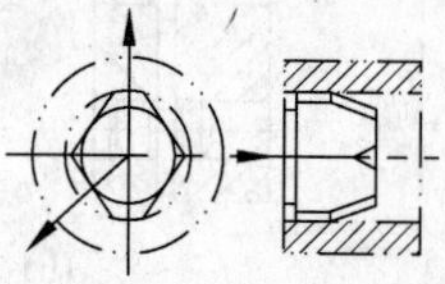	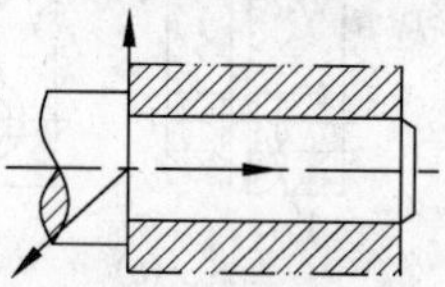	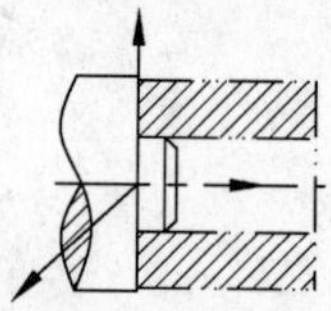
		限制的自由度	$\vec{y}$ $\vec{z}$	$\vec{y}$ $\vec{z}$ $\overset{\frown}{y}$ $\overset{\frown}{z}$	$\vec{x}$ $\vec{y}$ $\vec{z}$ $\overset{\frown}{y}$ $\overset{\frown}{z}$
	圆锥销	定位情况	圆锥销	单顶尖	双顶尖
		图示	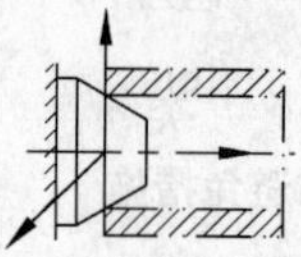	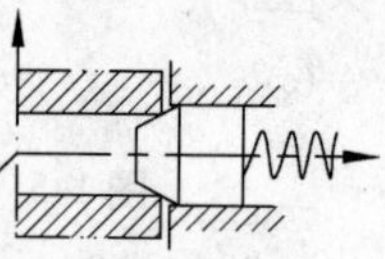	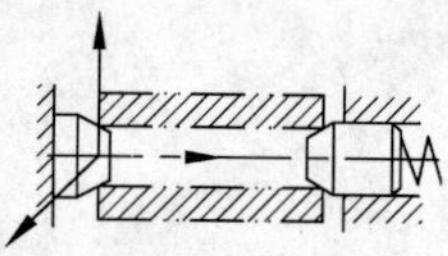
		限制的自由度	$\vec{x}$ $\vec{y}$ $\vec{z}$	$\vec{x}$ $\vec{y}$ $\vec{z}$	$\vec{x}$ $\vec{y}$ $\vec{z}$ $\overset{\frown}{y}$ $\overset{\frown}{z}$
工件的外圆柱面	V 形块	定位情况	短 V 形块	长 V 形块	
		图示	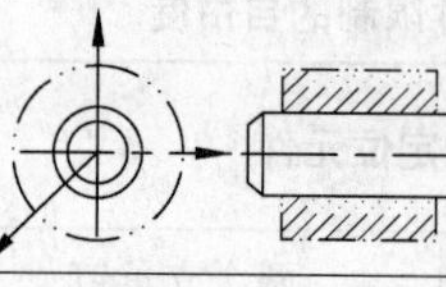	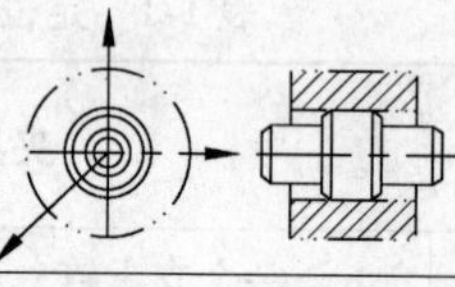	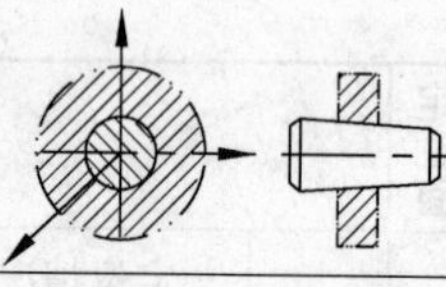
		限制的自由度	$\vec{y}$ $\vec{z}$	$\vec{y}$ $\vec{z}$ $\overset{\frown}{y}$ $\overset{\frown}{z}$	
	圆套	定位情况	短圆套	长圆套	
		图示	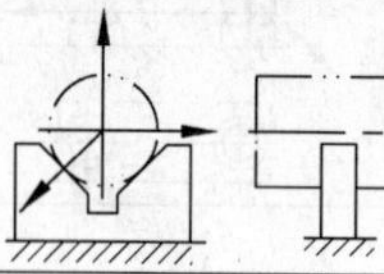	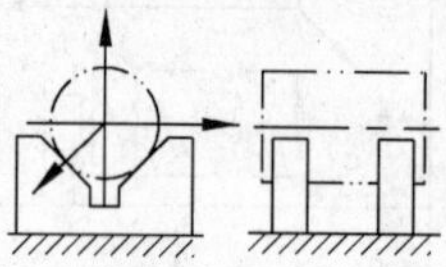	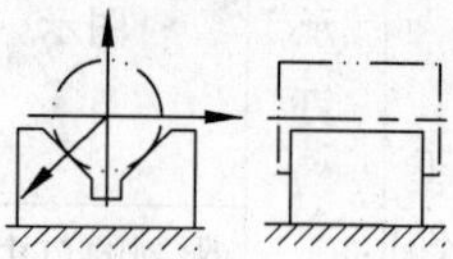
		限制的自由度	$\vec{y}$ $\vec{z}$	$\vec{y}$ $\vec{z}$ $\overset{\frown}{y}$ $\overset{\frown}{z}$	
	锥套	定位情况	单圆锥套	双圆锥套	
		图示	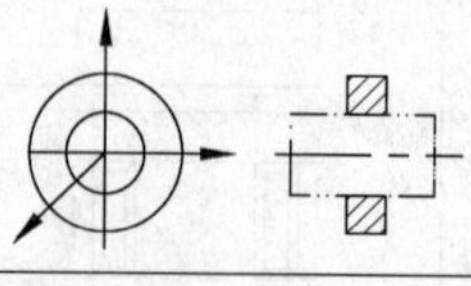	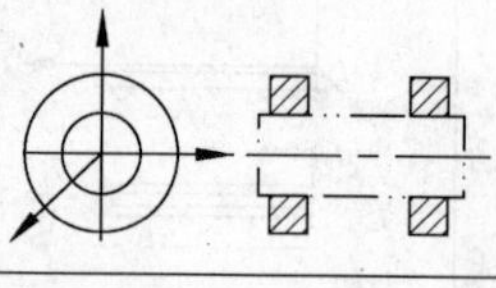	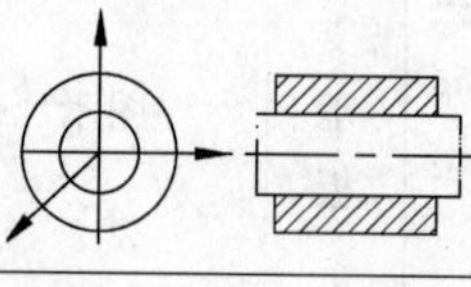
		限制的自由度	$\vec{x}$ $\vec{y}$ $\vec{z}$	$\vec{x}$ $\vec{y}$ $\vec{z}$ $\overset{\frown}{y}$ $\overset{\frown}{z}$	

（续表）

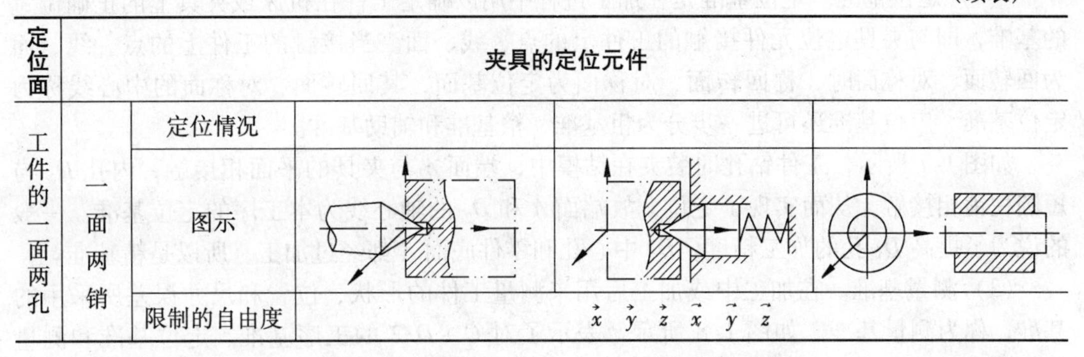

定位面	夹具的定位元件				
工件的一面两孔	一面两销	定位情况			
		图示			
		限制的自由度		$\vec{x}$ $\vec{y}$ $\vec{z}$ $\overset{\frown}{x}$ $\overset{\frown}{y}$ $\overset{\frown}{z}$	

1.3　工件在夹具中的定位

1.3.1　基准的概念及分类

基准是用来确定生产对象上几何要素间的几何关系所依据的那些点、线、面。根据作用的不同，基准可分为设计基准和工艺基准两大类，前者用在产品的设计图纸上，后者用在工艺过程中。

1. 设计基准

设计基准是设计图样上，根据零件在装配结构中的装配关系、零件本身结构要素之间的相互位置关系、工作条件、性能、工作要求，并适当考虑加工工艺性而确定的基准位置。由产品设计人员确定。如图 1-6 所示的轴套零件，端面 B 和 C 的位置根据端面 A 确定，所以端面 A 就是端面 B 和 C 的设计基准；外圆 $\phi30h6$ mm 的设计基准是内孔轴线 D。

图 1-6　轴套零件

2. 工艺基准

零件在加工工艺过程中所采用的基准，称为工艺基准。工艺基准由工艺人员确定。

工艺基准根据作用的不同，可分为工序基准、定位基准、测量基准和装配基准，现分别说明如下。

（1）工序基准。工序基准指的是在工序图上用来确定本工序所加工表面加工后的尺寸、形状位置的基准，即工序图上的基准。

图 1-7 为钻孔的工序简图，本工序是钻 D_1 孔，保证工序尺寸 H 和 L 则本工序的工序基准分别为孔 D_2 的轴心线和端面 C。

（2）定位基准。定位基准是在加工过程中用以确定工件在机床或夹具上的正确位置的基准，即与夹具定位元件接触的工件上的点、线、面。当接触的工件上的点、线、面为回转面、对称面时，称回转面、对称面为定位基面，其回转面、对称面的中心线称为定位基准。定位基准还可进一步分为粗基准、精基准和辅助基准。

如图 1-7 所示，工件钻孔时装夹在钻模中，端面 A 与夹具的平面相接触，内孔 D_2 与短圆柱销相接触，从而实现了定位，故端面 A 和 D_2 的轴心线为本工序的定位基准。一般的说为了提高 D_1 孔的加工精度，D_2 中心孔和零件底面 A 都经过加工，所以是精基准。

（3）测量基准。在加工中或加工后用来测量工件的形状、位置和尺寸误差所采用的基准，称为测量基准。如图 1-8 所示，表示了对 $C+D/2$ 的工序基准、定位基准和测量基准。

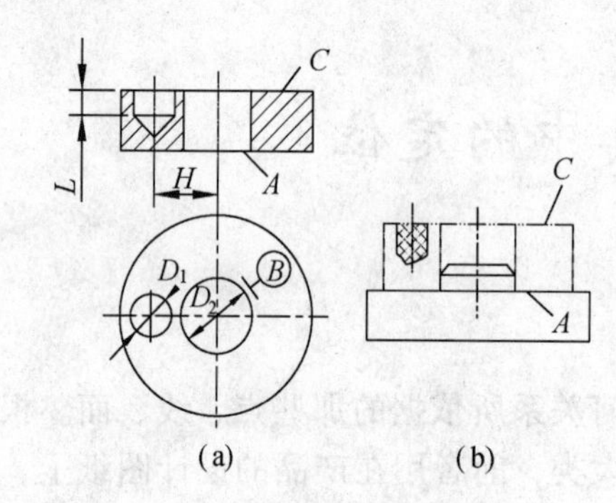

图 1-7　钻孔的工序简图

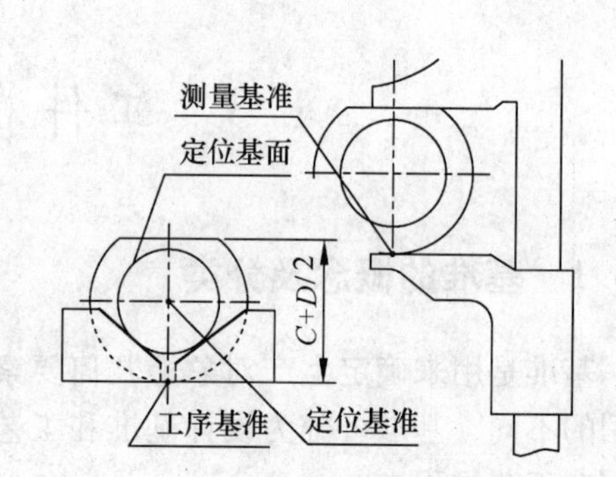

图 1-8　工序基准、定位基准和测量基准

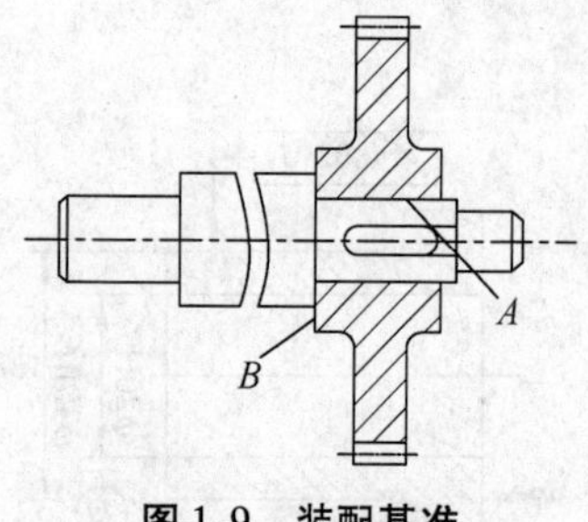

图 1-9　装配基准

（4）装配基准。在机器装配时，用来确定零件或部件在产品中的相对位置的基准，称为装配基准。

如图 1-9 所示，齿轮以内孔和端面确定安装在轴上的位置，故齿轮内孔轴线 A 和端面 B 是齿轮的装配基准（轴套的内孔、主轴的轴颈、箱体零件的底面等都是装配基准）。

1.3.2　平面定位及其定位元件

平面定位的主要形式是支承定位。夹具上常用的定位元件，根据其是否起限制自由度作用、能否调整等情况分为：固定支承、可调支承、自位支承（浮动支承）和辅助支承等。除辅助支承外，其余均对工件起定位作用。

（1）固定支承。固定支承有支承钉和支承板。支承钉结构如图 1-10（a）所示，A 型平头支承钉与工件接触面积大，不易磨损，适用于已加工表面——精基准的定位；当定位基准面是粗基准时，应采用 B 型球头支承钉，使其与粗糙平面接触良好；C 型齿纹头支承钉，因其摩擦系数较大，可防止工件受力后滑动，所以常用于侧面定位。

支承板如图 1-10（b）所示。A 型光面支承板，结构简单，便于制造。但沉头螺钉处的积屑不易清除，宜作侧面或顶面定位；B 型带斜槽支承板，因易于清除切屑和容纳切

屑，宜作底面支承定位。且一般均用于精基准定位。

上述支承钉、支承板均为标准件，夹具设计时也可根据具体情况，采用非标准结构形式。采用支承钉或支承板做定位基准时，必须保证其装配后定位基准表面等高。等高可以通过等高调整实现，也可以采用装配于夹具体后一次磨削实现。

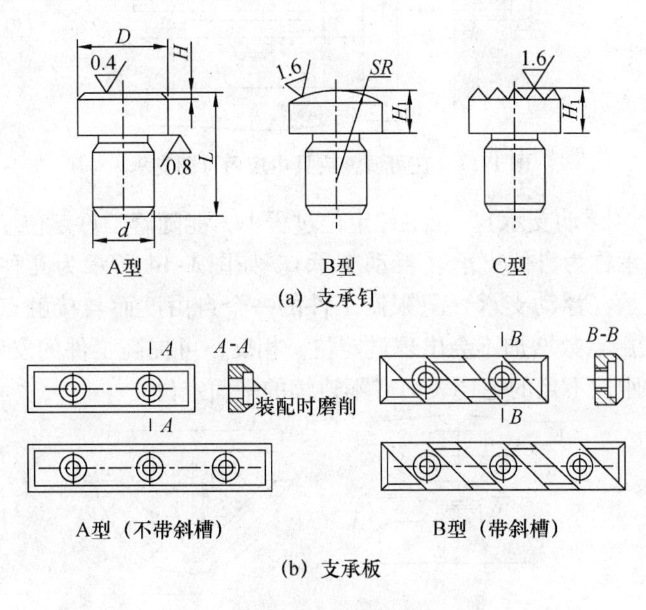

图1-10 固定支承

（2）可调支承。在工件定位过程中，支承高度需要调整时，常采用图1-11所示的可调支承。当加工铸件毛坯、以粗基准定位时，由于铸件毛坯的基准尺寸有变化，如果采用固定支承会影响加工质量。将某个固定支承改为可调支承，根据毛坯的实际尺寸大小，调整夹具支承位置，避免引起工序余量的变化，有利于保证工件加工的尺寸精度。图1-12所示为可调支承定位的应用示例。工件为砂型铸件，先以A面定位铣B面，再以B面定位镗两个孔。铣B面时若采用固定支承，由于定位基面A的尺寸和形状误差较大，铣完后，B面与两毛坯孔的距离H_1和H_2变化也很大，致使镗孔余量不均匀，甚至余量不够。因此，图中采用了调节支承，定位时适当调整支承钉的高度，便可以避免上述情况。

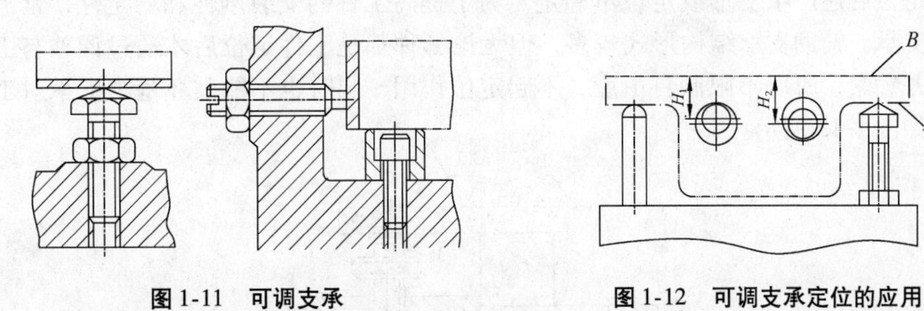

图1-11 可调支承　　图1-12 可调支承定位的应用

对于小型工件，一般每批调整一次，工件较大时，常常每件都需要调整。调节支承在主要定位表面上最多用两个。

可调支承也可用于通用可调整夹具中，用一个夹具加工形状相同而尺寸不同的工件。

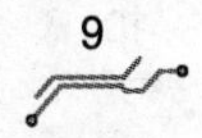

图 1-13 所示为径向钻孔夹具，采用可调支承使工件轴向定位，通过调整支承长度位置，可以加工距轴端面距离不等的孔。

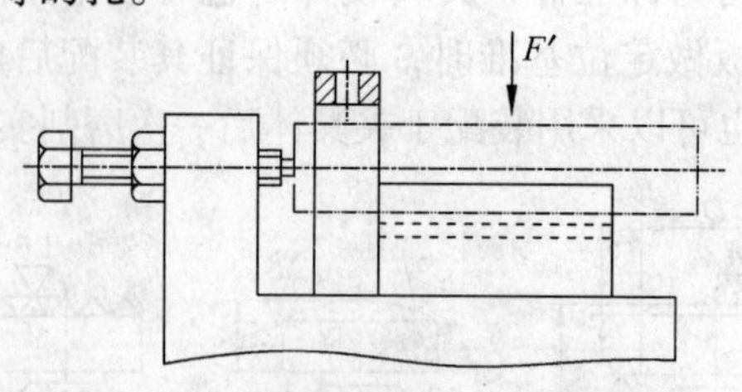

图 1-13 在可调整夹具中应用可调支承

（3）自位支承（浮动支承）。在工件定位过程中，能随着工件定位基准位置的不同而自动调整位置的支承称为自位支承（浮动支承）。如图 1-14 所示为几种常见的自位支承形式。一个自位支承（浮动支承）只限制工件的一个自由度而与接触点数无关。自位支承（浮动支承）接触点数增加不会出现过定位，相反，可提高工件的安装刚度和稳定性。所以，多用于工件刚性不足的毛坯表面或不连续的平面定位。

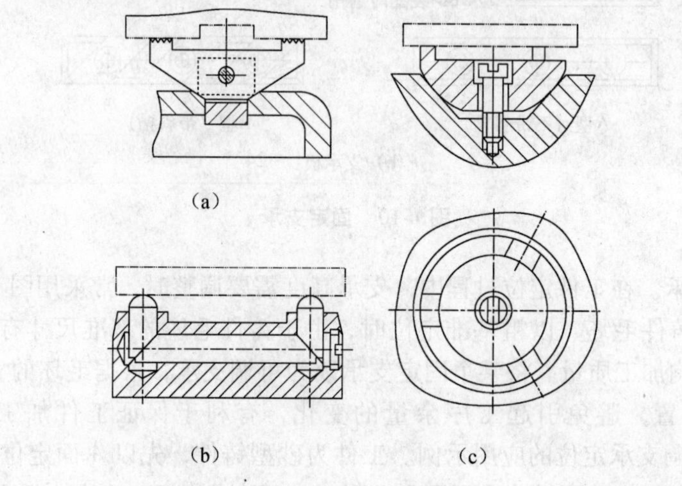

图 1-14 自位支承

（4）辅助支承。生产中，由于工件形状以及夹紧力、切削力、工件重力等原因可能使工件在定位后还产生变形或定位不稳定。为了提高工件的安装刚性和稳定性，常需要设置辅助支承。辅助支承结构形式较多，但无论哪种都是工件定位后才通过调整与工件表面接触并锁紧，所以不限制自由度，不起定位作用，同时也不能破坏基本支承对工件的定位，如图 1-15 所示。

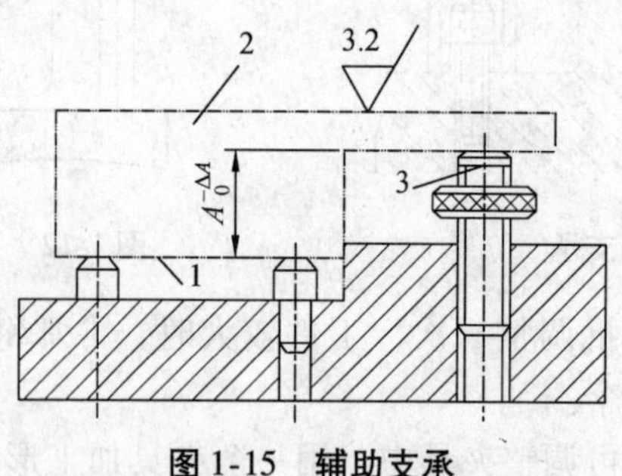

图 1-15 辅助支承

1—定位销；2—工件；3—可动辅助支承

1. 3. 3　工件以内孔定位及其定位元件

有些工件（如套筒、法兰盘等）以内孔作为定位基准面。内孔定位常用的定位元件有定位销、定位心轴、锥度心轴、圆锥销等。

（1）定位销。常用定位销结构如图 1-16 所示，其中图 1-16（a）所示为固定式定位销，常用于中批量以下生产，磨损后不可更换；图 1-16（b）为可换式定位销，常用于大批量生产，磨损后可以更换。

一批工件定位可能出现干涉的最坏情况为：孔心距最大，销心距最小，或者反之。为使工件在两种极端情况下都能装到定位销上，可把定位销与工件孔壁相碰的那部分削去，即做成削边销，为保证削边销的强度，一般多采用菱形结构，故又称为菱形销，安装削边销时，削边方向应垂直于两销的连心线。如图 1-16 所示，A 型为圆柱销，B 型为菱形销。

当定位销工作部分直径 $D<10\,\text{mm}$ 时，为增加刚度，避免定位销因撞击而折断或热处理时淬裂，通常把根部倒成圆角 R。在夹具体上应有沉孔，使定位销圆角部分沉入孔内而不影响定位。各种定位销限制的自由度参见表 1-2。

表 1-2　菱形销的尺寸　　单位：mm

D	>3～6	>6～8	>8～20	>20～24	>24～30	>30～40	>40～50
B	*d*－0.5	*d*－1	*d*－2	*d*－3	*d*－4	*d*－5	
b	2	3	4	5		6	7

注：*D* 为用菱形销定位孔的直径；*B* 为菱形销削边后的最大宽度；*b* 为经削边后圆柱部分的宽度。（参见 GB2202、2203、2204—80B）

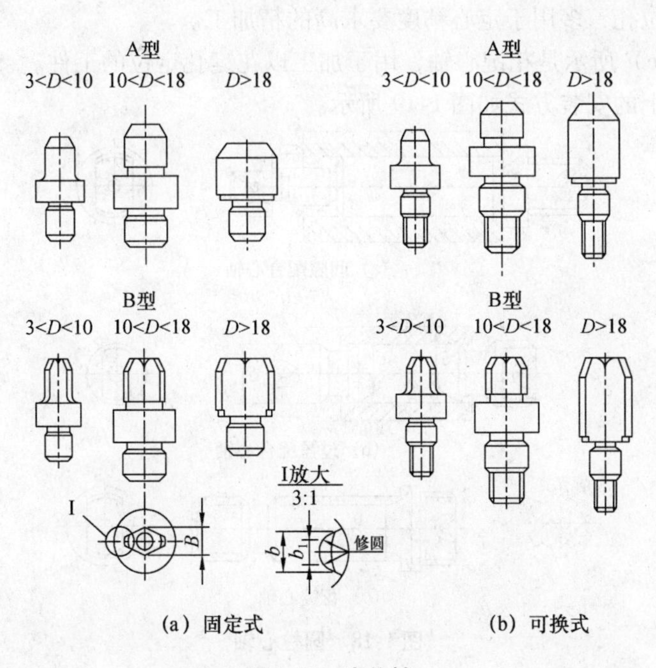

（a）固定式　　（b）可换式

图 1-16　定位销

（2）圆锥销。生产中工件以圆柱孔在圆锥销上定位的情况也是常见的，如图 1-17 所示，工件的孔缘在圆锥销上定位，限制工件的 $\vec{x}$ 、$\vec{y}$ 、$\vec{z}$ 这 3 个自由度。图 1-17（a）用于圆孔边缘形状精度较差时（粗基准）；图 1-17（b）用于圆孔边缘形状精度较好时，即是精基准；图 1-17（c）用于平面和圆孔边缘同时定位。

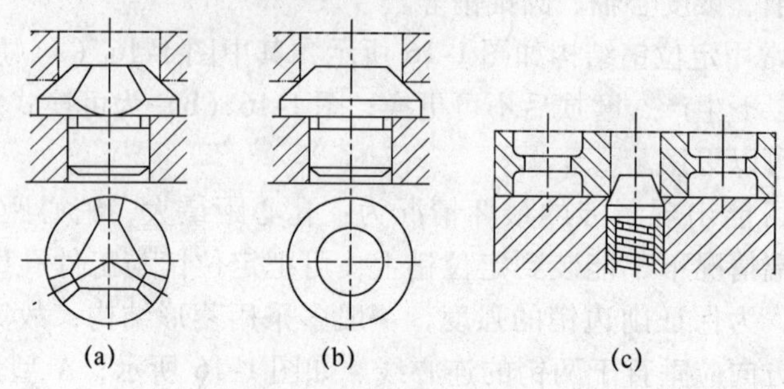

图 1-17　圆锥销定位

（3）圆柱心轴。圆柱心轴是以外圆柱面定心，端面压紧来装夹工件，主要用在车、铣、磨、齿轮加工等机床上加工套筒类和盘类零件。如图 1-18 所示为常用定位心轴的结构形式。图 1-18（a）所示为间隙配合心轴，这种心轴装卸工件方便，但定心精度低。为了减小定位时因配合间隙造成的倾斜，工件常以孔与端面联合定位，因而要求工件定位孔与端面之间、心轴圆柱面与端面间都有较高的垂直度，且这种定位是重复定位，必须经过适当处理后才能使用。

如图 1-18（b）所示为过盈配合心轴，由导向部分 1、工作部分 2 和传动部分 3 组成。导向部分的作用是使工件能迅速而正确地套入心轴。当工件定位孔的长径比 $L/D>1$ 时，心轴部分稍带锥度。这种心轴制造简单，定心精度高，不用另设夹紧装置，但装卸工件不便，易损伤定位孔，多用于定心精度要求高的精加工。

如图 1-18（c）所示是花键心轴，用于加工以花键孔定位的工件。

心轴在机床上的安装方式如图 1-19 所示。

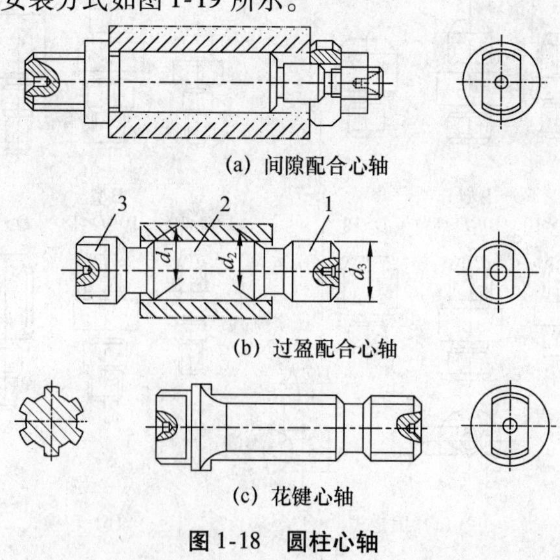

图 1-18　圆柱心轴

1—引导部分；2—工作部分；3—传动部分

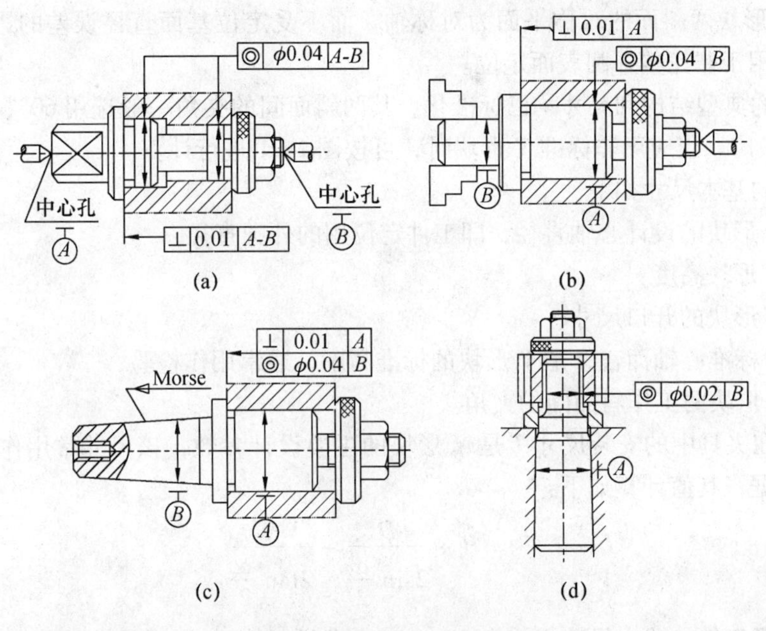

图 1-19　心轴在机床上的安装方式

（4）锥度心轴。当加工精度要求较高时，工件在锥度心轴上定位，并靠工件定位圆孔与心轴圆柱面的弹性变形夹紧工件，如图 1-20 所示。对定心精度要求很高的心轴，锥度可按表 1-3 所示选取。这种定位方式的定心精度较高，同轴度可达到 ϕ 0.005 ~ 0.01 mm，但其轴向位移量较大，适用于工件定位孔精度不低于 IT7 的精车或磨削加工，不能加工端面。一般锥度心轴能限制 5 个自由度。

表 1-3　高精度心轴锥度推荐值

工件定位孔直径 D/mm	8 ~ 25	25 ~ 50	50 ~ 70	70 ~ 80	80 ~ 100	>100
锥度	1:250D	1:200D	1:150D	1:125D	1:100D	1:10000D

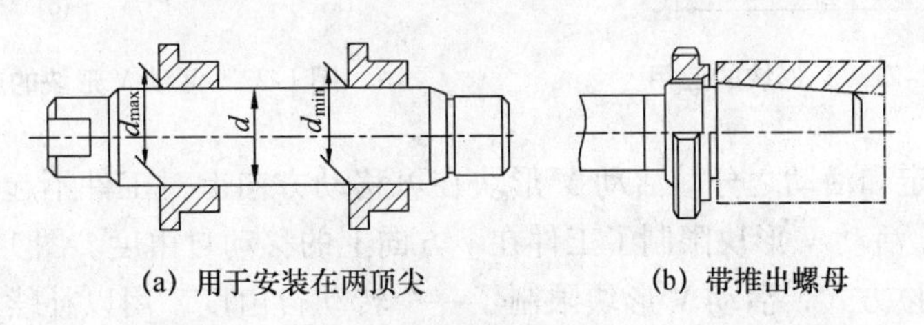

(a) 用于安装在两顶尖　　(b) 带推出螺母

图 1-20　锥度心轴

1.3.4　工件以外圆柱面定位及定位元件

工件以外圆柱面定位时，常用的定位元件有：V 形块、定位套、半圆套和圆锥套及定心夹紧装置。其中，最常用的是 V 形块定位和定位套定位。

（1）V 形块。如图 1-21 所示，V 形块定位的优点一是对中性好，能使工件的定位基准轴线以 V 形块两斜面的对称平面为对称轴，而不受定位基面直径误差的影响。二是安装方便，可用于非完整外圆表面定位。

V 形块的典型结构和尺寸均已标准化，其两斜面间的夹角一般选用 60°、90°和 120°，以 90°应用最广。当应用非标准 V 形块时，可按图 1-21 进行计算。

V 形块的基本尺寸如下：

D——V 形块的设计心轴直径，即工件定位用的外圆直径；

H——V 形块高度；

N——V 形块的开口尺寸；

T——对标准心轴而言，是 V 形块的标准高度，通常用作检验；

α——V 形块两工作斜面间的夹角。

V 形块在夹具中的安装尺寸 *T* 是 V 形块的主要设计参数，该尺寸常用作 V 形块检验和调整的依据，其值计算如下：

$$T = H + \frac{D}{2\sin\frac{\alpha}{2}} - \frac{H}{2\tan\frac{\alpha}{2}}$$

对大直径工件，式中尺寸 $H \leqslant 0.5D$；对小直径工件 $H \leqslant 1.2D$；当 $\alpha = 90°$时，$N = (1.09 \sim 1.13)D$；当 $\alpha = 120°$，$N = (1.45 \sim 1.52)D$。

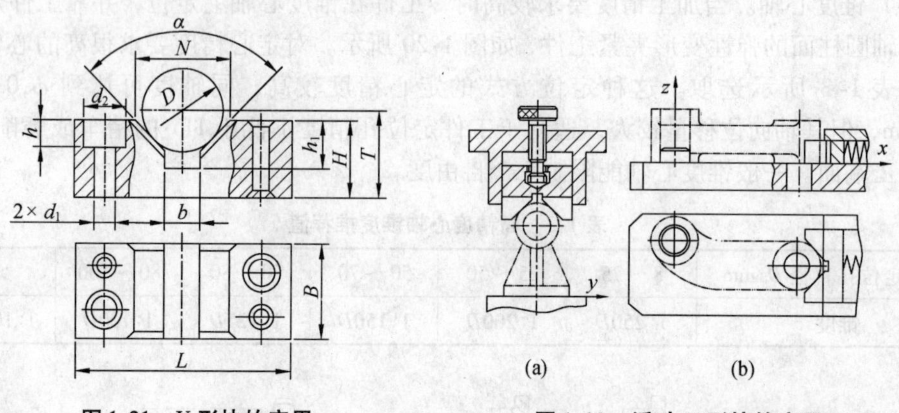

图 1-21　V 形块的应用　　图 1-22　活动 V 形块的应用

V 形块有固定和活动之分，活动 V 形块在可移动方向上对工件不起定位作用。如图 1-22（a）所示，活动 V 形块限制了工件在 *y* 方向上的移动自由度。图 1-22（b）所示为加工连杆孔的定位方式，活动 V 形块限制了一个转动自由度，用以补偿因毛坯尺寸变化而对定位的影响。活动 V 形块除定位外，还兼有夹紧作用。V 形块又有长短之分，长 V 形块（或两个短 V 形块的组合）限制工件的 4 个自由度，而短 V 形块一般只限制 2 个自由度。

常用的 V 形块结构如图 1-23 所示。图 1-23（a）用于较短的精基面定位；图 1-23（b）适用于粗基准或阶梯轴的定位；图 1-23（c）适用于长的精基面或两段基准面相距较远的场合；图 1-23（d）适用于定位基面直径与长度较大时，此时 V 形块不必做成整体钢件，而采用铸铁底座镶淬火钢垫。既增加了 V 形块的刚性，又降低了成本。

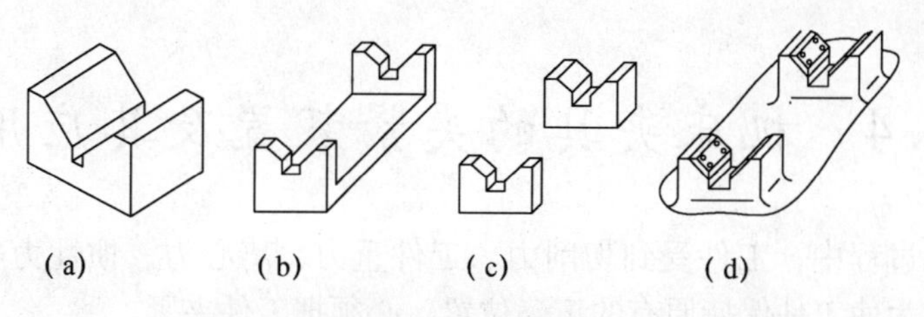

图 1-23　V 形块结构

（2）定位套。如图 1-24 所示为装在夹具体上的定位套结构。其中图 1-24（a）为长定位套，限制工件的 4 个自由度；图 1-24（b）为短定位套，限制工件的两个自由度。为了保证轴向定位精度，常与端面联合定位。

（3）半圆套。如图 1-25 所示为外圆柱面用半圆套定位的结构。下半圆套固定在夹具体上作定位用，其最小直径应取工件定位外圆的最大直径。上半圆套是可动的，起夹紧作用。半圆套定位的优点是夹紧力均匀，装卸工件方便，但无对中性，耐磨性好，故常用于曲轴等不适合以整圆定位的大型轴类零件的定位。

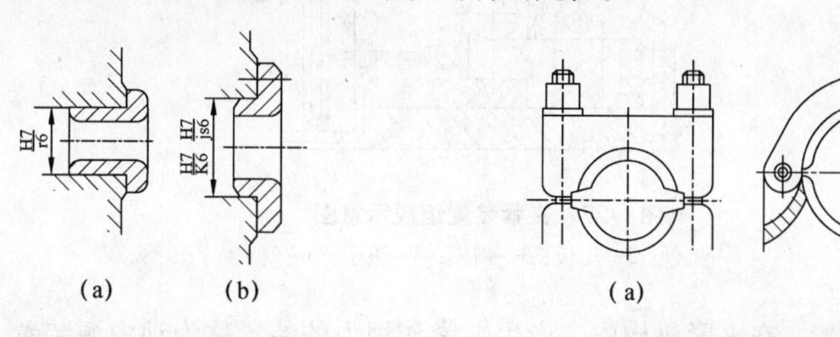

图 1-24　常用定位套

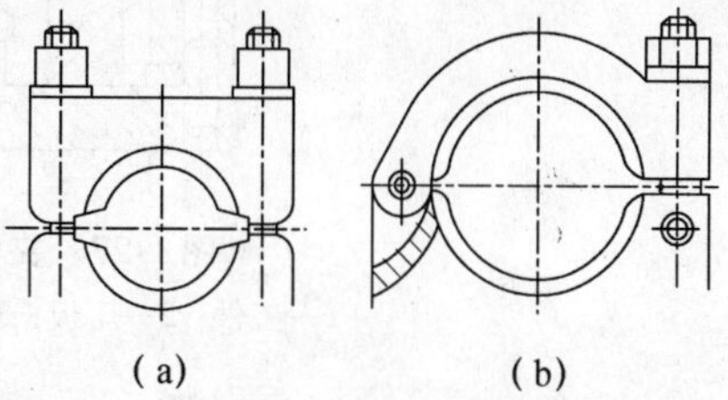

图 1-25　半圆套定位装置结构形式

（4）圆锥套。如图 1-26 所示为通用的外拨顶尖。顶尖体的锥柄部分插入机床主轴孔中。工件以圆柱面的端部在外拨顶尖的锥孔中定位，锥孔中有齿纹，以便带动工件旋转。

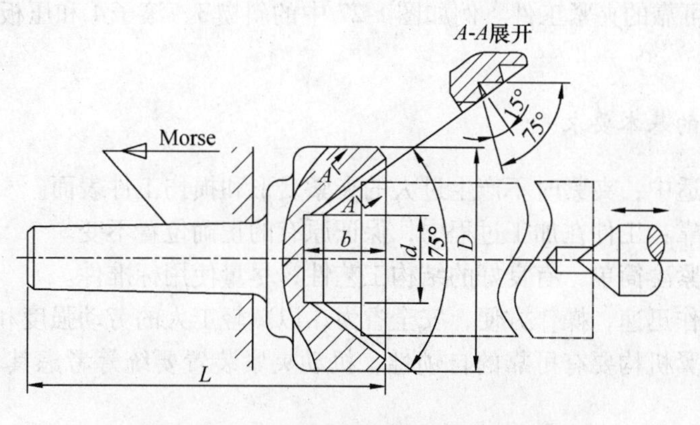

图 1-26　工件在外拨顶尖的锥孔中定位

1.4　机床夹具的夹紧装置及其应用

在机械加工过程中，工件受到切削力、工件重力、离心力、惯性力等的作用，会产生振动或位移，为使工件保持原有的正确位置，必须把工件夹紧。

1.4.1　夹紧装置的组成及基本要求

1. 夹紧装置的组成

典型夹紧装置的结构形式是多种多样的，其基本结构一般由动力源装置、夹紧机构两部分组成，如图1-27所示。

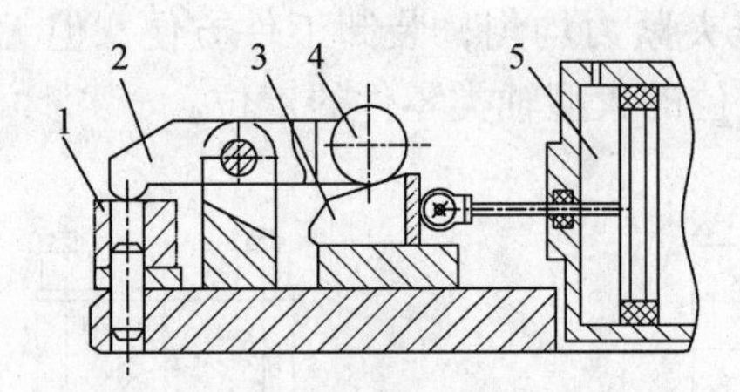

图1-27　夹紧装置组成示意图

1—工件；2—压板；3—斜楔；4—滚子；5—气缸

（1）动力源装置。在夹紧机构中，产生夹紧作用力的装置称为动力源装置。对机动夹紧机构来说，常用的动力源装置有：电动装置、液压装置、气压装置、气—液联动装置、电磁装置等，如图1-27中的气缸5。对手动夹紧来说，力源来自人力。

（2）夹紧机构。在工件夹紧过程中，传递夹紧力的机构称为夹紧机构。夹紧机构能根据需要改变力的大小、方向和作用点，同时夹紧机构还具有良好的自锁性能，在动力源消失后，仍能可靠的夹紧工件。例如图1-27中的斜楔3、滚子4和压板2等组成的夹紧机构。

2. 夹紧装置的基本要求

（1）夹紧力适中：夹紧时不产生过大的夹紧变形和损伤工件表面。

（2）加紧可靠：工件在加工过程中，保证原有的正确位置不变。

（3）结构要紧凑简单，有良好的结构工艺性，尽量使用标准件。

（4）夹紧动作迅速，操作方便，安全省力，以减轻工人的劳动强度和提高工作效率。

（5）手动夹紧机构要有可靠的自锁性，机动夹紧装置要统筹考虑其自锁性和稳定的原动力。

1.4.2　夹紧力的确定

确定夹紧力就是确定夹紧力的大小、方向和作用点。在确定夹紧力的三要素时要分析工件的结构特点、加工要求、切削力及其他作用外力。

1. 夹紧力的大小确定

加工过程中，工件受到的理论夹紧力应与使工件位移和翻转的力相平衡，但实际上，夹紧力的大小还与工艺系统的刚性、夹紧机构的传递效率等有关，而且切削力的大小在加工过程中会发生变化。所以，夹紧力的大小确定时，为保证安全要增加一定的安全系数。故夹紧力会远大于切削力、离心力、惯性力及重力等对工件的作用。生产中夹紧力的大小一般通过经验估算，需准确计算时，可查阅夹具设计手册进行计算。

2. 夹紧力的方向选择

（1）夹紧力的方向不能破坏定位精度。如图 1-28 所示，本工序所镗孔与左端面有一定的垂直度要求，因此，应以 *A* 面作为主要定位面进行夹紧。夹紧方向垂直于 *A* 面，这样有利于保证孔与左端面的垂直度要求。反之，若夹紧方向垂直于 *B* 面，工件 *A*、*B* 两面有垂直度误差，就带来了镗孔工序的定位误差，因而无法保证所镗孔与 *A* 面垂直的工序要求。

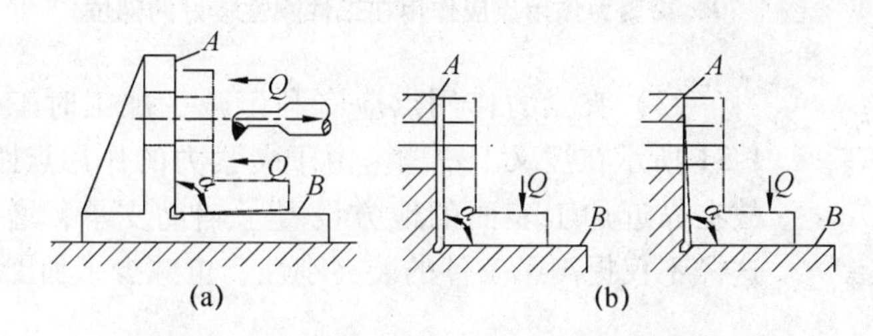

图 1-28　夹紧力的方向应垂直于主要基准面

（2）夹紧力的方向应有利于夹紧力趋于最小。这样既可减小夹紧力，又可简化夹紧装置的结构。

（3）夹紧力的方向应尽可能减少工件夹紧变形，应朝向工件刚性较好的方向。

3. 夹紧力的作用点选择

选择作用点的问题是指在夹紧方向已定的情况下，确定夹紧力作用点的位置和数目。合理选择夹紧力作用点，必须注意以下几点。

（1）夹紧力作用点应保证定位稳定可靠。图 1-29（a）中作用点落到了定位元件的支承范围之外，夹紧时力矩将会使工件产生转动；而图 1-29（b）的夹紧工件稳定可靠。

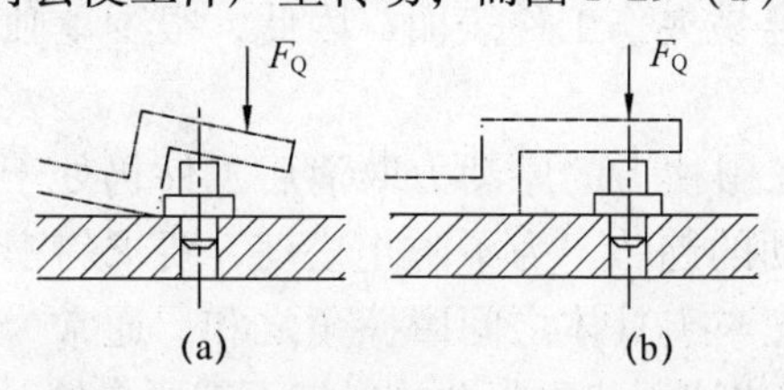

图 1-29　夹紧力作用点应落在定位元件所形成的支承区域内

(2) 夹紧力的作用点应尽量避免或减小夹紧变形。这一点对薄壁工件而言更显得重要。如图1-30 (a) 所示，薄壁套的轴向刚性好，用卡爪径向夹紧，工件变形大，若沿轴向施加夹紧力，变形就会小得多。如图1-30 (b) 所示，夹紧薄壁箱体时，夹紧力不应作用在箱体的顶面，而应作用在刚性好的凸边上。箱体没有凸边时，可如图1-30 (c) 所示，将单点夹紧改为三点夹紧，将力的作用点落在刚性好的箱壁上，并降低了着力点的压强，减少了工件的夹紧变形。

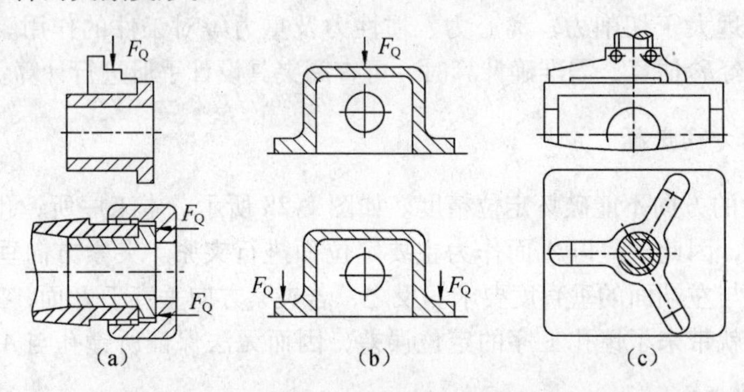

图1-30　夹紧力作用点应作用在工件刚性较好的部位

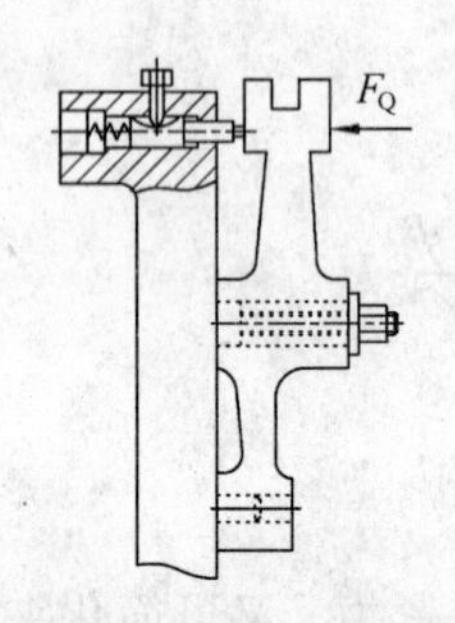

图1-31　夹紧力作用点应靠近工件加工表面

(3) 夹紧力作用点应有利于减少加工时工件的振动。如图1-31所示在拨叉上铣槽。由于夹紧力的作用点距加工表面较远，故在靠近加工表面的地方设置了辅助支承，增加了夹紧力 F_Q，这样不仅提高了工件的装夹刚性，也减少了加工时工件的振动。

1.4.3　典型夹紧机构

夹紧机构是将动力源的作用力转化为夹紧力的机构，是夹紧装置的重要组成部分。在夹具的各种夹紧机构中，斜楔、螺旋、偏心、铰链以及由它们组合而成的各种机构应用最为普遍。

1. 斜楔夹紧机构

如图1-32 (a) 所示为采用斜楔直接夹紧，如图1-32 (b) 所示为斜楔、滑柱、杠杆组合夹紧机构。

斜楔夹紧机构具有结构简单，增力比大，斜楔自锁性能好等特点，因此获得广泛的应用。由于斜楔夹紧行程小，为了增大夹紧行程，在实际应用中常做成双角楔块。斜楔夹紧装卸工件较麻烦，还容易夹伤工件表面，因此，很少单独使用，常与其他机构配合使用。

楔块的自锁是指作用在斜楔上的原动力取消后工件仍处于夹紧状态。当原动力去掉后，斜楔有向大端方向运动的趋势，为了防止松动，要求斜楔满足自锁条件：斜楔的升角 α 小于斜楔与工件、斜楔与夹具体之间摩擦角之和。通常为可靠起见，手动夹紧机构一般取 $\alpha=6°\sim8°$。用气压或液压装置驱动的斜楔不需要自锁时，可取 $\alpha=15°\sim30°$。

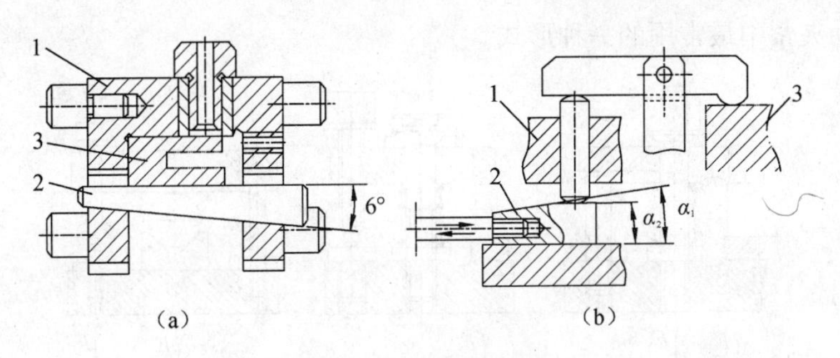

图 1-32 斜楔夹紧机构

1—夹具体；2—斜楔；3—工件

2. 螺旋夹紧机构

由螺钉、螺母、垫圈、压板等元件组成的夹紧机构，称为螺旋夹紧机构。如图 1-33 所示，图 1-33（a）为用螺钉直接夹压工件，其表面易被夹伤且在夹紧过程中可能使工件转动。这种机构夹紧时需用扳手，操作费时，效率低。为克服上述缺点，在螺钉头上加上球面带肩螺母压紧，如图 1-33（b）所示。图 1-33（c）所示为球面带肩螺母压紧。常见的摆动压块类型如图 1-34 所示。

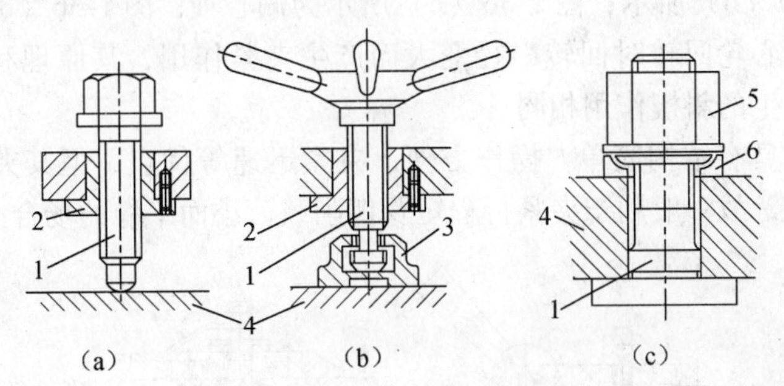

图 1-33 单螺旋夹紧机构

1—螺钉、螺杆；2—螺母套；3—摆动压块；4—工件；5—球面带肩螺母；6—球面垫圈

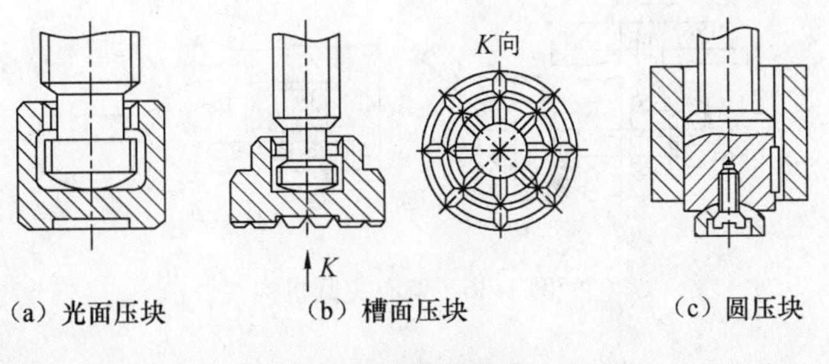

图 1-34 摆动压块

在螺旋夹紧机构中，螺旋和压板结合在一起的复合夹紧机构，应用极为普遍，如图 1-35 所示。图 1-35（a）、（b）为两种移动压板式螺旋夹紧机构，图 1-35（c）为回转压板式螺旋夹紧机构。螺旋夹紧机构具有结构简单，夹紧行程大，自锁性好，增力比大等

特点，是手动夹紧中最常用的一种形式。

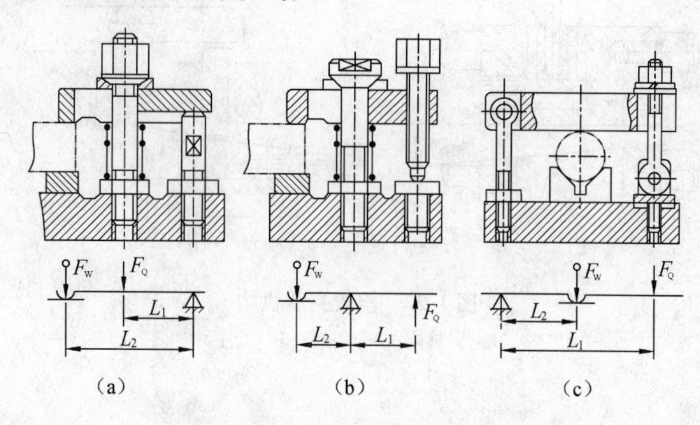

图 1-35　压板式螺旋夹紧机构

3. 偏心夹紧机构

由偏心夹紧元件直接夹紧工件或与其他元件组合夹紧工件的快速动作机构称为偏心夹紧机构。偏心夹紧元件有两种形式：一种是圆偏心，如图 1-36（a）所示；另一种是曲线偏心，如图 1-36（b）所示；图 1-36（c）所示为偏心轴；图 1-36（d）所示为偏心叉。偏心夹紧机构靠偏心轮回转时回转半径变大而产生夹紧作用，其原理和斜楔工作时斜面高度由小变大而产生的斜楔作用相同。

偏心夹紧机构具有结构简单，操作方便，夹紧迅速等优点，但其夹紧力和夹紧行程小，自锁可靠性差，故一般用于夹紧行程短及切削载荷小而平稳的场合。

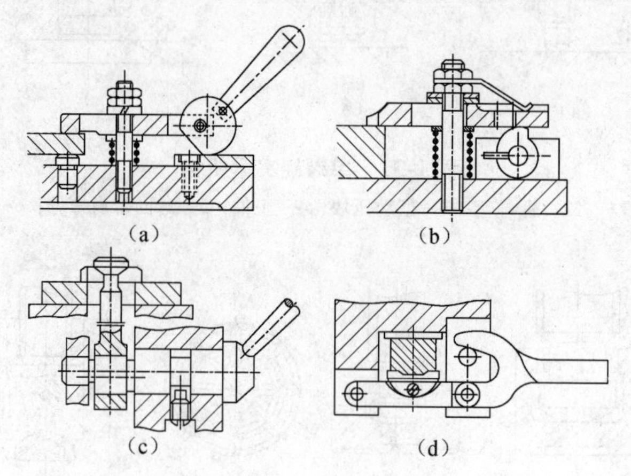

图 1-36　偏心夹紧机构

4. 定心夹紧机构

定心夹紧机构是夹具中一种定心、定位和夹紧结合在一起且动作同时完成的夹紧机构。通用夹具中的三爪自定心卡盘、弹簧卡头等就是典型的定心夹紧机构。定心夹紧机构中与定位基面接触的元件既是定位元件又是夹紧元件。定位精度高，夹紧方便、迅速，在夹具中广泛应用。

定心夹紧只适合于几何形状完全对称或至少是左右对称的工件。

定心夹紧机构按其工作原理可分为两类。

(1) 刚性定心夹紧机构。它是利用定位、夹紧元件的等速移动实现定心夹紧的。这类机构的定位夹紧元件等速移动范围较大，能适应不同定位面尺寸的工件，有较大的通用性。

如图 1-37 所示为斜楔滑柱式定心夹紧机构。图中原动力 P 向左拉动拉杆 1，套在拉杆上的带有 3 个斜面的斜楔随之向左移动。沿斜槽成 120°均布的 3 个滑柱 2 便径向均匀张开，实现定心夹紧。

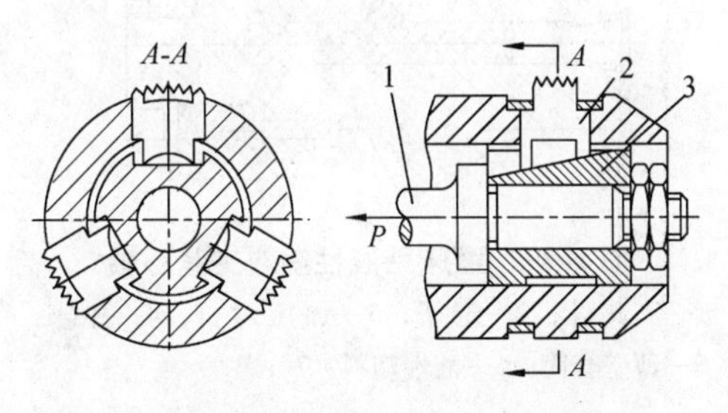

图 1-37　斜楔滑柱式定心夹紧机构

1—拉杆；2—滑柱；3—斜楔

如图 1-38 所示为螺旋式定心夹紧机构。螺杆 3 两端分别有旋向相反的螺纹，当转动螺杆 3 时，通过左右螺纹带动两个 V 形块 1 和 2 同时移向中心而起定心夹紧作用。螺杆 3 的轴向位置由插座 7 来决定，左右两调节螺钉 5 通过调节插座的轴向位置来保证 V 形块 1 和 2 的对中位置正好处在所要求的对称轴线上。调整好后，用固定螺钉 6 固定。紧定螺钉 4 防止螺钉 5 松动。

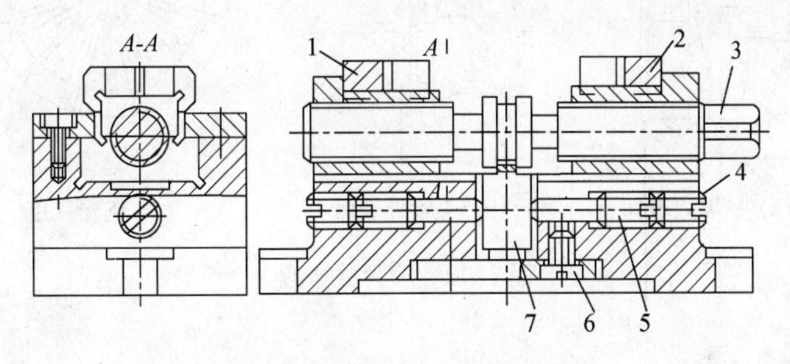

图 1-38　螺旋式定心夹紧机构

1，2—移动 V 形块；3—左、右螺纹的拉杆；4—紧定螺钉；5—调节螺钉；6—固定螺钉；7—插座

(2) 弹性斜定心夹紧机构。它是利用定位、夹紧元件的均匀弹性变形来实现定心夹紧的。这种机构定心精度高，但变形量小，夹紧行程小，只适用于精加工中。根据弹性元件不同，有鼓膜夹具、碟形弹簧夹具、液压塑料薄壁套筒夹具等类型。

如图 1-39 所示为磨床用液性塑料夹紧心轴。液性塑料在常温下是一种半透明的胶状物质，有一定的弹性和流动性。这类夹具的工作原理是利用液性塑料的不可压缩性将压力均匀地传给薄壁弹性件，利用其变形将工件定心并夹紧。在图 1-39 中，工件以内孔和端面定位，工件套在薄壁套筒 5 上，然后拧动加压螺钉 3，推动柱塞 4，施压于液性塑料 6，液性塑料将压力均匀地传给薄壁套筒 5，使其产生均匀的径向变形，将工件定心夹紧。

液性塑料夹具定心精度高，能保证同轴度在 0.01mm 之内，且结构简单，制造成本低，操作方便，生产率高；但由于薄壁套筒变形量有限，使夹持范围不可能很大，对工件的定位基准精度要求较高，故只能用于精车、磨削及齿轮精加工工序。

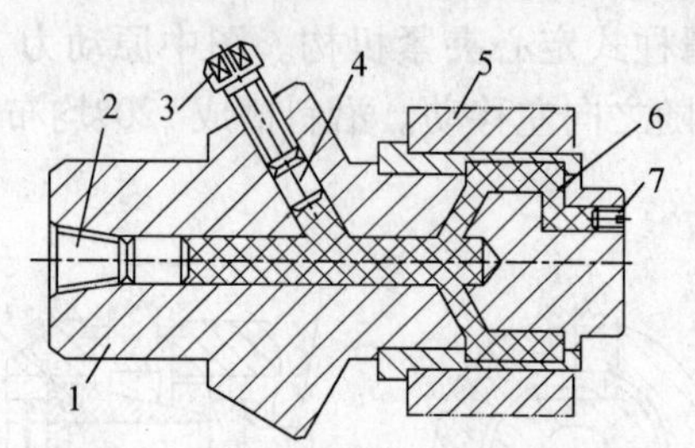

图 1-39 磨床用液性塑料夹紧心轴

1—夹具体；2—塞子；3—加压螺钉；4—柱塞；
5—薄壁套筒；6—液性塑料；7—螺塞

图 1-40 为膜片式卡盘。它的主要元件是弹性膜片，这些膜片在自由状态时，其工作尺寸略大于（对夹紧内表面的卡盘是略小于）工件基准面的尺寸。工件装上后，拧动中心的螺栓，使膜片产生弹性变形，实现定心夹紧。

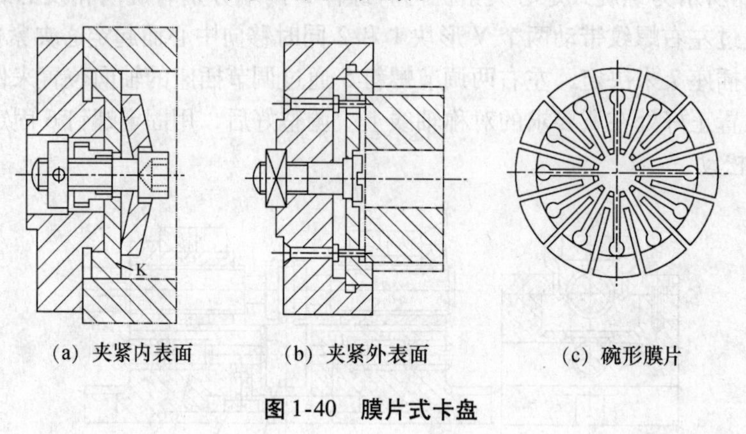

(a) 夹紧内表面　(b) 夹紧外表面　(c) 碗形膜片

图 1-40 膜片式卡盘

习题与思考题

1. 何谓机床夹具？夹具有哪些作用？机床夹具应满足哪些要求？
2. 机床夹具由哪几部分组成？各起什么作用？
3. 何谓“六点定位原理”？
4. 何谓完全定位、不完全定位、欠定位和过定位？在生产中如何应用和处理？
5. 为什么说夹紧不等于定位？

6. 固定支承有哪几种形式？各适用于什么场合？
7. 自位支承有何特点？
8. 什么是可调支承？什么是辅助支承？它们有什么区别？
9. 使用辅助支承和可调支承时应注意什么问题？并举例说明辅助支承的应用。
10. 对夹紧力的要求有哪些？

第2章　机械加工工艺规程的制定

2.1　机械加工工艺规程的基本概念

机械加工工艺规程是所有从事生产的人员都要严格贯彻执行的工艺文件。以此为依据来组织生产，可以做到各工序科学的衔接，实现优质、高产、低消耗。

2.1.1　生产过程和工艺过程

生产过程是机械产品制造时，将原材料或半成品转变为成品的全过程。生产过程主要包括以下方面：

（1）生产技术准备：如产品的开发和设计、工艺设计、专用工艺装备的设计和制造、各种生产资料的准备，以及生产组织等方面的准备工作；

（2）毛坯制造：如铸造、锻造、冲压、焊接等；

（3）零件的加工：如机械加工、冲压、焊接、热处理和表面处理等；

（4）产品的装配：包括组装、部装、总装、调试、油漆及包装等；

（5）产品的检验：包括零件检验、部件及整机检验等；

（6）产品的辅助劳动过程：如原材料、半成品和工具的供应、运输、保管等过程。

机械产品的生产过程是一个十分复杂的过程，在这些过程中，改变生产对象的形状、尺寸、相对位置及性质，使其成为成品或半成品的过程称为工艺过程，是生产过程的重要组成部分。如铸造、锻压、冲压、焊接、机械加工、热处理、装配等工艺过程。其中，采用机械加工的方法，直接改变毛坯的形状、尺寸和表面质量等，使其成为合格零件的过程，称为机械加工工艺过程。

2.1.2　机械加工工艺过程的组成

一个零件的加工工艺过程包含多种不同的加工方法和设备，为保证被加工零件的精度和生产效率，便于工艺过程的执行和生产组织管理，通常把机械加工工艺过程划分为不同层次的单元，其中组成工艺过程的基本单元是工序。零件的机械加工工艺过程是由一个或若干个顺次排列的工序组成的，而工序又可细分为工步、走刀、安装和工位。

1. 工序

一个或一组工人，在一个工作地点对同一个或同时对几个工件所连续完成的那一部分工艺过程，称为工序。划分工序的主要依据是工作地（或设备）是否变动及工作是否连续。若改变其中任意一个就构成另一个工序。如图 2-1 所示的阶梯轴，单件小批生产

时，其加工过程的工序安排参见表2-1，而当中批量生产时，其加工过程的工序安排参见表2-2。按表2-1的工序10，先车左端面然后调头车右端面，其工作地没变，而工件也没有停放，加工是连续完成的，所以说是一个工序。而表2-2的工序15和20，先车好一批工件的一端，然后调头再车这批工件的另一端，这时对每个工件来说两端加工已不连续，所以即使在同一台车床上加工也应算作两道工序。

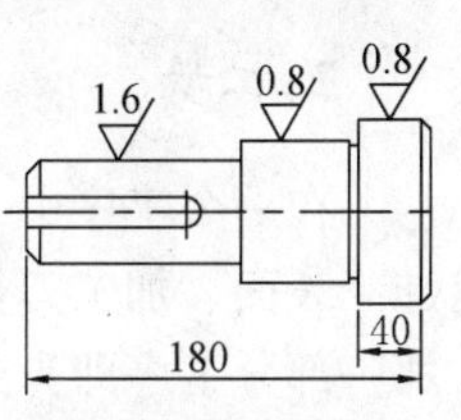

图2-1　阶梯轴

表2-1　阶梯轴加工工艺过程（单件小批生产）

工序号	安装	工序内容	工　步	工位	设备
5		毛坯锻造			
10	2	车端面 打中心孔	（1）车左端面 （2）打左中心孔 （3）调头车右端面 （4）打右中心孔	1	车床
15	1	车外圆、 车槽及倒角	（1）车大端外圆、车槽及倒角 （2）调头车小端外圆及倒角	1	车床
20	1	铣键槽 去毛刺	（1）铣键槽 （2）去毛刺	2	铣床
25	1	磨外圆	磨大端外圆	10	外圆磨床
40	1	检验		15	

表2-2　阶梯轴加工过程（中批量生产）

工序号	安装	工序内容	工　步	工位	设备
5		毛坯锻造			
10	1	铣端面，打中心孔	（1）两边同时铣端面 （2）打中心孔	3	铣端面打中心孔机床
15	1	车大端外圆、车槽及倒角	（1）车大端外圆、车槽 （2）倒角	1	车床
20	1	车小端外圆及倒角	（1）车小端外圆 （2）倒角	1	车床
25	1	铣键槽	铣键槽	2	铣床
30	1	去毛刺	去毛刺	5	钳工台
35	1	磨外圆	磨大端外圆	10	外圆磨床
40	1	检验		15	

2. 工步

在一个工序中，往往需要采用不同的刀具和切削用量，对不同的表面进行加工。在加工表面、加工刀具和切削用量（切削速度与进给量）均不变的情况下，所连续完成的那一部分工序即为工步。一个工序可以包括一个工步或多个工步，参见表 2-1 和表 2-2。

为了简化工艺文件，习惯上将那些一次安装中连续进行的若干个相同工步（几个加工表面完全相同，所用刀具、切削用量亦不变），都看做是一个工步。

例如，加工如图 2-2 所示的零件，在同一工序中，连续钻 4 个 ϕ15 mm 的孔，就可看做是一个工步。为了提高效率，用几把刀具同时加工几个表面，也可看做一个工步，称做复合工步。在工艺规程上把复合工步看做一个工步，如图 2-3 所示。

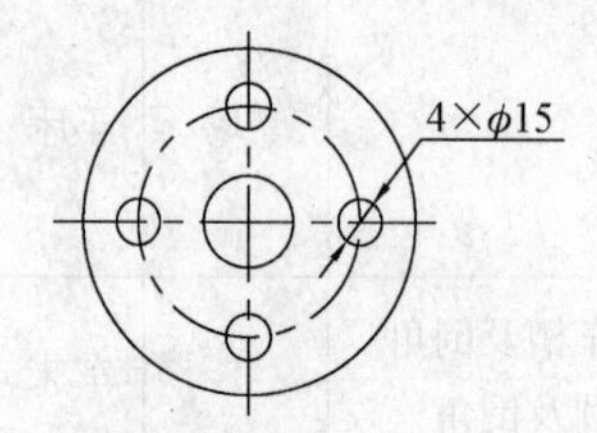

图 2-2　简化相同工步的实例

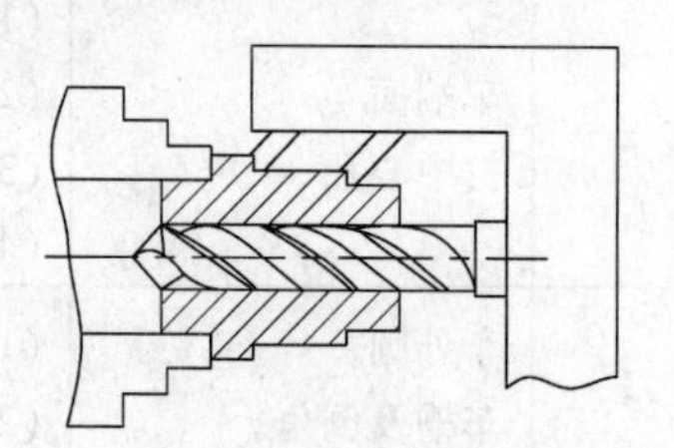

图 2-3　复合工步实例

3. 安装

工件在加工前，确定其在机床或夹具中所占有正确位置的过程称为定位。工件定位后将其固定，使其在加工过程中保证定位位置不变的操作称为夹紧。这种定位与夹紧的工艺过程，即工件（或装配单元）经一次装夹所完成的那一部分工序就称为安装。

如表 2-1 所示，工序 10 就需进行两次安装：先装夹工件一端，车端面打中心孔称为安装 1；再调头装夹，车另一端面并打中心孔，称为安装 2。为减少装夹时间和装夹带来的加工误差，工件在加工中应尽量减少装夹次数。

4. 走刀

在一个工步中，若被加工零件表面加工余量很大或为了获得较高的加工精度，需对该加工表面进行多次切削，每切削一次就是一次走刀。一个工步可包括一次或多次走刀。

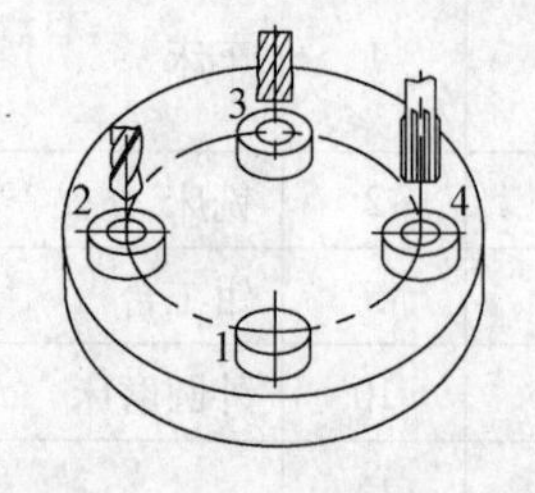

图 2-4　多工步回转工作台

1—安装工件；2—钻孔；3—扩孔；4—铰孔

5. 工位

为了减少工件的装夹次数，减少装夹带来的加工误差，提高生产效率，常采用各种回转工作台、回转夹具或移动夹具安装工件。使工件在一次装夹中，先后处于几个不同的位置进行加工。工件在机床上所占据的每一个加工位置就称为工位。如图 2-4 所示，用回转工作台在一次安装中顺利完成装卸工件、钻孔、扩孔和铰孔 4 个工位的加工。这种加工既节省了时间，又减少了安装误差。

2.1.3　生产纲领与生产类型

1. 生产纲领

生产纲领是指企业在计划期内生产的产品产量和进度计划。计划期往往根据市场的需要而定，多数情况下，计划期定为一年，此时生产纲领称为年产量。对零件而言，产品的产量除了机器装配所需要的数量外，还包括一定数量的备品和废品。零件的生产纲领可按式（2-1）计算：

$$N = Qn(1 + \alpha\% + \beta\%) \tag{2-1}$$

式中 N ——零件的年产量，件/年；

Q ——产品的年产量，台/年；

n ——每台产品中，该零件的数量，件/台；

$\alpha\%$ ——备品的百分率，一般为3%～5%；

$\beta\%$ ——废品的百分率，一般为1%～5%。

2. 生产类型

生产类型是企业生产专业化程度的分类。根据生产纲领的大小和产品品种的多少，机械制造业的生产类型一般可分为单件生产、成批生产和大量生产3种。而生产纲领和生产类型的关系，还随着零件结构的大小和复杂程度的不同而有所不同，参见表2-3。

表2-3　生产纲领和生产类型的关系　　单位：件/年

生产类型		零件的年生产纲领		
		重型零件 （30 kg以上）	中型零件 （4～30 kg）	轻型零件 （4 kg以下）
单件生产		<5	<10	<100
成批生产	小批生产	5～100	10～200	100～500
	中批生产	100～300	200～500	500～5 000
	大批生产	300～1 000	500～5 000	5000～50 000
大量生产		>1 000	>5 000	>50 000

（1）单件生产。单位生产指单件地制造一种产品或少数几个产品，很少重复生产。例如：新产品的试制、重型设备和专用夹具的制造等都属于单件生产。

（2）成批生产。成批生产指分批轮流地制造一种或若干种产品，每种产品有一定的数量，生产对象周期性的重复。例如：机床、机车和电机的制造等常属于成批生产。

每批所制造的相同产品的数量称为批量。根据批量的大小，成批生产又可分为小批生产、中批生产、大批生产3种类型。在工艺上，小批生产和单件生产相似，常合称为单件小批生产；大批生产和大量生产相似，常合称为大批大量生产。

（3）大量生产。大量生产指相同产品数量很大，大多数工作地点长期重复地进行某一零件的某一工序的重复加工。例如螺栓、轴承等各种标准件的制造属大量生产。汽车、自行车、农用车等也多属大量生产。

另外，为了降低成本，生产类型不同，产品和零件的制造工艺、所用的设备及工艺装备和生产组织的形式也往往不同，对工人的技术要求也有差别。各种生产类型的工艺特征参见表2-4。

单件小批生产中，加工产品的品种多，各工作地点（一般为机械加工设备）的加工对象经常改变，所以广泛使用通用设备和通用工艺装备。而大批量生产时，产品是固定的，各工作地点的加工对象不变，追求的是高效率，低加工成本，所以广泛使用高效、自动化的专用设备和专用工艺装备。中批生产是既要考虑产品品种的周期性改变，又要顾及生产率，所以形成“兼顾”小批生产和大批生产两种情况的工艺特点。

表2-4　各种生产类型的工艺特点

工艺特性 \ 项目 \ 生产类型	单件小批生产	中批生产	大批大量生产
加工对象	经常变换	周期性变换	基本固定
机床设备及布置形式	通用设备机群式布置或数控机床或柔性制造单元	通用机床、部分高效专用机床，按零件类别分工段布置	广泛采用自动机床，专用机床，按专用机床流水线、自动线排列
毛坯制造及加工余量	木模手工造型或自由锻，毛坯精度低，加工余量大	部分用锻模或金属模造型，毛坯精度和加工余量中等	广泛采用金属模机器造型、锻模或其他高效方法，毛坯精度高、加工余量小
零件互换性	多用配对制造或钳工修配，无互换性	大部分有互换性，少量修配或试配	全部互换，高精度偶件采用分组装配、配磨
夹具类型	多用通用夹具，标准附件或组合夹具，由划线试切保证尺寸	广泛采用专用夹具和特种夹具，定程法保证尺寸	广泛采用高效专用夹具和特种夹具，定程及自动测量保证尺寸
刀具量具	通用刀具、标准量具	较多采用专用或标准刀具、量具	广泛采用高效专用刀具量具或自动测量系统
对工人技术水平的要求	高	中等	一般
工艺文件	编制简单工艺过程卡	编制工艺过程卡、关键零件的工序卡	编制详细的工艺文件
生产率	低	中	高
加工成本	高	中	低
发展趋势	采用成组工艺、数控机床、加工中心及柔性制造单元	采用成组工艺，用柔性制造系统或柔性自动线	用计算机控制的自动化制造系统、车间或无人工厂，实现自适应控制

2.2　机械加工工艺规程的制定

2.2.1　工艺规程的内容、作用与格式

1. 工艺规程的内容

机械加工工艺规程是规定产品或零部件制造工艺过程和操作方法等的工艺文件。用以指导工人操作、组织生产和实施工艺管理。它一般包括下列内容：毛坯类型和材料定额，工件的加工工艺路线，所经过的车间和工段，各工序的内容要求及采用的机床和工艺装备，工件质量的检验项目及检验方法，切削用量，工时定额及工人技术等级等。

2. 工艺规程的作用

一般说来，大批大量生产类型要求有细致和严密的组织工作，因此要有比较详细的机械加工工艺规程。单件小批生产由于分工较粗，因此其机械加工工艺规程可简单一些。但是不论生产类型如何，都必须有章可循，即都必须有机械加工工艺规程。

工艺规程主要有以下几方面的作用。

（1）工艺规程是指导生产的主要技术文件。生产的计划、调度，操作工人的组织，质量检查等都是以工艺规程为依据的，任何生产人员不得违反。

（2）工艺规程是生产组织和管理工作的基本依据。在生产管理过程中，产品投产前原材料及毛坯的供应、通用工艺装备的准备、机械负荷的调整、专用工艺装备的设计和制造、作业计划的编排，以及生产成本的核算等，都要根据工艺规程来展开。

（3）在设计或扩建、改建车间时，更需要有产品的全套的工艺规程作为决定设备种类、型号、数量、机床的布局和动力配置、操作工人的要求和数量、生产面积以及投资额等的原始资料。

此外，先进的工艺规程还起着交流和推广先进经验的作用，典型的工艺规程可缩短工厂摸索和试制的过程。当然，工艺规程也不是一成不变的，随着科技的进步，工人及技术人员不断革新创造，工艺规程将不断改进完善，以便更好地指导生产。

3. 工艺规程的格式

将工艺规程的内容，填入一定格式的卡片，即成为工艺文件。为了科学管理和便于交流，我国原机械部还制订了《工艺规程格式》标准（JB/Z 187.3—1988）。工艺文件一般有 3 种。

（1）机械加工工艺过程卡片。机械加工工艺过程卡片主要列出了整个零件加工所经过的工艺路线，包括毛坯制造、机械加工和热处理等。它是制订其他工艺文件的基础，也是生产技术准备、编制作业计划和组织生产的依据。

机械加工工艺过程卡片对工序的说明不会很详细，所以不能直接指导工人操作，而多作为生产管理使用。但在单件小批量生产中，通常以这种卡片指导生产，而不编制其

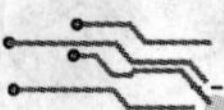

他详细的工艺文件。工艺过程卡片的格式参见表2-5。

（2）机械加工工艺卡片。机械加工工艺卡片是以工序为单位，详细说明整个工艺过程的工艺文件，内容较详细、具体、明确，用以指导具体生产活动的进行，广泛应用于中、小批量生产。机械加工工艺卡片所包含的内容及格式参见表2-6。

（3）机械加工工序卡片。机械加工工序卡片是以工艺卡片为依据，对每一个工序分别进行编制，列出详细的生产工步，并绘制工序图。它用于大批量生产的现场操作，生产活动直接根据工序卡片进行，机械加工工序卡片的格式参见表2-7。

表2-5　机械加工工艺过程卡片

单位	机械加工工艺过程卡		产品型号		零（部）件图号			共　页	
			产品名称		零（部）件名称			第　页	
材料牌号		毛坯种类	毛坯外形尺寸	每毛坯件数		每台件数		备注	
工序号	工序名称	工序内容	车间	工段	设备	工艺装备		工时	
								准终	单件
					编制（日期）	审核（日期）	会签（日期）		
标记	处记	更改文件号	签字	日期	标记	处记	更改文件号	签字	日期

表2-6　机械加工工艺卡片

单位	机械加工工艺过程卡			产品型号		零（部）件图号			共　页				
				产品名称		零（部）件名称			第　页				
材料牌号		毛坯种类	毛坯外形尺寸		每毛坯件数		每台件数		备注				
工序	装夹	工步	工序内容	同时加工零件数	切削用量				设备名称及编号	工装名称及编号		技术等级	工时
					背吃刀量/mm	切削速度/$mm \cdot min^{-1}$	每分钟转数或往复次数	进给量/$mm \cdot r^{-1}$或mm·双行程		夹具 / 刀具 / 量具			准终 / 单件
						编制（日期）	审核（日期）	会签（日期）					
标记	处记	更改文件号	签字	日期	标记	处记	更改文件号	签字	日期				

表 2-7　机械加工工序卡片

单位	机械加工工艺过程卡			产品型号		零（部）件图号			共　页
				产品名称		零（部）件名称			第　页
材料牌号		毛坯种类	毛坯外形尺寸		每毛坯件数		每台件数		备注

（工序图）	车间	工序号	工序名称	材料牌号
	毛坯种类	毛坯外形尺寸	每坯件数	每台件数
	设备名称	设备型号	设备编号	同时加工件数
	夹具编号	夹具名称		冷却液
				工序工时
				准终 / 单件

工步号	工步内容	工艺装备	主轴转速 /r·min^{-1}	切削速度 /m·min^{-1}	进给量 /mm·r^{-1}	背吃刀量 /mm	走刀次数	工时定额 机动	工时定额 辅助

										编制（日期）	审核（日期）	会签（日期）	
标记	处记	更改文件号	签字	日期	标记	处记	更改文件号	签字	日期				

2.2.2　制定工艺规程的原则、原始资料及步骤

1. 制定工艺规程的原则

制定工艺规程的原则是：在一定的生产条件下，以最少的劳动消耗、最低的费用和按规定的速度、最可靠地加工出符合图样要求的零件，同时应注意以下问题。

（1）技术上的先进性。在制定工艺规程时，要充分利用现有设备，挖掘企业潜力，设计、改进、提高机械加工工艺水平，并积极借鉴或采用适用的国内外本行业的先进工艺和工艺装备。

（2）经济上的合理性。利用现有的生产条件，选择最经济、最合理的加工方案，使加工过程既能保证产品质量又能做到加工成本最低。

(3) 有良好的生产条件。在制定工艺规程时，要注意尽量减轻工人的劳动强度，保障安全生产，创造良好、文明的绿色生产条件。

2. 制定工艺规程需要的原始资料

在制定工艺规程之前，必须研究和掌握下列原始资料。

(1) 产品的全套装配图和零件图。

(2) 产品质量验收标准。

(3) 产品的生产纲领和生产类型。

(4) 生产条件：毛坯车间的生产能力与技术水平；各种型材的品种规格；现有设备和工艺装备的规格及性能；专用设备及工艺装备的制造能力等。

(5) 国内外生产技术的发展情况。要了解国内外先进工艺技术，不断提高工艺水平，以便制定出先进的工艺规程，结合本厂的实际情况进行推广，做到优质、高产、低成本。

(6) 有关的工艺手册、标准及指导性文件。

3. 制定工艺规程的步骤

(1) 按零件批量大小确定生产类型。

(2) 分析研究产品的装配图和零件图，掌握其技术要求，分析零件结构工艺性。

(3) 确定毛坯的种类、形状、尺寸及制造方法，画出毛坯的草图，作出材料预算。

(4) 拟定工艺路线。确定定位基准和零件各表面加工方法，划分工序，确定加工顺序。

(5) 确定各工序的设备、工装、刀具、量具和辅助工具。

(6) 确定各主要工序的技术要求及检验方法，并提供量具要求。

(7) 确定各工序的加工余量、工序尺寸和公差。

(8) 确定切削用量和工时定额。

(9) 进行技术经济分析，选择最优工艺方案。

(10) 填写工艺文件。填写工艺文件是零件工艺规程编制的最后一项工作。工艺文件的种类很多，各企业可以根据实际生产的需要选择相应的工艺文件作为生产中使用的工艺规程，所以各单位选择的工艺文件格式和内容也不尽相同。

2.3 零件的结构工艺性分析

2.3.1 零件的结构工艺性

所谓的零件结构工艺性，是指在不同生产类型的具体生产条件下，零件在满足使用要求的前提下，制造该零件的可行性和经济性。

零件结构工艺性存在于零部件生产和使用的全过程，包括材料选择、毛坯生产、机

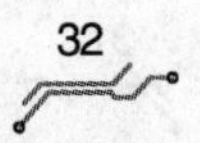

械加工、热处理、机器装配、机器使用、维护，直至报废、回收和再利用等。

工艺人员在制订工艺规程时，在充分领会产品使用要求和设计人员设计意图的前提下，遇到工艺问题与设计要求有矛盾时，不应孤立地看问题，而首先要考虑影响结构工艺性的主要因素：生产类型、制造条件和工艺技术的发展等。生产类型是影响结构设计工艺性的首要因素。当单件、小批生产时，大都采用效率较低、通用性较强的设备和工艺装备，采用普通的制造方法。在大批大量生产时，往往采用高效、自动化的生产设备和工艺装备，以及先进的工艺方法，因此产品结构必须与相应工艺装备和工艺方法相适应。机械零部件的结构必须与制造厂的生产条件相适应。生产条件主要包括毛坯的生产能力及技术水平、机械加工设备和工装的规格及性能、热处理设备条件与能力、技术人员和工人的技术水平等。

随着生产地不断发展，新的加工设备和工艺方法不断出现，以往认为工艺性不好的结构设计，在采用了先进的制造工艺后，可能变得简便、经济，例如电火花、电解、激光、电子束、超声波加工等特种加工技术的发展，使诸如陶瓷等难加工材料、复杂形面、精密微孔等加工变得容易；精密铸造、轧制成形、粉末冶金等先进工艺的不断采用，使毛坯制造精度大大提高；真空技术、离子氮化、镀渗技术使零件表面质量有了很大的改善。

2.3.2 零件要素及整体结构的工艺性

零件的结构工艺性分为零件结构要素的工艺性与零件整体结构的工艺性两部分。

1. 零件结构要素的工艺性

组成零件的各加工表面称为结构要素。零件结构要素工艺性主要有以下几种表现。

(1) 各要素尽量形状简单、面积小、规格统一和标准，以减少加工时调整刀具的次数。

(2) 加工面与非加工面应明显分开，保证刀具加工时有较好的切削条件，以提高刀具的寿命和保证加工质量。

(3) 能采用普通设备和标准刀具进行加工，刀具易进入、退出和顺利通过，避免内端面加工，防止碰撞已加工面。

2. 零件整体结构的工艺性

零件整体结构的工艺性，主要表现在以下几方面。

(1) 有便于装夹的基准和定位面，如图 2-5 所示车床小刀架，应在其上增设工艺凸台，以便加工时作为辅助定位基准。

(2) 零件应有足够的刚性，防止加工中在高速和多刀切削时的变形，影响加工精度。

(3) 有位置精度要求的表面应尽量能在一次安装下加工出来，如箱体零件上的同轴线孔，其孔径应当同向或双向递减，以便在单面或双面镗床上一次装夹加工。

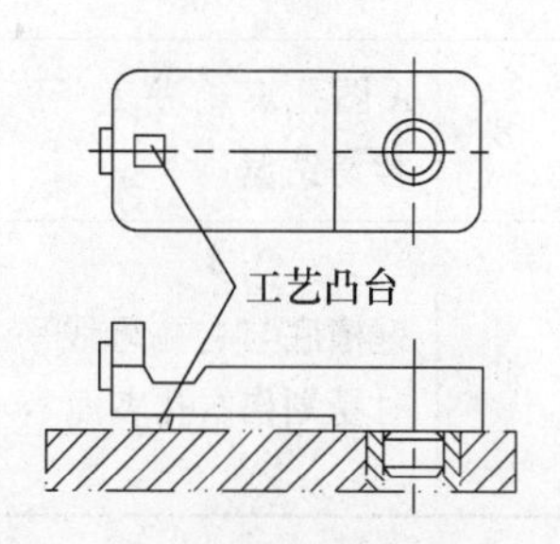

图 2-5 小刀架的工艺凸台

（4）尽量采用标准件、通用件和相似件。

表2-8列出了零件加工工艺性对比的一些实例，其中A栏表示工艺性不好的结构，B栏表示工艺性好的结构。

表2-8　零件机械加工结构工艺性实例分析

序号	结构工艺性内容	A. 结构工艺性不好	B. 结构工艺性好
1	A图在加工时无法引进刀具；B图较好	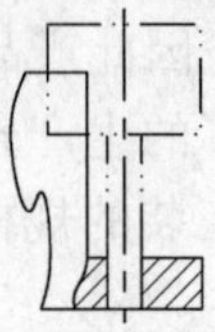	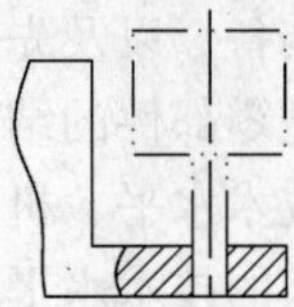
2	A图平面加工，零件尺寸越大，则平面度误差越大，且成本越高；B图结构稳定性也较好	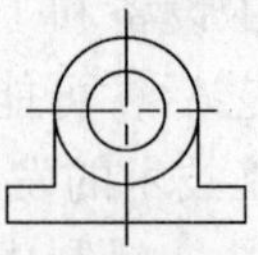	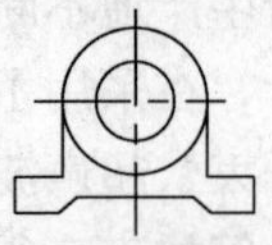
3	A图两键槽方向不一，加工时需两次装夹；B图装夹次数少精度高，且生产率高	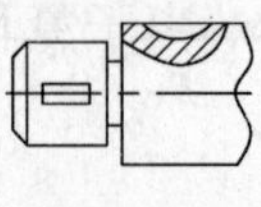	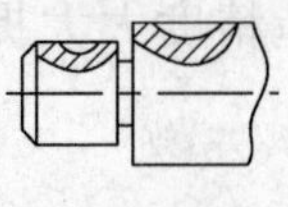
4	加工面与非加工面应明显分开；凸台应高低相同，减少走刀次数和调刀次数	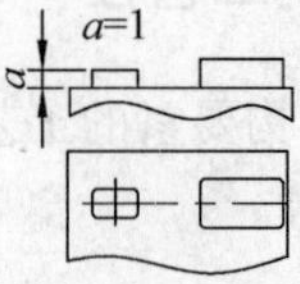 a=1 a	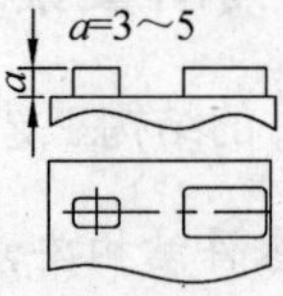 a=3～5 a
5	A图槽宽不一，需多把刀，加工精度和生产率都低；B图槽宽尺寸一致，一把刀可加工完毕	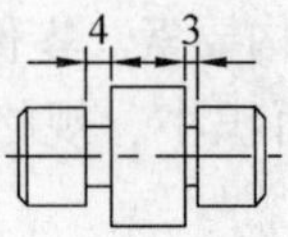 4 3	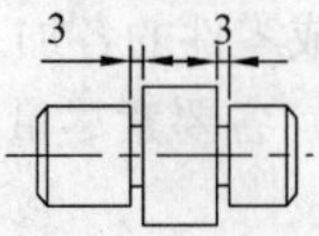 3 3
6	磨削表面应留有退刀槽，否则因砂轮圆角而不能清根	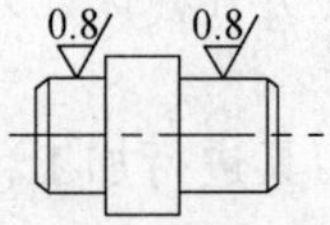 0.8 0.8	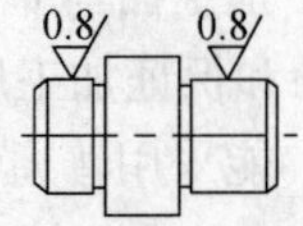 0.8 0.8
7	内螺纹口应有倒角；根部有退刀槽，否则易打刀，且不能清根	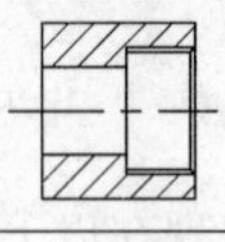	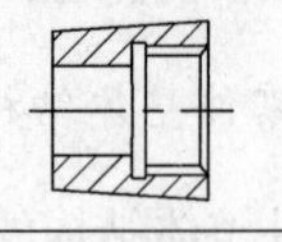
8	A图孔离箱壁太近，引刀困难，容易钻偏		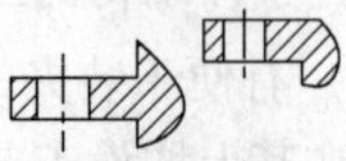
9	键槽底与右孔母线平齐，插键槽时易划伤右孔表面	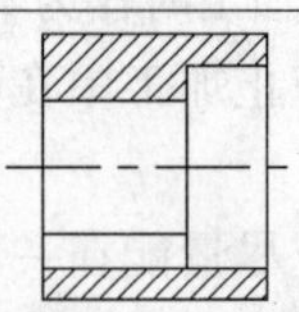	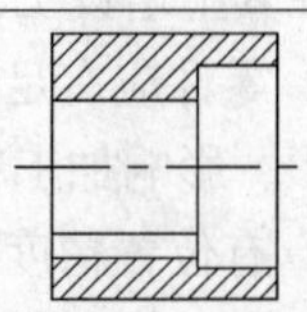

（续表）

序号	结构工艺性内容	A. 结构工艺性不好	B. 结构工艺性好
10	A图磨削锥面时易碰伤圆柱面，且不能清根		
11	斜面和弧面钻孔易引偏，出口有台阶易打刀，钻深孔退屑困难，钻孔精度低、易打刀		
12	B图有退刀槽保证了加工的可能性，减少刀具（砂轮）磨损		
13	A图孔太深不便加工；B图易加工又节省材料，且易于装卸连接		

2.4 毛坯的选择

毛坯的种类和质量，对毛坯本身的制造工艺、设备、费用以及零件的加工方案、加工质量、材料消耗、生产率、生产成本等具有很大的影响。因此，毛坯的种类和质量的选择，应视生产类型、生产条件以及使用性能等因素综合考虑。

2.4.1 常用毛坯的类型及特点

机械加工中常见的零件毛坯类型有：铸件、锻件、冲压件、型材及型材焊接件、冷挤压件等。

（1）铸件。铸件适用于形状比较复杂的零件，常用材料有灰铸铁、可锻铸铁、球墨铸铁、合金铸铁、有色金属和铸钢等。铸件的铸造方法主要采用木模、金属模砂型铸造、金属型铸造等，少数尺寸较小的优质铸件可采用压力铸造、离心铸造、溶模铸造等特种造型方法。

（2）锻件。锻件适用于形状简单、强度要求较高的毛坯，主要材料有各种碳钢和合金钢，制造方法有自由锻造、模锻和精密锻造等。

自由锻造是在各种锻锤和压力机上由手工操作而锻出的毛坯，这种锻造件的加工余量大，精度低，生产率不高，要求结构简单，但不需要专用模具，适用于单件小批生产和大型零件毛坯。

模锻是采用一套专用的锻模，在吨位较大的锻锤和压力机上锻出毛坯。它的精度比自由锻件高，表面质量也有所改善，毛坯的形状也可较复杂一些，加工余量较低，模锻的材料纤维呈连续形，故其机械强度较高，模锻的生产率也较高，适用于产量较大的中小型零件毛坯的生产。

精密锻造生产率高，锻件精度也高，一般用于大批大量生产中。

(3) 型材。型材适用于制造形状简单、尺寸不大的毛坯。机械制造中的型材按截面形状可分为圆钢、方钢、六角钢、扁钢、角钢、槽钢及工字钢等。型材按制造方法有热轧和冷拉两种。热轧型钢尺寸较大、规格多、精度低，多用于一般零件的毛坯，冷拉型钢尺寸较小、精度较高，规格不多并且价格较贵，多用于毛坯精度较高的中小型零件，有时表面可不经加工而直接选用，对于批量较大、不需经过热处理的零件尤为适宜。在自动车床、半自动车床和六角车床上多采用冷拉型材。

(4) 型材焊接件。型材焊接件是根据需要将型材和钢板焊接成零件毛坯。焊接方法简单方便，节省材料，重量轻，适合于大型工件，特别是单件、小批生产可以大大缩短生产周期。但是焊接的零件变形较大，机械加工前应进行时效处理，消除残余应力，改善切削性能。

(5) 冲压件。冲压件适合于制造形状复杂、生产批量较大的中、小尺寸板料毛坯，冲压件有时可不再加工或直接进行精加工。

(6) 冷挤压件。冷挤压件适合于制造形状简单、尺寸小、生产批量大的毛坯，主要材料为塑性较大的有色金属和钢材。冷挤压毛坯精度高，广泛用于挤压各种高精度要求的零件，如仪表件、航空发动机中的小零件等。

(7) 粉末冶金。粉末冶金是以金属粉末为原材料用压制成型和高温烧结来制造零件。其毛坯尺寸精度高，成型后一般不再进行切削加工，省时、省料、省设备，制造成本低，适于大批量生产。但金属粉末成本高，且不适于压制结构复杂的零件及薄壁、有锐角的零件。

改进毛坯制造方法，提高毛坯精度，采用净型和准净型毛坯，实现少、无切削加工是毛坯生产的发展方向。

2.4.2 毛坯选择的原则

在选择毛坯种类和制造方法时，应考虑以下几点。

(1) 生产纲领的大小。

毛坯制造方法的经济性，很大程度上取决于生产纲领的大小。当零件的产量大时，应选精度和生产率都比较高的毛坯制造方法，虽然一次性的投资较高，但均分到每个毛坯的成本中就较少。零件的产量较少时，应选择精度和生产率较低的毛坯制造方法。

(2) 零件的外形尺寸和结构形状。

台阶直径相差不大的钢质轴类零件，可直接选用圆棒料；台阶直径相差较大，为减少材料消耗和机械加工的劳动量，则宜选用锻件毛坯。形状复杂的毛坯，常用铸造方法；薄壁的零件，一般不能采用砂型铸造；尺寸较大的毛坯，往往不能采用模锻、压铸和精铸，常采用砂型铸造。

(3) 零件材料和对材料性能的要求。

当零件的材料选定后，毛坯的类型也大致确定了。例如，铸铁或青铜材料，可选择铸造毛坯；钢材且力学性能要求高时，可选锻件。钢质零件当形状不复杂且力学性能要求不太高时，可选型材。

（4）现有生产条件。

选择毛坯时，还要兼顾毛坯制造的现有生产能力和工艺水平、设备状况以及对外协作的可能性、经济性。一方面结合产品的发展，积极创造条件，采用新工艺、新技术、新材料，研究先进的毛坯制造方法，不断推动工业制造水平的提高；另一方面，组织地区专业化生产，统一供应毛坯，既能保证和提高加工质量，又能降低生产成本。这也是新经济时代的新发展趋势。

表 2-9 给出了常用毛坏制造方法的工艺特征。

表 2-9　常用毛坯制造方法的工艺特征

毛坯制造方法	最大重量/N	最小壁厚/mm	形状的复杂性	材料	生产方式	精度等级 IT	尺寸公差值/mm	表面粗糙度 Ra	其他
手工砂型铸造	不限制	3～5	最复杂	铁碳合金、有色金属及其他合金	单件小批	14～16	1～8	大	余量大，一般为 1～10 mm，废品率高，表面有硬皮，适用于铸造大件，生产率低
机械砂型铸造	至 2500	3～5	最复杂	同上	大批大量	14 级左右	1～3	大	生产率比手工铸造高数十倍，工人技术要求低，适用于铸造中小型铸件
离心铸造	通常 2000	3～5	主要是旋转体	同上	同上	15～16	1～8	12.5	生产率高，单边余量一般为 1～3 mm 机械性能好，壁厚均匀
压力铸造	100～160	锌 0.5 其他 10	由模具制造的难易决定	锌铝镁铜锡铅的金属合金	同上	11～12	0.05～0.2	3.2	生产率最高，每小时可达 50～500 件，设备贵；可以直接制取零件或进行少许加工
自由锻造	不限制	不限制	简单	碳素钢合金钢	单件小批	14～16	1.5～2.5	大	生产率低、工人技术高、余量大 3～30 mm
模锻	小于 1000	2.5	由锻模制造的难易决定	碳素钢合金钢	成批大量	12～14	0.4～2.5	12.5	生产率低、工人技术高、性能好、强度高、材料消耗少
精密模锻	小于 1000	1.5	由锻模制造的难易决定	碳素钢合金钢	成批大量	11～12	0.05～0.1	6.3 或 3.2	光压后的锻件可以直接进行精加工
板料冷冲压	不限制	0.1～10	复杂	各种板料	成批大量	9～12	0.05～0.5	1.6 或 0.8	生产率高，毛坯重量轻，压制厚壁件困难

2.5 定位基准的选择

制定机械加工工艺规程时，定位基准的选择对保证零件表面的尺寸精度、位置精度、加工顺序的安排、余量的合理分配、夹具结构等均有很大影响。因此，定位基准的选择是一个十分重要的工艺问题。

在加工的起始工序中，只能用未经加工的毛坯表面（如铸造、锻造表面等）作为定位基准，这种基准面称为粗基准。在中间工序和最终工序中，为了逐步提高加工精度，采用已加工过的表面作为定位基准，这种基准称为精基准。

2.5.1 粗基准的选择

粗基准的选择对零件加工会产生重要影响。选择粗基准应遵循的原则如下。

（1）保证相互位置要求的原则。如图 2-6（a）所示，毛坯在铸造时内孔 2 与外圆 1 有偏心，要求加工内孔，并使内孔与外圆有较高的同轴度。在加工内孔时，应选择外圆 1 作粗基准（用三爪卡盘夹持外圆），此时虽然加工余量不均匀，但内孔与外圆同轴度较高，壁厚均匀。

所以，如果必须首先保证工件上加工表面与不加工表面之间的位置要求，则应以不加工表面作粗基准。如果在工件上有很多不需加工的表面，则应以其中与加工表面的位置精度要求较高的表面作粗基准，以求壁厚均匀、外形对称。

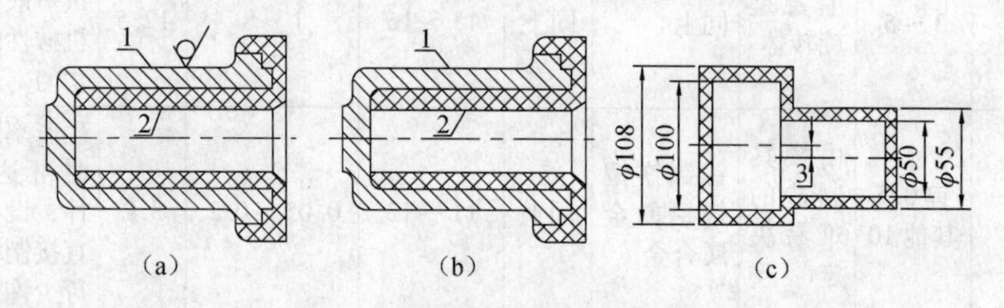

图 2-6 轴类零件粗基准的选择

（2）选择重要表面作为粗基准的原则。如图 2-6（b）所示，如果要求内孔 2 的加工余量均匀，可用四爪卡盘夹住外圆 1，然后按内孔 2 找正（即以内孔 2 作为粗基准）。此时，加工余量均匀，但加工后的内孔与外圆不同轴，壁厚不均匀。再如图 2-7 所示的床身零件，应选择导轨面为粗基准。以导轨面定位加工床腿的连接面，然后再以床腿连接面为精基准定位加工导轨面，这样导轨面的加工余量就比较均匀，且能保证其加工质量。

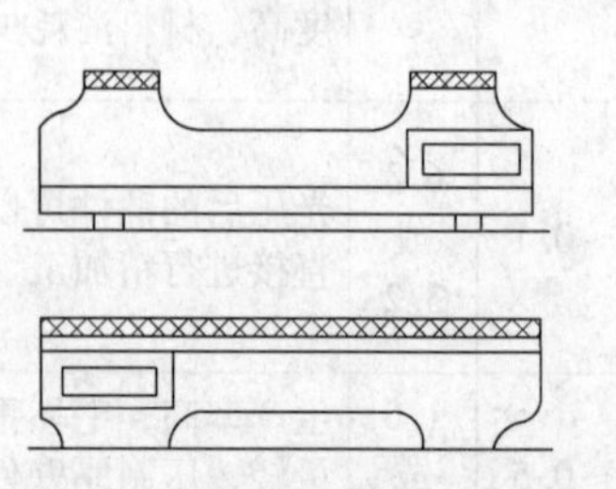

图 2-7 床身零件粗基准的选择

可见，如果必须首先保证工件某重要表面的余量均匀，应选择该表面作为粗基准。

（3）选择加工余量较小的加工表面作为粗基准。如图 2-6（c）所示的阶梯轴，具有较多加工表面，应选择 ϕ55mm 外圆作为粗基准。考虑的重点是如何保证各加工表

面有足够的加工余量，能加工出精基准，使不加工表面与加工表面间的尺寸、位置符合图纸要求。

(4) 粗基准一般不得重复使用的原则。粗基准原则上在同一尺寸方向上只能使用一次，以避免产生较大的定位误差。

(5) 便于工件装夹的原则。作为粗基准的表面，应面积大、平整、光洁，没有浇口、冒口、坡口或飞边等缺陷，以便定位和夹紧可靠。

定位基准选择原则是从生产实践中总结出来的，在保证加工精度的前提下，应使定位简单准确，夹紧可靠，加工方便，夹具结构简单。因此，必须结合具体的生产条件和生产类型具体分析灵活掌握。

2.5.2 精基准的选择

选择精基准时，考虑的重点是如何减少误差，提高定位精度，保证实现设计要求。因此，选择精基准的原则如下。

(1) 基准重合原则。为了比较容易地获得加工表面对其设计基准的相对位置精度，应选择加工表面的设计基准为定位基准。这一原则通常称为“基准重合原则”。

如图 2-8 (a) 所示的零件，铣槽欲保证尺寸 $b_{-\delta_b}^{\ 0}$。其工序基准为 B 面，若以 A 为定位基准保证工序尺寸 $b_{-\delta_b}^{\ 0}$，则基准不重合；如图 2-8 (b) 所示，刀具调整尺寸 C 一经调好不再改变，则尺寸 $b_{-\delta_b}^{\ 0}$ 只能间接获得，其大小随着 a 尺寸的变化而变化，即引入了基准不重合误差 Δb ($\Delta b=2\delta_b$)；如图 2-8 (c) 所示，若以 B 为定位基准保证工序尺寸 $b_{-\delta_b}^{\ 0}$，则基准重合，尺寸 $b_{-\delta_b}^{\ 0}$ 可直接由刀具调整尺寸保证。尺寸 a 的变化对其没有影响，即没有基准不重合误差。因此，在选择定位基准时，为了更好地保证加工精度，应尽量遵守“基准重合原则”。

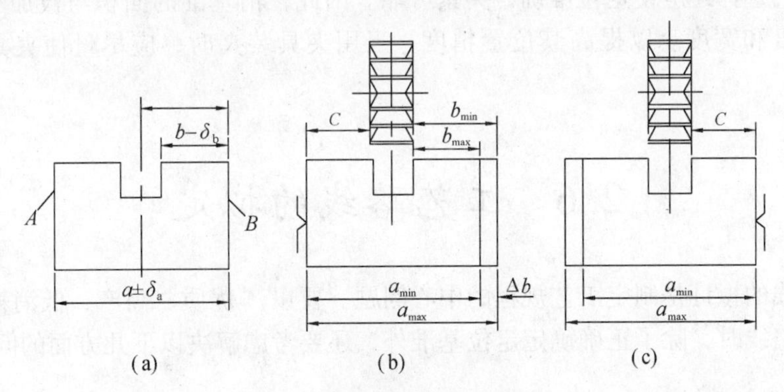

图 2-8　基准重合原则示例

(2) 基准统一原则。在多数工序中，尽可能采用同一组精基准定位，来加工工件上的其他各表面，这一原则通常称为“基准统一原则”。例如，轴类零件的大多数工序都采用顶尖孔为定位基准，既减少了安装误差，又节省了时间，同时也可以简化工艺过程，减少夹具设计、制造的时间和费用。

(3) 互为基准原则。当加工面之间有较高的位置精度，且要求加工余量小而均匀时，可采用反复加工，互为基准的原则。例如，加工精密齿轮时，用高频淬火把齿面淬硬后需进行磨齿，因齿面淬硬层较薄，所以要求磨削余量小而均匀。这时就先以齿面为基准磨孔，再以孔为基准磨齿面。从而保证齿面余量小而均匀，且孔和齿面有较高的位置精度。

（4）自为基准原则。选择加工表面本身作精基准，即遵循“自为基准”。此工序要求加工余量小而均匀，该加工表面与其他表面之间的位置精度要求由先行工序保证。

如图 2-9 所示，在精磨床身导轨面时，磨削余量一般不超过 0.5 mm，为了使磨削余量均匀，易于获得较高的加工质量，总是以导轨面本身为基准来找正。如图 2-9 所示，在镗连杆小头孔时也是以孔本身作精基准。工件除以大孔中心和端面为定位基准外，还以被加工的小头孔中心为定位基准，用菱形销定位。定位以后，在小头两侧用浮动平衡夹紧装置夹紧，然后拔出定位销，伸入镗杆对小头孔进行加工。此外，用浮动铰刀铰孔，用圆拉刀拉孔等均是以加工表面本身作定位基准。

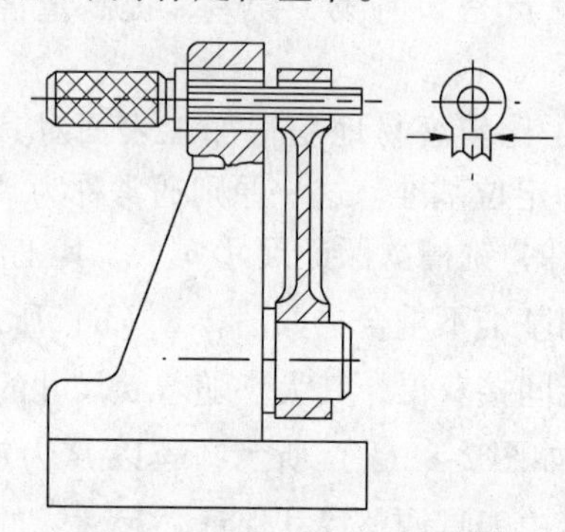

图 2-9　连杆小头孔的装夹

精基准的选择还应使定位准确，夹紧可靠。因此，精基准的面积与被加工表面相比，应有较大长度和宽度。以提高其位置精度。当用夹具装夹时，应尽量使夹具结构简单，操作方便。

2.6　工艺路线的拟定

工艺路线的拟订是制定工艺规程的中心问题。要以“优质、高产、低消耗”为宗旨，在制定工艺路线时，除了正确确定定位基准外，还要考虑解决以下几方面的问题。

2.6.1　表面加工方法的选择

选择加工方法时应考虑以下因素。

（1）零件的结构形状、尺寸大小。例如对于 IT7 级精度的孔，采用镗削、铰削、拉削和磨削均可达到要求。但箱体上的孔，由于受结构限制，一般不宜选择拉孔和磨孔，而常选择镗孔和绞孔；孔径大时选择镗孔，孔径小时可选择铰孔。

（2）零件材料性质和热处理。硬度很低而韧性较大的金属材料，用磨削加工很困难，

一般都采用金刚镗或高速精密车削加工；而淬火钢、耐热钢等因硬度较高，必须用磨削的方法加工。例如加工精度为 IT7 级、表面粗糙度 $Ra=1.25\sim0.8\,\mu m$ 的内孔，若材料是有色金属，为避免磨削时堵塞砂轮，精加工则应选择高速精细车或金钢镗。又如加工精度为 IT6 级，表面粗糙度 $Ra=1.25\sim0.8\,\mu m$ 的外圆，若要求淬火硬度达到 HRC58～60，精加工时只能采用磨削而不能用车削。

(3) 生产类型。即考虑生产率和经济性的问题。大批大量生产时，孔可采用钻、扩、铰削，平面采用刨、铣削。这些方法都能大幅度的提高生产率。但是，在年生产量不大的条件下，对于平面和孔多采用通用机床、通用工装及常规的加工方法。如果盲目采用高效率加工方法及专用设备，会因设备利用率不高而增加加工成本。

(4) 现有生产条件。选择加工方法应从本厂现有设备、设备负荷、工艺装备和工人技术水平等实际情况出发，以便保证所选择的方法切实可行。同时兼顾挖掘企业潜力，发挥工人的积极性和创造性。

一般来说任何一种加工方法能获得的加工精度都是一个较大的范围，但在正常条件下能经济地达到的加工精度只是其中某一较小范围。在正常条件下（采用符合质量的标准设备，工艺装备和标准技术等级的工人、不延长加工时间）所能保证的加工精度，称为加工经济精度。各表面加工方法应根据经济加工精度结合经验确定，并根据实际情况或工艺实验进行验证修改。表 2-10、表 2-11、表 2-12 分别列出了平面、外圆及孔等典型表面的加工方法和经济加工精度及表面粗糙度。

表 2-10　平面加工方案

序号	加工方案	经济精度等级	表面粗糙度 $Ra/\mu m$	适用范围
1	粗车—半精车	IT10～IT8	3.2～6.3	端面、外圆
2	粗车—半精车—精车	IT8～IT7	0.8～1.6	端面、外圆
3	粗车—半精车—磨	IT8～IT6	0.2～0.8	端面、外圆
4	粗铣（刨）—精铣（刨）	IT10～IT8	1.6～6.3	一般不淬硬平面
5	粗铣—半精铣—精铣—高速铣	IT7～IT6	0.16～1.25	成批生产，不淬硬平面
6	粗铣（刨）—精铣（刨）—刮研	IT7～IT6	0.1～0.8	精度要求较高、小批生产、淬硬不淬硬平面
7	粗铣（刨）—精铣（刨）—宽刃精刨	IT7	0.2～0.8	单件或成批生产、不淬硬、大平面
8	粗铣（刨）—精铣（刨）—磨	IT7	0.2～0.8	较高精度、淬硬、不淬硬表面
9	粗铣（刨）—精铣（刨）—粗磨—精磨	IT6～IT5	0.025～0.4	
10	粗铣—精铣—磨—研磨	IT5 以上	0.006～0.1	高精度、淬火表面
11	粗拉—精拉	IT9～IT7	0.2～0.8	大批生产、较小平面，如沟槽或台阶

表 2-11　外圆柱面加工方案

序号	加工方案	经济精度等级	表面粗糙度 Ra/μm	适用范围
1	粗车—半精车—精车	IT7 以下	0.8～1.6	淬火钢以外的各种金属
2	粗车—半精车—精车—滚压（或抛光）	IT8～IT7	0.025～0.2	
3	粗车—半精车—精车—金刚石车	IT7～IT6	0.025～0.4	有色金属高精度表面
4	粗车—半精车—粗磨—精磨	IT7～IT6	0.1～0.4	有色金属以外的淬硬非淬硬表面
5	粗车—半精车—粗磨—精磨—研磨	IT5 以上	0.006～0.02	精密、超精密加工或光整加工
6	粗车—半精车—粗磨—精磨—研磨、超精加工，砂带磨、镜面磨或抛光	IT5 以上	0.006～0.02	

表 2-12　孔加工方案

序号	加工方案	经济精度等级	表面粗糙度 Ra/μm	适用范围
1	钻	IT13～IT11	12.5	加工未淬火钢及铸铁的实心毛坯，也可用于加工有色金属（但表面 Ra 值较大，孔径小于15～20 mm）
2	钻—铰	IT10～IT8	1.6～6.3	
3	钻—粗铰—精铰	IT8～IT7	0.8～1.6	
4	钻—扩	IT11～IT10	6.3～12.5	同上，但孔径大于15～20 mm
5	钻—扩—铰	IT9～IT8	1.6～3.2	
6	钻—扩—粗铰—精铰	IT7	0.8～1.6	
7	钻—扩—机铰—手铰	IT7～IT6	0.2～0.4	
8	钻—扩—拉	IT7～IT9	0.1～1.6	大批量生产，精度由拉刀的精度而定
9	粗镗（或扩）	IT13～IT11	6.3～12.5	除淬火钢外各种材料，毛坯铸出孔或锻出孔
10	粗镗（粗扩）—半精镗（精扩）	IT10～IT9	1.6～3.2	
11	粗镗（粗扩）—半精镗（精扩）—精镗（铰）	IT8～IT7	0.8～1.6	
12	粗镗（粗扩）—半精镗（精扩）—精镗—浮动镗刀精镗	IT7～IT6	0.4～0.8	
13	粗镗（扩）—半精镗—磨	IT8～IT7	0.4～0.8	主要用于淬火钢，也可用于未淬火钢，但不宜用于有色金属加工
14	粗镗（扩）—半精镗—粗磨—精磨	IT7～IT6	0.1～0.2	
15	粗镗—半精镗—精镗—金刚镗	IT7～IT6	0.05～0.4	主要用于精度要求高的有色金属加工
16	钻—（扩）—粗铰—精铰—珩磨 钻—（扩）—拉—珩磨 粗镗—半精镗—精镗—珩磨	IT7～IT6	0.025～0.2	精度要求很高的孔
17	以研磨代替上述方案中的珩磨	IT6 以上	0.006～0.1	

下面介绍几种常见的孔加工方法。

(1) 刀钻—粗拉—精拉，多用于大批量生产盘套类零件上的圆孔、单键孔和花键孔加工，加工质量稳定，生产效率高。若工件上没有铸出或锻出毛坯孔时需先安排钻孔，若工件上有毛坯孔时则先安排粗镗孔，以保证孔的位置精度。如果模锻件的孔精度较好可直接安排拉削加工。经拉削加工的孔一般可达 IT7 级精度。

(2) 钻—扩—铰—手铰，是应用最广泛的加工路线之一，多用于各种生产类型的中、小孔加工，其中扩孔可纠正位置，铰孔保证尺寸、形状精度和表面粗糙度，不能纠正位置精度。当孔的尺寸、形状精度、表面粗糙度要求较高时，可用端面铰刀手铰，以纠正孔轴心线与端面之间的垂直度误差。铰孔可达 IT7 级精度。

(3) 钻（或粗镗)—半精镗—精镗—浮动镗或金刚镗，一般用于单件小批生产，形状、位置精度及表面粗糙度要求高的箱体孔系的加工。也可在不同生产类型、材料为有色金属，直径 ϕ80 mm 以上毛坯预铸孔或锻孔的工件加工中采用此加工路线，根据零件的精度要求，可安排此加工路线的一步或多步。

(4) 钻（粗镗)—粗磨—半精磨—精磨—研磨或珩磨，主要用于淬硬零件或精度要求高的孔加工。研孔、珩孔是孔的精密加工方法，精度可达 IT5 级以上。

2.6.2　加工顺序的确定

1. 加工阶段的划分

加工质量要求较高的零件，工艺过程应分阶段进行。按加工性质不同一般可分为粗加工、半精加工和精加工 3 个阶段。如果表面质量要求很高，还应加上光整加工阶段。

(1) 粗加工阶段。粗加工阶段的加工精度要求不高，主要任务是切除各加工面的大部分加工余量，留有均匀而适当的余量，为半精加工做好准备；其次还为以后的工序加工出定位精基准。在此阶段中，主要问题是尽可能提高生产率。

(2) 半精加工阶段。半精加工阶段是为主要表面的精加工做好准备（达到一定的加工精度，保证一定的加工余量)，并完成一些次要表面的最终加工（如钻孔、攻丝、铣键槽等)。半精加工一般在热处理之前进行。

(3) 精加工阶段。精加工阶段是完成各主要表面的最终加工，加工精度及表面粗糙度达到图纸的要求。切削用量小，加工精度高。

(4) 精密、超精密或光整加工阶段。当零件的精度和表面质量要求很高（IT6 或 IT6 以上）时，在工艺过程的最后安排珩磨或研磨、精密磨、超精加工、金刚石车、金刚镗或其他特种加工方法的加工，以达到零件最终的精度及粗糙度要求。该阶段的主要任务是，从工件上不切除或切除极薄金属层，用以获得光洁的表面，一般不能纠正形位误差。

2. 划分加工阶段的原因

(1) 保证加工质量。粗加工阶段切削用量大，产生的切削力和切削热多，引起的切削变形大。粗加工所产生的加工误差可在后续阶段逐步得到纠正。同时各阶段的时间间隔相当于自然时效，有利于消除内应力，使工件有变形的时间，以便在下一道工序中加以修正，保证了零件的质量要求。

（2）合理使用设备。加工过程划分阶段后，粗加工可采用功率大、刚度好和精度较低的高效率机床，以提高生产率；精加工则可采用高精度机床以确保零件的精度要求，这样既充分发挥了设备的各自特点，又避免了因设备使用不当造成的浪费。

（3）及早发现毛坯的缺陷。在加工过程中，如零件表面有裂纹、气孔、夹砂、余量不足等缺陷，粗加工就可以发现，便于及时处理，避免造成工时和材料的浪费。

（4）保证精加工表面不受损伤。精加工表面安排在后面，还可保证其不受损伤。

并非所有工件都如上述一样划分加工阶段，在应用时要灵活掌握。例如，对那些加工质量要求不高、刚性好或毛坯精度高、加工余量小的工件，就可以少划分几个阶段或不划分阶段；有些刚性好的重型工件，由于装夹及运输很费时，也常在一次装夹中完成全部粗精加工。此时，为了弥补不分阶段带来的缺陷，在粗加工之后，松开夹紧机构，让工件有变形的可能，然后用较小的夹紧力重新夹紧工件，继续完成精加工。

应当指出，划分加工阶段是对整个工艺过程而言的，因而要围绕工件的主要加工表面来分析。

2.6.3 加工顺序的安排

复杂零件的机械加工通常包括切削加工、热处理和辅助工序。拟定工艺路线时要合理安排加工顺序，统筹兼顾，一般加工顺序的安排应遵循如下原则。

1. 切削加工顺序的安排

（1）“先主后次”的原则：即先安排主要表面（装配表面、工作表面等）的加工，后安排次要表面（包括键槽、孔等）的加工。

（2）“先面后孔”的原则：即先加工平面，以便为孔的加工提供稳定可靠的精基准，也可以改善孔的加工条件。例如，箱体、支架和连杆等零件，应先加工平面后加工孔。一是平面定位稳定可靠，二是在加工过的平面上加工孔，便于引进刀具，有利于保证孔的加工精度。

（3）“先粗后精”的原则：即先安排粗加工，中间安排半精加工，最后安排精加工或光整加工。

（4）“基面先行”的原则：即在起始工序中或每一加工阶段的开始，先进行工件的精基准表面加工，以便尽快为后续工序或表面的加工提供精基准。如加工轴类零件时，应先加工中心孔；加工齿轮应先加工端面和内孔；对于一般零件，尺寸较大的平面，定位稳定可靠，常用作精基准，也宜先加工。如果精基面有几个，则应按照基面转换顺序和逐步提高加工精度的原则来安排加工顺序。

2. 热处理工序的安排

在零件机械加工工艺过程中，有时需要安排一些热处理工序，消除毛坯制造和加工过程的残余应力，以便提高零件材料的物理力学性能和改善切削性能。机械零件常用的热处理工艺有：退火、正火、调质、时效、淬火、回火、渗碳及渗氮等。热处理工艺的

安排主要取决于零件的材料和热处理的目的。

（1）预备热处理。预备热处理常安排在机械加工之前，主要目的是消除毛坯残余内应力，改善材料的切削性能，为最终热处理准备良好的金相组织，减少最终热处理变形。预备热处理主要包括时效和调质处理等。

① 退火和正火。退火和正火用于经过热加工的毛坯。例如，锻件和铸件含碳量大于 0.5% 的中碳钢和合金钢，为了降低硬度，细化组织而便于切削，常采用退火处理；含碳量低于 0.5% 的低碳钢和低碳合金钢，为避免硬度过低切削时粘刀，常采用正火处理以提高硬度，利于切削。退火和正火处理常安排在粗加工之前进行。

② 时效处理。时效处理用于消除毛坯制造和加工过程中产生的内应力以稳定尺寸。对于形状复杂的铸件，一般在粗加工后安排一次时效处理，但对于高精度的复杂零件，应安排多次时效处理，如铸造—时效—粗加工—时效—半精加工—时效—精加工。对精密零件如精密轴承、精密量具，为了消除残余奥氏体，稳定尺寸，还常采用冰冷处理，即冷却到－70～－80℃，保温 1～2 小时。冰冷处理一般在回火之后进行。

③ 调质处理。调质处理即淬火后的高温回火，能得到均匀细致的回火索氏体组织，为以后表面淬火和氮化处理时减少变形做好组织准备。对一些硬度和耐磨性要求不高的零件，可以作为最终热处理。调质处理常安排在粗加工之后和半精加工之前进行。

（2）最终热处理。最终热处理的主要目的是提高零件材料的硬度、耐磨性和强度等力学性能，常安排在精加工前后进行。常用的方法有淬火—回火及渗碳、渗氮处理等。淬火处理分为整体淬火和表面淬火两种，其中表面淬火应用较多。

① 淬火。钢质零件常采用淬火—回火来得到要求的硬度和组织。铸铁件常用表面淬火来改变表层基体组织，提高硬度、耐磨性和耐疲劳强度。工件经淬火后变形大、硬度高，一般不能切削加工。一般工艺路线为：下料—锻造—正火（退火）—粗加工—调质—半精加工—表面淬火—精加工。

② 渗碳。渗碳使低碳钢和低碳合金钢零件表层含碳量增加，经淬火后表层具有很高的硬度和耐磨性，而心部仍保持较高的强度、韧性及塑性。由于渗碳淬火变形大，渗碳层深度一般为 0.3～1.6mm；又由于渗碳层厚度有限，故其一般安排在半精加工和精加工之间进行。对局部渗碳零件的不渗碳部分，采用加大加工余量、镀铜遮盖、涂堵等方法。

③ 渗氮。渗氮即氮原子渗入金属表层获得一层含氮化合物，以提高零件硬度、耐磨性、抗疲劳强度和抗腐蚀性。由于渗氮温度低，工件变形小，渗氮层较薄（0.3～0.7 mm），因此渗氮工序一般安排在粗磨之后，精磨之前。为减少渗氮时的变形，渗氮前需安排一道消除应力工序。

3. 辅助工序的安排

辅助工序是指不直接加工也不改变工件尺寸和性能的工序。辅助工序种类较多，主要包括检验、去毛刺、倒棱、清洗、动平衡、去磁、涂防锈油、包装等。

（1）检验工序。检验工序是主要的辅助工序，它对保证产品质量和防止产生废品起到重要作用。除了在每道工序中操作者自检外，还必须在下列情况下单独地安排检验工序：重要工序前后；粗加工全部结束后；零件从一个车间转到另一个车间时；零件全部加工结束后。特种检验如用于检验工件内部质量的超声波检验、X射线检查，一般安排在机械加工开始阶段进行；用于检验工件表面质量的磁力探伤、荧光检验通常安排在精加工阶段进行。

（2）去毛刺及清洗。毛刺对机器装配质量影响很大，切削加工之后，应安排去毛刺工序。工件内孔、箱体内腔容易存留切屑，研磨、珩磨等光整加工工序之后，微小磨粒易附着在工件表面上，装配零件之前，一般都安排清洗工序。

（3）特殊需要的工序。在用磁力夹紧工件的工序之后（例如，在平面磨床上用电磁吸盘夹紧工件），要安排去磁工序，不让带有剩磁的工件进入装配线。平衡试验、检查渗漏等工序应安排在精加工之后进行。其他特殊要求应根据设计图样上的规定，安排在相应的工序。

2.6.4 工序集中与工序分散

所谓工序集中，是使每个工序中包括尽可能多的工步内容，因而使工件总的工序数减少，工装数目及工件安装次数也相应减少；所谓工序分散，是将工艺路线中的加工内容分散在更多的工序中去完成，因而每道工序的工步少，工艺路线长。

工序集中和工序分散的特点都很突出。工序集中有利于保证各加工面间的相互位置精度要求，节省装夹工件的时间，减少工件的搬动次数，有利于采用高生产率机床；工序分散可使每个工序使用的设备和夹具比较简单，调整、对刀也比较容易，对操作工人的技术水平要求较低。例如，采用立式多工位回转工作台组合机床、加工中心和柔性生产线加工产品，都属于工序集中，而啤酒生产线、服装生产线则属于工序分散。一般而言，单件小批生产采用工序集中，而大批大量生产则可以集中，也可以分散。对于重型零件，工序应当集中，对于刚性差且精度高的精密工件，工序应适当分散。

随着数控技术的发展和应用，机械行业实际生产中多用数控加工中心，所以，工序集中是未来生产发展的必然趋势。

2.6.5 机床、工艺装备的选择

1. 机床的选择

确定了机械加工工艺路线后，在选择各工序所使用的设备及工艺装备时，主要考虑零件的精度要求、结构尺寸和生产纲领等因素的影响，结合工序集中或分散的情况来确定。如工序集中时，可选择高效多刀、多轴机床；工序分散时，可选用简单通用机床。在选择机床时应注意以下几点。

（1）机床的精度应与工序要求的加工精度相适应。即加工高精度的零件应选择高精度的机床。

（2）机床的主要规格尺寸应与加工零件的外形轮廓尺寸相适应。即小零件应选小的机床，大零件应选大的机床，使设备合理使用。

（3）机床的生产率与加工零件的生产类型相适应。即单件小批量选择通用设备，大批大量选择专用设备、组合机床或自动机床。

（4）机床的选择应与现有的生产条件相适应。即现有设备的实际精度、类型、规格状况、设备负荷的平衡状况以及设备的分布排列情况、操作者的实际水平等。当现有设备的条件不能满足生产要求时，应优先考虑通过设备改造，实施“以粗代精”，“以小干大”等行之有效的方法，以降低设备成本。

（5）采用数控机床或加工中心加工的可能性。在中小批量生产中，对一些精度要求较高、工步内容较多的复杂工序，应尽量考虑采用数控机床加工。

2. 工艺装备的选择

工艺装备包括夹具、刀具、模具和量具等。

（1）夹具的选择。

一般而言，单件小批生产应尽量选择通用夹具或组合家具，大批大量生产应尽量根据加工要求选择或设计制造专用夹具，也可选择组合夹具。夹具的精度应与加工精度相适应。

（2）刀具的选择。

一般情况下优先采用通用刀具，以缩短刀具制造周期，降低成本。必要时也可采用各种高生产率的复合刀具和专用刀具。刀具的类型、规格及精度等级应符合加工要求。

（3）量具的选择。

选择量具时应使量具的精度与零件加工精度相适应。一般情况下，单件小批生产应选择通用量具，如游标卡尺和百分表等；大批大量生产应选择各种量规和设计一些高生产率的专用量具。

2.7　工序的拟定

2.7.1　加工余量的确定

在机械加工过程中，各工序应达到的加工尺寸称为工序尺寸。工序尺寸的正确确定不仅和零件图上的设计尺寸有关，而且还与各工序的加工余量有密切关系。

1. 加工余量的基本概念

机械加工过程中，从工件表面切去的金属层总厚度，称为该表面的总加工余量，等于工件该表面毛坯尺寸与设计尺寸之差。完成某道工序所需切除的金属层厚度称为工序加工余量，等于相邻两工序的工序尺寸之差，显然总加工余量等于各工序加工余量之和，如图 2-10（a）所示，即：

$$Z_m = \sum_{i=1}^{n} Z_i \quad (2\text{-}2)$$

式中　Z_m——总加工余量；

Z_i——第 i 道工序的工序加工余量；

n——该表面总共加工的工序（或工步）数。

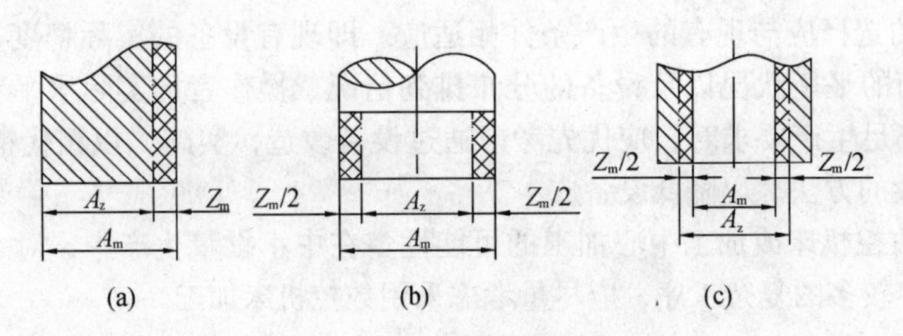

图 2-10　加工余量

零件的结构不同，其加工余量有单边和双边之分，如图 2-10（a）所示。

$$Z_m = A_m - A_z$$

式中　Z_m ——本道工序的加工余量；

A_m ——上道工序的工序尺寸；

A_z ——本道工序的工序尺寸。

上述表面（平面）的加工余量为非对称的单边加工余量，旋转表面（外圆和孔）的加工余量是双边加工余量，即以直径方向计算，实际切削的金属层厚度为加工余量的一半。

对于轴：　$Z_m = A_m - A_z$［如图 2-10（b）所示］

对于孔：　$Z_m = A_z - A_m$［如图 2-10（c）所示］

式中　Z_m——直径上的加工余量；

A_m——上道工序的加工表面的直径；

A_z——本道工序的加工表面的直径。

在制定工艺规程时，根据各工序的性质来确定工序的加工余量，由此求出各工序尺寸。由于加工过程中各工序尺寸都不可避免地存在加工误差，因而无论是总加工余量，还是工序加工余量都必然在某一公差范围内变化，其公差大小等于最大加工余量和最小加工余量之差。为了便于加工，工序尺寸都按“入体原则”标注，即包容面的工序尺寸取下偏差为零，被包容面的工序尺寸取上偏差为零，毛坯尺寸偏差则双向布置。图2-11表示了包容面和被包容面的工序尺寸及公差与工序余量、毛坯余量之间的关系。

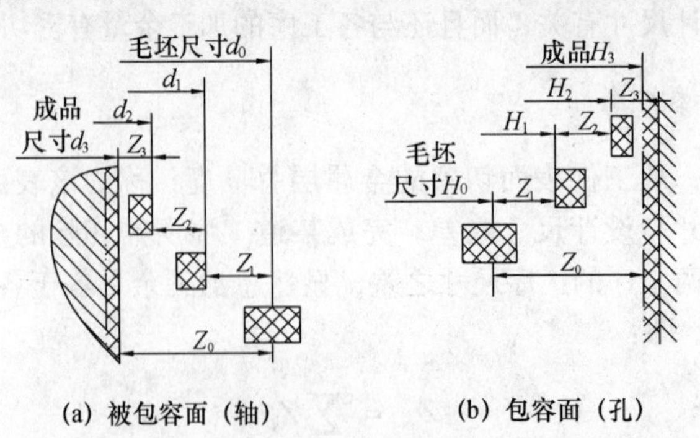

图 2-11　毛坯加工余量与工序余量的关系

Z_0—毛坯加工余量；Z_1—粗加工余量；Z_2、Z_3—精加工余量

2. 影响加工余量的因素

加工余量的大小对零件的加工质量和生产率均有较大的影响。加工余量过大，不仅浪费材料、增加工具和电力的消耗，而且降低了生产率，增加加工成本。加工余量过小，不能保证消除前道工序的各种误差和表面缺陷，甚至产生废品。因此，应当合理地确定加工余量。

为了使工件经过每道工序加工后，加工精度和表面质量都能得到提高，后续工序所切除的最小加工余量应保证能将上道工序留下的各种误差有效消除。这是确定最小加工余量的基本原则。影响工序加工余量的因素很多，可归纳为以下几项。

(1) 前工序的表面粗糙度 Ra 与缺陷层 D_a。

为保证加工质量，上工序留下的表面粗糙度 Ra 及被上道工序破坏的缺陷层 D_a（图 2-12 所示）必须在本工序中予以切除。为了使工件的加工质量逐步提高，每道工序都应切到加工表面以下的正常金属组织。

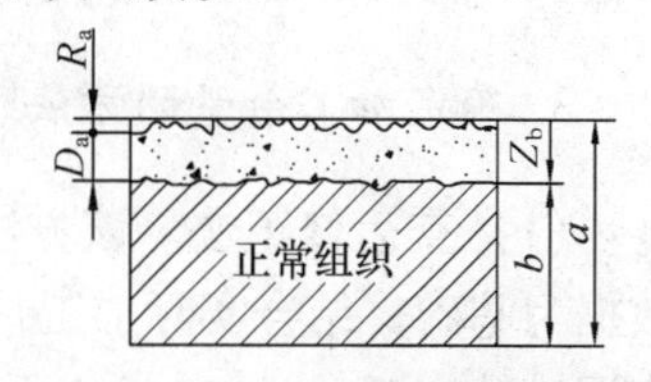

图 2-12　表面粗糙度和缺陷层

(2) 前工序的工序尺寸公差 T_a。

由图 2-13 可知，工序的基本余量中包括了前工序的尺寸公差和形位公差。本工序加工余量必须大于前工序尺寸公差。

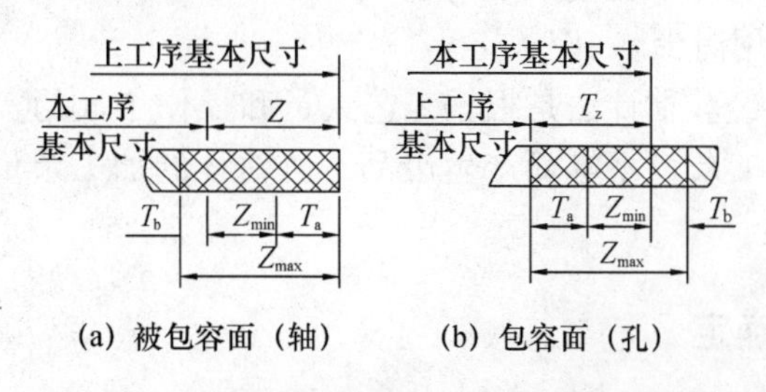

(a) 被包容面（轴）　　(b) 包容面（孔）

图 2-13　最大加工余量与最小加工余量的关系

(3) 前工序的位置误差 P_a。

上道工序加工后，往往存在不包括在尺寸公差范围内的形状误差和位置误差。如直线度、垂直度、同轴度等，这些误差必须在本道工序中予以纠正。如图 2-14 所示，当轴线有直线度误差 ω 时，在本工序中直径方向的加工余量至少应增加 2ω。

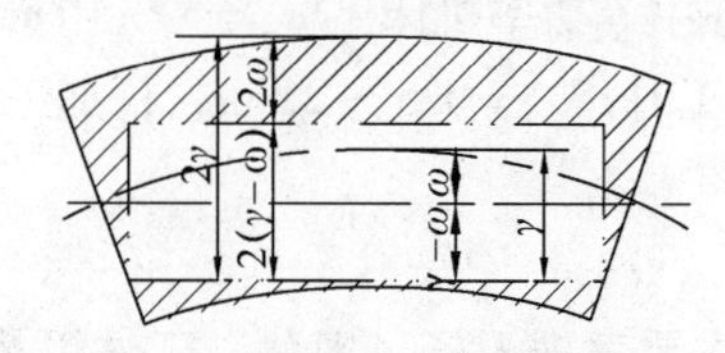

图 2-14　形状误差与加工余量的关系

(4) 本工序工件的安装误差 E_b。

工件在本工序装夹中，不可避免地存在着定位误差和夹紧误差，以及夹具体本身的制造误差，致使工序基准位置发生变化。考虑这项误差的影响，应加大加工余量。

综上所述，工序加工余量的组成可用下式表示。

对称加工面加工：$Z_m \geqslant T_a + 2(D_a + R_a) + 2|P_a + E_b|$ (2-3)

非对称加工面加工：$Z_m \geqslant T_a + (D_a + R_a) + |P_a + E_b|$ (2-4)

其中 P_a 和 E_b 都是有方向性的，当两者同时存在时，应按矢量加法合成。对不同的零件和不同的工序，上述误差的数值与表达形式也各不相同，在决定工序加工余量时应区别对待。如无心磨削时，装夹误差可忽略不计，拉孔和浮动铰孔时，不能校正轴线偏斜等空间误差，且由于按自身定位而无安装误差；超精加工和抛光时，主要是减小表面粗糙度。

对有热处理要求的零件，还要了解热处理后变形量的大小和规律，否则若热处理变形过大，将使加工余量不足，造成工件浪费。

3. 确定加工余量的方法

（1）查表修正法。该方法是以工厂生产实践和试验研究积累的有关加工余量的资料数据为基础，结合实际加工情况查表进行修正来确定加工余量的方法。该方法方便快速，应用比较广泛。

（2）计算法。此方法是根据一定的试验资料和加工余量计算公式，对影响加工余量的各项因素进行分析和综合计算来确定加工余量的方法。这种方法确定的加工余量最经济合理，多用于大批量生产或贵重材料零件的加工。但需当事人积累比较全面的资料，过程较为复杂，目前应用尚少。

（3）经验估计法。经验估计法是根据工艺人员和操作工人的实践经验来确定加工余量的方法。为了防止加工余量不够而产生废品，所估计的加工余量一般偏大，此方法常用于单件小批生产。

2.7.2 切削用量的确定

1. 背吃刀量 a_p 的选择

选择切削用量的一般原则是：选择合理的切削用量（v_c、f、a_p），使之在一定的生产条件下获得合格的加工质量，较高的生产率和较低的生产成本。

a_p 应根据工件材料、刀具种类、结构及加工方法、加工余量来确定。粗加工时尽量一次走刀切除全部的加工余量，在中等功率机床上 $a_p = 5 \sim 10$ mm，如果余量太大第一次走刀可取余量的2/3～3/4，半精加工时，$a_p = 0.5 \sim 2$ mm，精加工时，$a_p = 0.1 \sim 0.4$ mm。

2. 进给量 f 的选择

粗加工时进给量 f 的选取主要考虑刀杆、刀片、工件以及机床进给系统的强度、刚度的限制，在可以的情况下尽可能选择大的进给量 f，可以通过查有关手册取得，表2-13为粗车进给量。

半精加工、精加工时，主要按工件表面粗糙度的要求，根据工件材料、刀尖圆弧半径，切削速度范围查表选择进给量，表2-14为按工件表面粗糙度选择进给量。

表 2-13　硬质合金车刀粗车外圆及端面的进给量

工件材料	车刀刀杆尺寸/mm	工件直径/mm	背吃刀量 a_p/mm				
			≤3	>3～5	>5～8	>8～12	>12
			进给量 f/mm·r^{-1}				
碳素结构钢、合金结构钢及耐热钢	16×25	20	0.3～0.4	—	—	—	—
		40	0.4～0.5	0.3～0.4	—	—	—
		60	0.5～0.7	0.4～0.6	0.3～0.5	—	—
		100	0.6～0.9	0.5～0.7	0.5～0.6	0.4～0.5	—
		140	0.8～1.2	0.7～1.0	0.6～0.8	0.5～0.6	—
碳素结构钢、合金结构钢及耐热钢	20×30 25×25	20	0.3～0.4	—	—	—	—
		40	0.4～0.5	0.3～0.4	—	—	—
		60	0.6～0.7	0.5～0.7	0.4～0.6	—	—
		100	0.8～1.0	0.7～0.9	0.5～0.7	0.4～0.7	—
		140	1.2～1.4	1.0～1.2	0.8～1.0	0.6～0.9	0.4～0.6
铸铁及铜合金	16×25	40	0.4～0.5	—	—	—	—
		60	0.6～0.8	0.5～0.8	0.4～0.6	—	—
		100	0.8～1.2	0.7～1.0	0.6～0.8	0.5～0.7	—
		400	1.0～1.4	1.0～1.2	0.8～1.0	0.6～0.8	—
	20×30 25×35	40	0.4～0.5	—	—	—	—
		60	0.6～0.9	0.5～0.8	0.4～0.7	—	—
		100	0.9～1.3	0.8～1.2	0.7～1.0	0.5～0.8	—
		400	1.2～1.8	1.2～1.6	1.0～1.3	0.9～1.1	0.7～0.9

表 2-14　按工件表面粗糙度选择进给量的参考值

工件材料	表面粗糙度 Ra/μm	切削速度范围 /m·min^{-1}	刀尖圆弧半径		
			0.5	1.0	2.0
			进给量 f/mm·r^{-1}		
铸铁、青铜、铝合金	10～5	不限	0.25～0.40	0.40～0.50	0.50～0.60
	5～2.5		0.15～0.20	0.25～0.40	0.25～0.40
	2.5～1.25		0.10～0.15	0.15～0.20	0.40～0.60
碳钢及合金钢	10～5	<50	0.30～0.50	0.45～0.60	0.20～0.35
		>50	0.40～0.55	0.55～0.65	0.55～0.70
	5～2.5	<50	0.18～0.25	0.25～0.30	0.30～0.40
		>50	0.25～0.30	0.30～0.35	0.35～0.50
	2.5～1.25	<50	0.10	0.11～0.15	0.15～0.22
		50～100	0.11～0.16	0.16～0.25	0.25～0.35
		>100	0.16～0.20	0.20～0.25	0.25～0.35

3. 切削速度 v_c 的选择

根据已选取的 f、a_p 和刀具寿命 T 按下述公式计算切削速度 v_c：

$$v_c = \frac{C_v}{T_m a_p^{x_v} f^{y_v}} K_v$$

式中：C_v、x_v、y_v 和 T_m 值可以根据加工方法在切削用量手册中查找，K_v 是切削速度的修正系数，与工件、毛坯表面状态、刀具、加工方法等有关。

切削速度确定后，机床转速 n 为：

$$n = \frac{1\,000 v_c}{\pi d_w}$$

式中：n 为机床转速，r/min；d_w 为工件未加工前的直径，mm。

2.7.3 时间定额的制定

1. 时间定额的概念

所谓时间定额是指在一定生产条件下，规定生产一件产品或完成一道工序所需消耗的时间。它不仅是安排作业计划、进行成本核算的重要依据，还是新建或扩建车间时确定设备数量、人员编制以及规划生产面积的重要根据。

2. 时间定额的组成

为了正确地确定时间定额，通常把工序消耗的单件时间 T_p 分为基本时间 T_b、辅助时间 T_a、布置工作地时间 T_s、休息和生理需要时间 T_r 及准备和终结时间 T_e 等。

各种不同情况机动时间的计算公式可参考有关工艺及切削用量手册，针对具体情况予以确定。

确定辅助时间的方法主要有以下两种。

在大批大量生产中，可先将各辅助动作分解，然后查表确定各分解动作所需消耗的时间，并进行累加；在中小批生产中，可按基本时间的百分比进行估算，并在实际中修正百分比，使之趋于合理。

① 基本时间 T_b：指直接改变生产对象的尺寸、形状、相对位置、表面状态或材料性质等的工艺过程所消耗的时间。对机械加工而言，是直接切除工序余量所消耗的时间(包括刀具的切入和切出时间)。

② 辅助时间 T_a：指为实现某一工序的工艺过程所必须进行的各种辅助动作所消耗的时间。包括：装卸工件、开停机床、引进或退出刀具、改变切削用量、试切和测量工件等所消耗的时间。

基本时间和辅助时间的总和称为作业时间 T_B，它是直接用于制造产品或零、部件所消耗的时间。

③ 布置工作地时间 T_s：布置工作地时间是为使加工正常进行，工人照管工作地（如调整和更换刀具、修整砂轮、润滑和擦拭机床、清理切屑等）所消耗的时间。一般按作

业时间的 2%～7% 估算（T_s 不是直接消耗在每个工件上的，而是消耗在一个工作班内，再折算到每个工件上的时间）。

④ 休息和生理需要时间 T_r：休息与生理需要时间是工人在工作班内为恢复体力和满足生理需要所消耗的时间。一般按作业时间的 2% 估算（T_r 也是按一个工作班为计算单位，再折算到每个工件上的）。

以上四部分时间的总和称为单件时间 T_p，即：

$$T_p = T_b + T_a + T_s + T_r = T_B + T_s + T_r$$

⑤ 准备和终结时间 T_e（简称准终时间）：准备和终结时间是工人为了生产一批产品或零、部件，准备和结束工作所消耗的时间。例如，在单件或成批生产中，每当开始加工一批工件时，工人熟悉工艺文件，领取毛坯、材料、工艺装备、安装刀具或夹具、调整机床和其他工艺装备等；加工一批工件结束后，需拆下和归还工艺装备，送交成品等都需要消耗时间。T_e 既不是直接消耗在每个工件上，也不是消耗在一个工作班内的时间，而是消耗在一批工件上的时间。因而分摊到每个工件上的时间为 T_e/n，其中 n 为批量。

故单件和成批生产的单件计算时间 T_c 应为：

$$T_c = T_p + T_e/n = T_b + T_a + T_s + T_r + T_e/n$$

制定时间定额应根据本企业的生产条件，使大多数工人都能达到，部分先进工人可以超过，少数工人经过努力可以达到或接近。合理的时间定额能调动工人的生产积极性和创造性，促进工人技术水平的提高，从而不断提高劳动生产率。

随着企业生产条件、技术条件的不断改善，时间定额应定期修订，以保持时间定额的平均先进水平。

2.8　工序尺寸及公差的确定

机械加工过程中各个工序应保证的加工尺寸，称为工序尺寸，其公差即工序尺寸公差。各工序的工序尺寸及工序余量在加工过程中不断地变化着，而这些不断变化的工序尺寸之间又存在着一定的联系，为了正确的制订工艺规程，需要用工艺尺寸链原理去分析它们的内在联系，掌握它们的变化规律。

2.8.1　工艺尺寸链的组成与建立

1. 工艺尺寸链的组成

（1）工艺尺寸链的概念。

在零件加工过程中，由相互连接的尺寸形成的封闭尺寸系统，称为工艺尺寸链。如图 2-15 所示为套筒轴向工艺尺寸链。

组成工艺尺寸链的各尺寸称为工艺尺寸链的环。图 2-15 中 A_0、A_1、A_2 都是尺寸链的环，这些环又可分为封闭环、组成环两类。

① 封闭环：在加工（或测量）过程中，最终被间接保证精度的尺寸称为封闭环，如

图 2-15 中的 A_0。每个尺寸链中只有一个封闭环。

② 组成环：在加工（或测量）过程中直接保证的尺寸，即工艺尺寸链中除封闭环外与封闭环相关联的其他尺寸称为组成环。组成环又可分为增环和减环。

增环：尺寸链的组成环中，由于该环的变动引起封闭环同向变动。即其他组成环尺寸不变，该环尺寸增大，封闭环随之增大。该环尺寸减小，封闭环随之减小。图 2-15 中 A_1 是增环。

减环：尺寸链组成环中，由于该环的变动引起封闭环反向变动。即其他组成环尺寸不变，该环尺寸增大，封闭环随之减小。该环尺寸减小，封闭环随之增大，如图 2-15 中的 A_2。

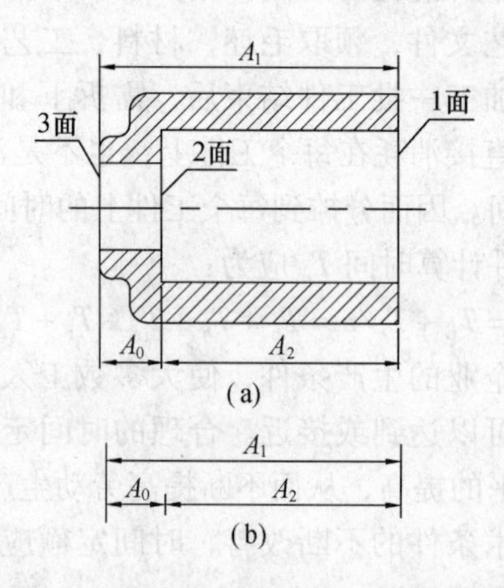

图 2-15　零件加工与测量中的尺寸联系

（2）工艺尺寸链的特征。

从工艺尺寸链简图中可以看出尺寸链有以下两个主要特征。

① 封闭性：即由一个封闭环和若干个组成环构成的工艺尺寸链呈封闭形式。不封闭就不成为尺寸链。

② 关联性：指工艺尺寸链的封闭环受各组成环尺寸变化的制约。

2. 工艺尺寸链的建立

（1）确定封闭环。

在建立工艺尺寸链时，首先要正确地确定封闭环，如果封闭环确定错了，整个尺寸链的解也将是错误的。封闭环的基本属性是“派生”，在工艺尺寸链中表现为尺寸的间接获得，即封闭环的尺寸是由其他环的尺寸确立后间接形成（或保证）的。在多数情况下，封闭环可能是零件设计尺寸中的一个尺寸，或者是加工余量。

（2）确定组成环。

在封闭环确定之后，从封闭环两端面起，分别循着邻近加工尺寸查找出该尺寸的另一端面；再顺着查找它邻近加工尺寸的另一端面，直至两个查找方向会合为止。此时，形成的全封闭的图形即是所建的尺寸链。注意形成这一尺寸链要使组成环环数达到最少，且一个尺寸链只能含有一个封闭环。以图 2-15 为例说明尺寸链建立的过程。以 1 面为基

准测量 3 面得到尺寸 A_1，同样以 1 面为基准测量 2 面深度得到尺寸 A_2，A_0 无法直接测量获得，而是通过 A_1、A_2 进行计算间接获得，所以 A_0 为封闭环。

3. 工艺尺寸链计算的基本公式

表 2-15 列出了尺寸链计算所用的符号。

表 2-15　尺寸链计算所用的符号（以孔为例）

环名	符号名称						
	基本尺寸	最大尺寸	最小尺寸	上偏差	下偏差	公差	平均尺寸
封闭环	A_0	A_{0max}	A_{0min}	ES_0	EI_0	T_0	A_{0av}
增环	$\vec{A}_i$	$\vec{A}_{imax}$	$\vec{A}_{imin}$	ES_i	EI_i	T_i	A_{iav}
减环	$\vec{A}_i$	$\vec{A}_{imax}$	$\vec{A}_{imin}$	ES_i	EI_i	T_i	A_{iav}

（1）封闭环基本尺寸。封闭环的基本尺寸等于各增环基本尺寸之和减去各减环基本尺寸之和。

$$A_0 = \sum_{i=1}^{m} \vec{A}_i - \sum_{i=m+1}^{n-1} \vec{A}_i \tag{2-5}$$

式中　n——包括封闭环在内的总环数；

　　　m——增环的数目。

（2）封闭环极限偏差。

上偏差：等于各增环上偏差之和减去各减环下偏差之和。

$$ES_0 = \sum_{i=1}^{m} \overrightarrow{ES_i} - \sum_{i=m+1}^{n-1} \overleftarrow{EI_i} \tag{2-6}$$

下偏差：等于各增环下偏差之和减去各减环上偏差之和。

$$EI_0 = \sum_{i=1}^{m} \overrightarrow{EI_i} - \sum_{i=m+1}^{n-1} \overleftarrow{ES_i} \tag{2-7}$$

（3）封闭环的公差。封闭环的公差等于各组成环公差之和。

$$T_0 = \sum_{i=1}^{n-1} T_i \tag{2-8}$$

（4）封闭环的极限尺寸。封闭环最大极限尺寸等于各增环最大极限尺寸之和减去各减环最小极限尺寸之和；封闭环最小极限尺寸等于各增环最小极限尺寸之和减去各减环最大极限尺寸之和。

$$A_{0max} = \sum_{i=1}^{m} \vec{A}_{imax} - \sum_{i=m+1}^{n-1} \vec{A}_{imin} \tag{2-9}$$

$$A_{0min} = \sum_{i=1}^{m} \vec{A}_{imin} - \sum_{i=m+1}^{n-1} \vec{A}_{imax} \tag{2-10}$$

（5）封闭环平均尺寸。封闭环平均尺寸等于各增环平均尺寸之和减去各减环平均尺寸之和。

$$A_{0av} = \sum_{i=1}^{m} \vec{A}_{iav} - \sum_{i=m+1}^{n-1} \vec{A}_{iav} \tag{2-11}$$

式中组成环的平均尺寸：

$$A_{iav}=\frac{A_{imax}+A_{imin}}{2}$$

2.8.2　工序尺寸及其公差的确定

工序尺寸及其公差的确定，与设计尺寸、工序加工余量的大小、工序尺寸的标注以及定位基准、工序基准、测量基准的选择和变换有着密切的联系。

1. 定位基准和设计基准不重合时工序尺寸及其公差的确定

当定位基准与设计基准不重合时，若采用调整法加工，那么该加工表面的设计尺寸就不能由加工直接得到，而需要对加工表面的设计尺寸进行换算求得工序尺寸及公差，然后按换算后的工序尺寸及其公差加工，以保证工件的设计要求。

【例 2.1】　加工图 2-16 所示的零件，A、B、C 面在镗孔前已经过加工，镗孔时为方便工件装夹，选择 A 面为定位基准来进行加工，而孔的设计基准为 C 面，显然，定位基准与设计基准不重合，加工时镗刀需按 A 面定位来进行调整，故应先计算出工序尺寸 A_3。

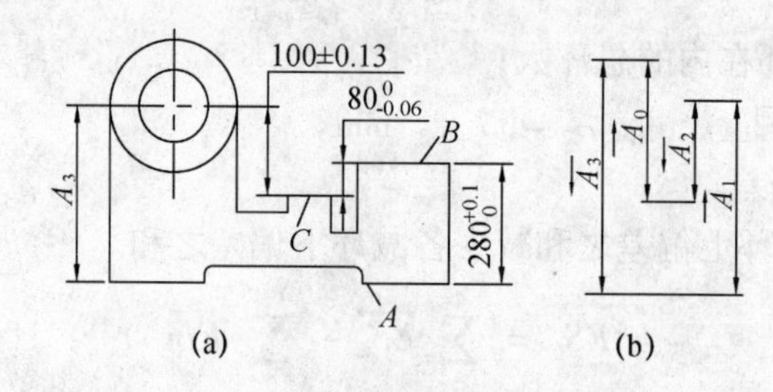

图 2-16　定位基准和设计基准不重合的尺寸换算

解　（1）确定封闭环，建立尺寸链。

由于 A、B、C 面在镗孔前已加工，故 A_1、A_2 在本工序前就已被保证精度，A_3 为本道工序直接保证精度的尺寸，故三者均为组成环；而 A_0 为本工序加工后得到的尺寸，故 A_0 为封闭环。作出的工艺尺寸链简图如图 2-16（b）所示。

（2）确定增、减环。

按画箭头方法可迅速判断组成环 A_2 和 A_3 是增环，A_1 是减环。

（3）计算。

根据计算公式（2-5）得：$A_0=A_2+A_3-A_1$，即 $100=80+A_3-280$，所以 $A_3=300$ mm。又根据偏差计算公式（2-6）、（2-7）得上偏差：$0.13=0+ES_3-0$，所以，$ES_3=+0.13$ mm；下偏差：$-0.13=-0.06+EI_3-0.1$，所以，$EI_3=+0.03$ mm。

即：$A_3=300+0.13+0.03=300.16$（mm）。镗孔时按 $A_3=300.16$ mm 进行加工就可以间接保证设计尺寸（100 ± 0.15）mm 合格。

2. 测量基准与设计基准不重合时的工序尺寸计算

在加工或检查零件的某个表面时，有时不便按设计基准直接进行测量，就要选择另

一个合适的表面作为测量基准，以控制加工尺寸，从而间接保证设计尺寸的要求。有时，按计算的工序尺寸进行加工出现超差，还要进行“假废品”分析。

【例 2.2】　如图 2-17 所示零件，要求在顶面铣直角槽，并保证槽深为 $25^{+0.4}_{+0.05}$ mm（设计尺寸），若尺寸 $A_1=60^{+0.2}_{0}$ mm 在上道工序中已经获得，本工序铣槽时由于槽深不便测量，便直接以 1 面定位保证尺寸 A_2，求测量尺寸 A_2 应为多少？并进行假废品分析。

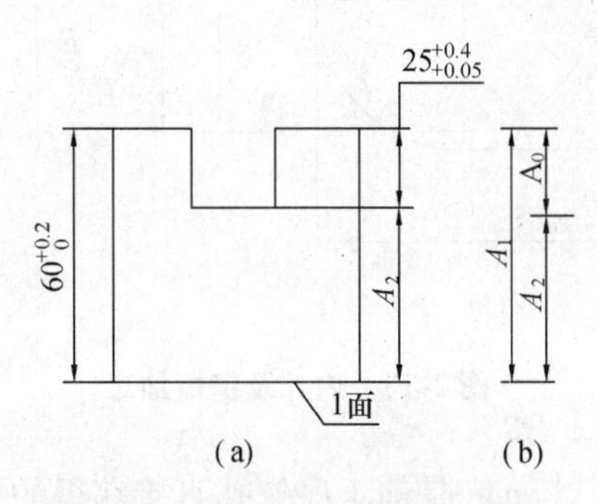

图 2-17　铣削直角槽的尺寸链

解　(1) 根据加工过程可得工艺尺寸链如图 2-17（b）所示，其中 A_0 为封闭环。根据尺寸链计算公式得测量尺寸：$A_2=35^{-0.05}_{-0.2}$ mm。

(2) 假废品分析。在按上述测量尺寸 $A_2=35^{-0.05}_{-0.2}$ mm 测量工件时，A_2 的实际尺寸为 34.6 mm，小于最小极限尺寸 34.8 mm，将认为该工序零件为废品。但通常检验人员还需测量另一个组成环尺寸 A_1，如果 A_1 刚巧加工到最小极限尺寸 60 mm，此时，A_0 的实际尺寸为 $60-34.6=25.4$（mm），仍然合格。

同理，当 A_2 的实际尺寸超过最大极限尺寸 34.95 mm，若测得 A_2 为 $34.95+0.2=35.15$（mm），此时刚巧 A_1 也加工到最大极限尺寸 60.2 mm，A_0 的实际尺寸为 $60.2-35.15=25.05$（mm），仍然合格。

由上例可以看出，如果换算后的测量尺寸被测出超差，但只要超出量小于另一组成环的公差，则零件就有可能是假废品，应对零件进行复检，即将尺寸逐一测量并计算出零件的实际尺寸，由此来判断零件合格与否。

3. 中间工序尺寸及公差的计算

在零件加工过程中，有些加工表面的测量基面或定位基面尚需继续加工，当加工这样的基面时，不仅要保证本工序对该加工基面的精度要求，同时还要保证原工序加工表面的要求，此时，也需要进行工艺尺寸链换算。

【例 2.3】　图 2-18（a）为一齿轮内孔及键槽加工的局部示意图。内孔及键槽的加工顺序如下：

(1) 精镗孔至 $\phi 84.8^{+0.07}_{0}$ mm；

(2) 插键槽至尺寸 A（通过工艺计算确定）；

（3）淬火热处理；

（4）磨内孔至 $\phi85^{+0.035}_{0}$ mm，同时间接保证键槽深度 $90.4^{+0.20}_{0}$ mm 的要求。

要求计算中间工序尺寸 A 的大小。

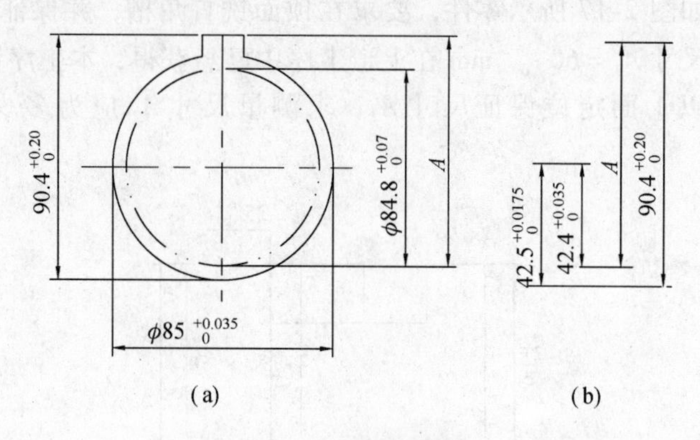

图 2-18　内孔及键槽加工

分析　图中尺寸 $\phi84.8^{+0.07}_{0}$ mm 是前工序镗孔直接获得的尺寸，尺寸 $85^{+0.035}_{0}$ mm 是在磨孔工序时直接获得的尺寸，尺寸 A 则是要求在本工序加工中直接保证的尺寸，所以都是组成环。剩下的尺寸 $90.4^{+0.20}_{0}$ mm，则是将在磨孔工序中间接形成的尺寸，所以是尺寸链中的封闭环。

解　（1）建立尺寸链，如图 2-18（b）所示。

（2）确定增、减环。尺寸 $42.5^{+0.0175}_{0}$ mm、A 为增环，尺寸 $42.4^{+0.035}_{0}$ mm 为减环。

（3）计算。由式（2-5）得：$90.4 = A + 42.5 - 42.4$，所以：$A = 90.3$ mm；由式（2-6）得上偏差：$0.20 = ES + 0.0175 - 0$，所以，$ES = 0.1825$ mm；下偏差：$0 = EI + 0 - 0.035$，所以，$EI = 0.035$ mm。

所以，工序尺寸 $A = 90.3^{+0.1825}_{+0.035}$ mm，按“入体原则”标注即：$A = 90.4^{+0.079}_{0}$ mm。

注意　此类题建立尺寸链时，尺寸可在半径方向上统一；半径的尺寸公差，为其直径公差的一半。

4. 保证渗氮渗碳层深度的计算

这类工艺尺寸链要解决的问题是，在最终加工前使渗入层达到一定的厚度，加工后确保渗入层厚度达到零件图所规定的渗入层厚度。

【例 2.4】　图 2-19 所示为偏心零件，表面 A 要求渗碳处理，渗碳层深度为 0.5～0.8 mm，零件上与此有关的加工过程如下：

（1）精车 A 面，保证尺寸 $\phi26.2^{0}_{-0.1}$ mm；

（2）渗碳处理，控制渗碳层深度为 H_1；

（3）精磨 A 面，保证尺寸 $\phi25.8^{0}_{-0.016}$ mm，并保证磨后零件表面所留的渗碳深度达到规定的要求。试确定 H_1 的数值。

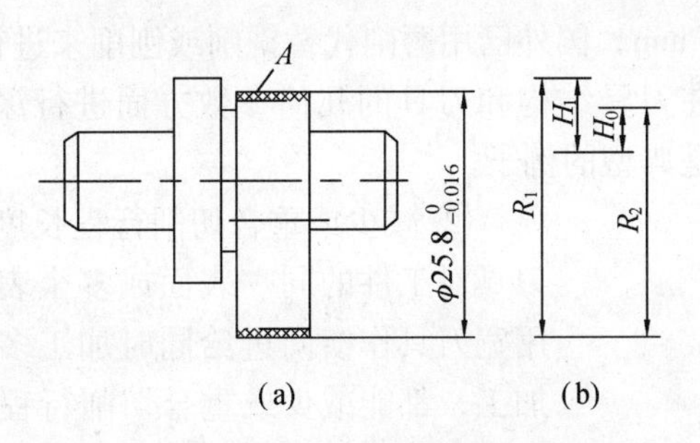

图 2-19　渗碳工序碳层厚度尺寸转换

分析　根据工艺过程，可以建立与加工过程有关的尺寸链，如图 2-19（b）所示。在尺寸链中，$R_1=13.1_{-0.05}^{0}$ mm，$R_2=12.9_{-0.008}^{0}$ mm，$H_0=0.5_{0}^{+0.3}$ mm，其中 H_0 为经过磨削加工后，零件上渗碳层的深度，是最后间接获得的尺寸，因而是尺寸链的封闭环。

解　（1）建立尺寸链，确定封闭环为尺寸 H_0。

（2）确定增、减环。增环为 R_2、H_1，减环为 R_1。

（3）计算。由式（2-5）得：$H_0=R_2+H_1-R_1$

所以 $H_1=H_0-R_2+R_1=0.7$mm

由式（2-6）得：上偏差　$0.3=0+es-(-0.05)$，$es=0.25$ mm；

下偏差　$0=-0.008+ei-0$，$ei=0.008$ mm

因此，尺寸 $H_1=0.7_{+0.008}^{+0.25}$ mm，按“入体原则”标注：$H_1=0.725_{-0.242}^{0}$ mm。

2.9　提高劳动生产率的基本途径

劳动生产率是以工人在单位时间内所生产的合格产品的数量来评定的，提高劳动生产率是一个综合性问题，涉及产品设计、制造工艺、组织管理等各个方面。提高机械加工生产率主要是考虑改善与机械加工过程有关的各因素，如合理地利用高生产率的机床、采用高效工艺装备，以及先进的加工方法等，目的在于缩短各个工序的单件时间。

1. 缩短单件工时定额

在单件工时中，尽管生产类型不同，各个时间所占的比重不同，但在任何生产类型中，基本时间和辅助时间所占的比重总是最大的，因此，缩短单件时间定额主要应从缩短基本时间和辅助时间两方面采取措施。

（1）缩减基本时间 T_b。

① 提高切削用量。增大切削速度、进给量和切削深度都可以缩短基本时间。提高切削用量最主要的途径是进行新型刀具材料的研究与开发。目前硬质合金的车削速度可达 200 m/min，近年来出现的聚晶立方氮化硼和人造金刚石等新型刀具材料，使刀具切削速度高达 600～1 200 m/min。

在磨削加工方面，高速磨削、强力磨削、砂带磨的研究成果，使得生产率有了大幅度提高。高速磨削的砂轮速度已高达 80～125 m/s。采用缓进给强力磨削，切削深度可达

6～12 mm，最大可达 37 mm，国外已用磨削代替铣削或刨削来进行粗加工。

缩短基本时间还可在刀具结构和刀具的几何参数方面进行深入研究，例如群钻在提高生产率方面的作用就是典型的例子。

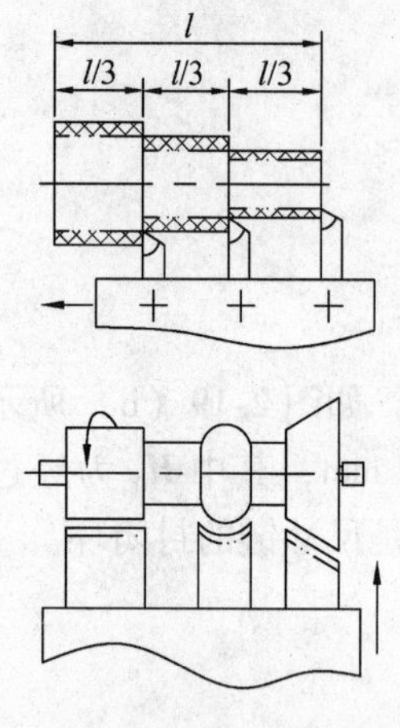

图 2-20　多刀车削

② 减少或重合切削行程长度。利用多把刀具或复合刀具对工件的同一表面或多个表面同时进行加工，或者用宽刀具作横向进给同时加工多个表面，或采用切入法加工，都能减少或重合切削行程长度缩短基本时间。如图 2-20 所示，每把车刀的切削长度只有工件长度的 1/3。若采用切入法加工，要求工艺系统具有足够的刚性和抗振性，横向进给量要适当减小以防止振动，同时要求增大主电机功率。

③ 单刀多件或多刀多件加工。多件加工有 3 种形式：顺序多件加工、平行多件加工和平行顺序加工。

顺序多件加工：图 2-21（a）所示为顺序多件加工，工件按进给方向顺序地一个接一个地装夹，减少了刀具的切入和切出时间，从而减少了基本时间。这种形式的加工常用于滚齿、插齿、龙门刨、平面磨削和铣削等加工过程中。

平行多件加工：图 2-21（b）所示为平行多件加工，工件平行排列，一次进给可同时加工几个工件，加工所需基本时间和加工一个工件相同，分摊到每个工件的时间就减少到原来的 $1/n$，其中 n 是同时加工的工件数。这种形式常用于平面磨削和铣削过程中。

平行顺序加工：图 2-21（c）所示为平行顺序加工，它是以上两种形式的综合，常用于工件较小、批量较大的场合，如立轴圆台平面磨和铣削加工，缩减基本时间效果十分显著。

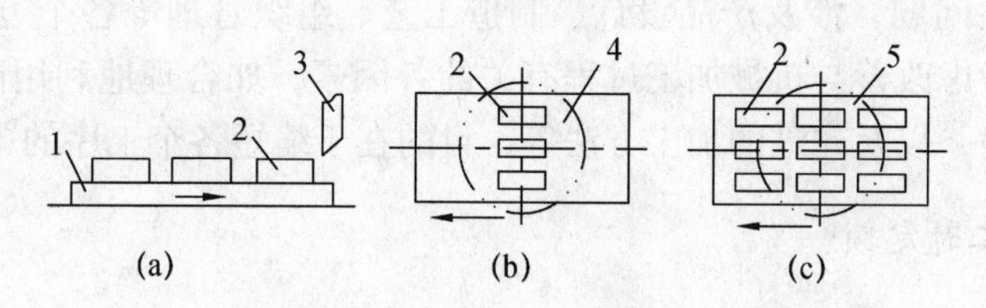

图 2-21　多件加工示意图

1—工作台；2—工件；3—刨刀；4—铣刀；5—砂轮

（2）缩短辅助时间。

在单件小批生产中，辅助时间在单件时间中占有较大比重（约 55%～70%），若用提高切削用量来提高生产率就不会取得显著效果，此时应缩短辅助时间。

① 直接缩减辅助时间。采用先进的高效夹具可缩减工件的装卸时间。在大批大量生产中采用先进夹具，如气动、液动夹具，不仅减轻了工人的劳动强度，而且可以大大缩减装卸工件时间。在单件小批生产中采用组合夹具或通用夹具，能大大地节省夹具的制造和调整时间。

提高机床操作的机械化或自动化水平，实现集中控制，自动调速与变速以缩短开、停机床和改变切削用量的时间。

② 间接缩短辅助时间。即使辅助时间与基本时间重合，从而减少辅助时间。例如，图 2-22 所示为立式连续回转工作台铣床加工的实例。机床有两根主轴顺次进行粗、精铣削，装卸工件时机床不停机，因此辅助时间和基本时间重合。

又如采用转位夹具或转位工作台以及几根心轴（夹具）等，可在加工时间内对另一工件进行装卸。这样可使装卸工件时间与基本时间重合。

采用在线检测装置自动检测加工尺寸，使测量时间与基本时间重叠，如采用主动检测或数字显示装置进行实时测量等。

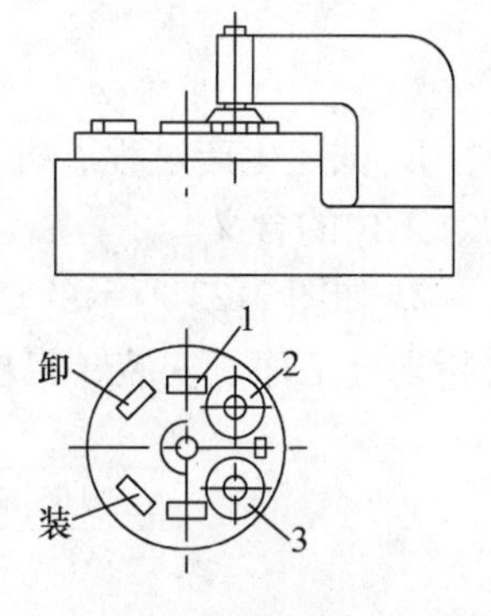

图 2-22 双轴连续铣削加工

1—工件；2—精铣刀；3—粗铣刀

（3）缩短布置工作地时间。

缩短布置工作地时间的主要措施是通过提高刀具或砂轮的耐用度，改进刀具的安装方法，采用装刀夹具减少更换或调整刀具的时间来实现。如采用各种快换刀夹、刀具微调机构、专用对刀样板或对刀块等，以减少刀具的调整和对刀时间。

（4）缩短准备和终结时间。

缩短准备和终结时间的主要方法是扩大零件的批量，减少调整机床、刀具和夹具的时间。

成批生产中，除设法缩短安装刀具、调整机床等的时间外，还应尽量扩大制造零件的批量，减少分摊到每个零件上的终结时间。中、小批量生产中，由于批量小、品种多，准终时间在单件时间中占有较大比重，使生产率受到限制。因此，应设法使零件通用化和标准化，以增加被加工零件的批量，或采用成组技术。

2. 采用先进工艺方法

采用先进工艺方法可大大提高劳动生产率。

（1）在毛坯制造过程中采用新工艺。例如，粉末冶金、石蜡铸造、精锻和爆炸成型等新工艺，能提高毛坯精度，减少机械加工劳动量。

（2）改进加工方法。例如，采用拉孔代替镗、铰；采用精刨、精磨或金刚镗代替刮研，均可大大提高生产率和降低劳动强度。

（3）采用少、无切削工艺。如某厂的齿形精加工用挤齿代替剃齿，使齿面粗糙度值 Ra 降低到 0.4～0.1 μm，生产率提高了 6～7 倍。滚压、冷挤压、粉末冶金等加工方法也可大大提高生产率。

（4）应用特种加工新工艺。对于某些特硬、特脆、特韧材料及复杂型面的加工，用常规切削方法难于完成加工，而采用特种加工更能显示其优越性和经济性。

习题与思考题

1. 试述生产过程、机械加工工艺过程、机械加工工艺规程、工序、安装、工步、走刀、工位的含义。

2. 如图 2-23 所示的套筒零件，材料为 45 钢，其小批量生产的过程参见表 2-16。试分析划分工序、安装、工步的理由。

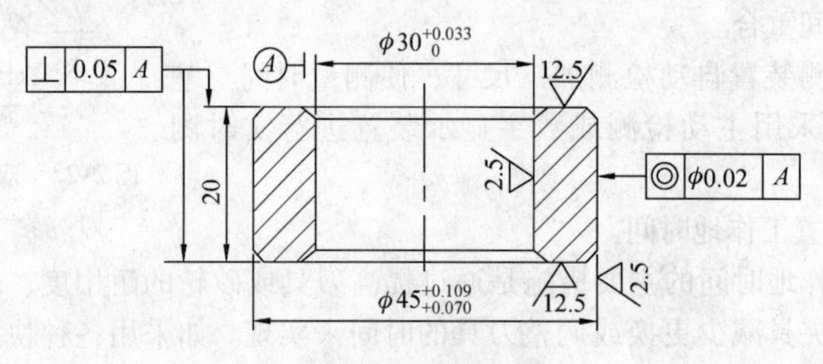

图 2-23　套筒

表 2-16　套筒零件生产工艺过程（小批量）

工序号	工序名称	安装	工序内容	设备	定位及夹紧
1	备料		Φ48 mm × 130（五件合一）		
2	车	1	（1）车端面	普通车床	外圆
			（2）钻孔，留镗、磨孔余量		
			（3）镗孔，留磨孔余量		
			（4）车外圆，留磨外圆余量		
			（5）倒角		
			（6）切断		
		1	（7）车另一端面，保证尺寸 20 mm		外圆及端面
			（8）倒角		
3	热处理		淬火，硬度 HRC45～50		
4	磨		磨孔至图纸要求	内圆磨床	外圆
5	磨		磨外圆至图纸要求	外圆磨床	孔
6	检验		按图纸要求检验		

3. 毛坯类型有哪几种？选择毛坯类型应考虑哪些因素？

4. 图 2-24（a）为齿轮简图，毛坯为模锻件，图 2-24（b）为液压缸体零件简图，图 2-24（c）为飞轮简图，图 2-24（d）为主轴箱体简图，后 3 种零件毛坯均为铸件。

（1）试分别选择图 2-24 所示 4 种零件的粗、精基准。

（2）试分别确定零件加工的设计基准、定位基准、测量基准。

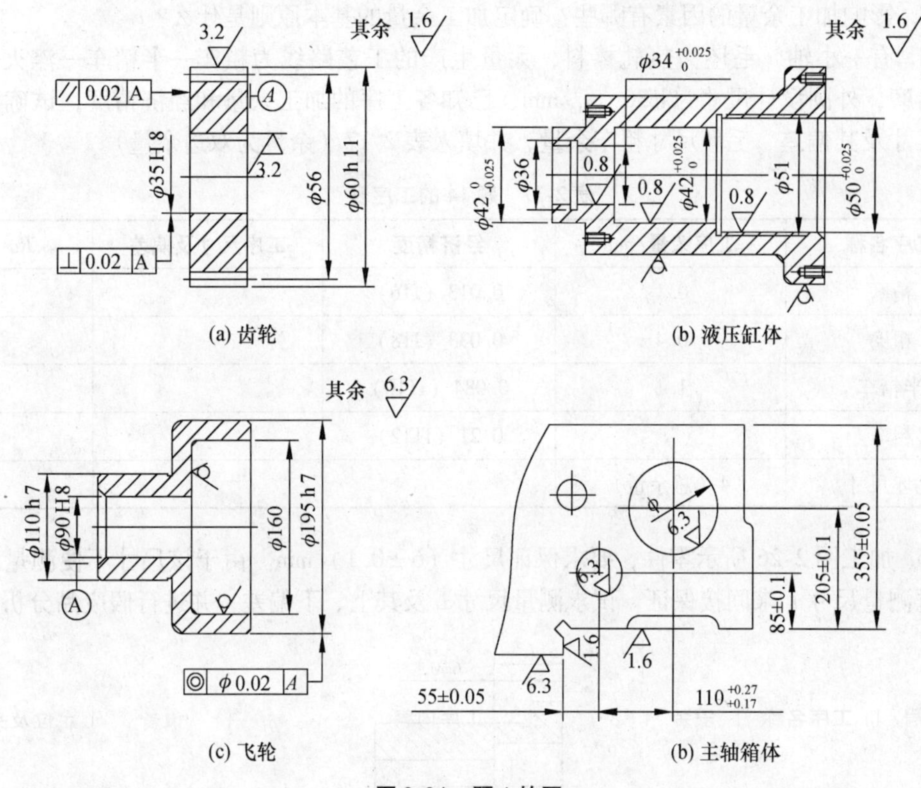

图 2-24　题 4 的图

5. 试说明零件的生产类型、结构形状、尺寸及材料对选择加工方法的影响。

6. 零件的加工为什么一般要划分加工阶段？在什么情况下可以不划分或不严格划分加工阶段？

7. 何谓“工序集中”与“工序分散”？它们各有什么优缺点？各用在哪些情况下？试举例说明。

8. 安排工序顺序时，一般应遵循哪些原则？

9. 退火、正火、时效、调质、淬火、渗碳淬火、渗氮等热处理工序各应安排在工艺过程中的哪个位置才恰当？

10. 何谓尺寸链？何谓封闭环、组成环？何谓增环、减环？

11. 图 2-25 所示零件在加工时，粗基准与精基准如何选择？并简要说明理由（各孔已经铸出并要求余量均匀）。

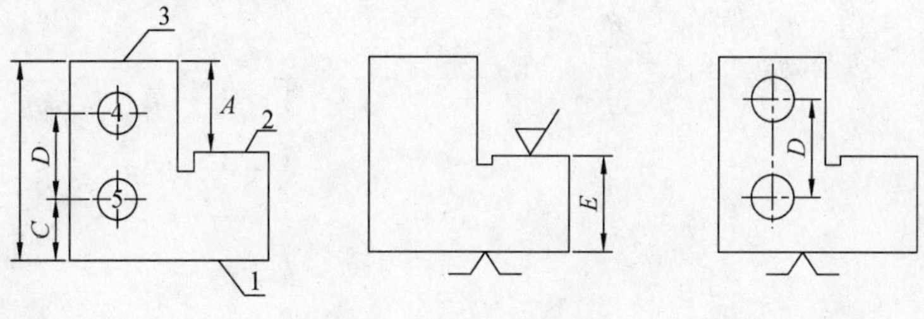

图 2-25　题 11 的图

12. 选择工件的粗、精基准应遵循哪些基本原则？为什么粗基准一般只能使用一次？

13. 影响加工余量的因素有哪些？确定加工余量的基本原则是什么？

14. 有一小轴，毛坯为热轧棒料，大量生产的工艺路线为粗车—半精车—淬火—粗磨—精磨，外圆设计尺寸为 $\phi30_{-0.013}^{\ 0}$ mm，已知各工序的加工余量和经济精度，试确定各工序尺寸及其偏差、毛坯尺寸粗车余量，并填入表2-17（余量为双边余量）。

表2-17　题14的工序表

工序名称	工序余量/mm	经济精度	工序尺寸及偏差	*Ra*
精磨	0.1	0.013（IT6）		
粗磨	0.4	0.033（IT8）		
半精车	1.1	0.084（IT10）		
粗车		0.21（IT12）		
毛坯尺寸	4（总余量）			

15. 加工图2-26所示零件，要求保证尺寸（6±0.1）mm。由于该尺寸不便测量，只好通过测量尺寸 L 来间接保证。试求测量尺寸 L 及其上、下偏差，并进行假废品分析。

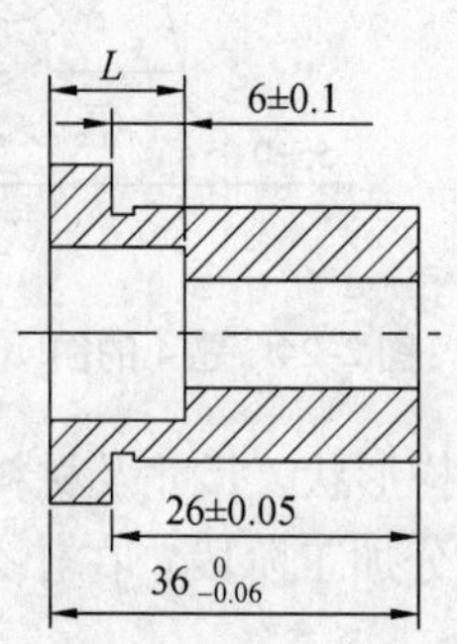

图2-26　题15的图

第3章　机械加工精度

机械零件的加工质量不仅与机械产品的质量密切相关，而且对产品的工作性能和使用寿命具有很大的影响。机械零件的加工质量包括机械加工精度和机械加工表面质量两个方面。本章主要研究与加工精度有关的问题，目的在于：搞清各种原始误差对加工精度的影响，制定控制加工误差的有效措施，从而经济可靠地保证零件的加工精度。

3.1　概　　述

3.1.1　机械加工精度与加工误差

机械加工精度是指机械加工后零件的实际几何参数与零件理想几何参数的符合程度。符合程度越高，加工精度越高，符合程度越低，则加工精度越低。机械加工误差是指零件实际几何参数与零件理想几何参数偏离的程度。加工精度的高低由国家有关尺寸、形位公差标准来衡量。

机械加工精度包括尺寸精度、形状精度和位置精度3个方面。从保证机器的使用性能出发，机械零件应具有足够的加工精度，但没有必要把每个零件都做得绝对准确。设计时根据零件在机器上的功能，将加工精度规定在一定的国家标准范围内，加工时只要零件的加工误差未超过其公差范围就能保证零件的加工精度要求和工作要求。

研究和分析加工误差的目的，在于发现加工误差的各种影响因素及其存在规律，减少加工误差，提高和保证加工精度。

3.1.2　影响加工精度的原始误差

在机械加工中，机床、夹具、刀具和工件组成一个完整的组合体，称为工艺系统。由工艺系统本身的结构、状态及加工过程中的物理现象产生的误差称为原始误差。在不同的加工条件下，各种原始误差会以不同的方式反映到加工误差。工艺系统中的种种误差，按性质不同归纳为：加工原理误差、机床几何误差、刀具误差、调整误差、测量误差、工艺系统受力变形、工艺系统受热变形、工件残余应力引起的变形等。

3.1.3　误差敏感方向

在切削过程中，由于受到各种原始误差的影响会使刀具和工件间的正确几何关系遭到破坏，引起加工误差。通常各种原始误差的大小和方向各不相同，因此，对加工精度的影响也不一样。当原始误差的方向与工序尺寸的方向一致时，其对加工精度的影响最大。为便于分析，把原始误差对加工精度影响最大的方向（即通过刀刃加工表面的法向）称为误差敏感方向。

加工误差的测量，都是在工序尺寸方向上，即在误差敏感方向上。

3.2 工艺系统的制造及磨损误差

3.2.1 加工原理误差

采用近似的成形运动或近似刀刃轮廓进行加工而产生的误差称为加工原理误差。例如利用齿轮滚刀加工齿轮，就存在两种误差，一是滚刀切削刃齿廓近似造型误差，为了制造方便采用阿基米德蜗杆滚刀或法向直廓蜗杆滚刀代替渐开线基本蜗杆滚刀，由此使滚刀的切削刃形状产生了误差，从而引起加工误差；二是由于滚刀齿数的限制，实际加工出的齿形是一条由微小折线组成的曲线，和理论光滑渐开线形状有差异，这些都会产生加工原理误差。

采用近似的成形运动或近似刀刃轮廓进行加工，虽然产生了加工原理误差，但往往可简化机床或刀具结构，并能提高生产效率，降低加工成本。所以，只要误差不超过规定的精度要求，在生产中仍能得到广泛应用。

3.2.2 机床的几何误差

机床几何误差是由机床的制造误差、安装误差和磨损等引起的，它是保证工件加工精度的基础。本节主要研究对加工精度影响较大的几项误差：机床主轴回转误差、导轨导向误差和传动链误差。

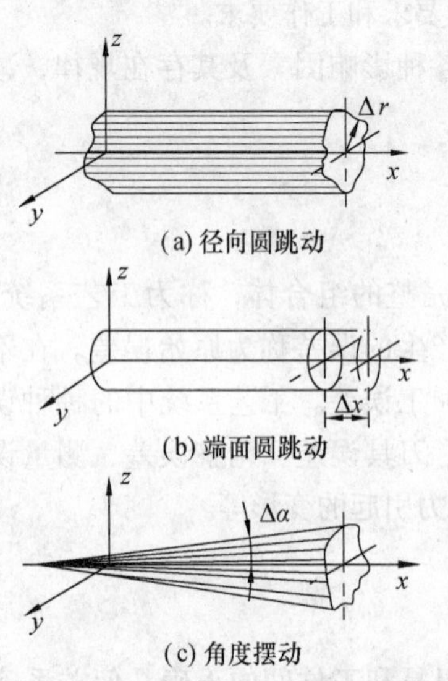

图 3-1 主轴回转误差的基本形式

1. 机床主轴回转误差

(1) 主轴回转误差的概念。

机床主轴是用于安装工件或刀具并传递动力的重要零件，其回转误差将直接影响零件的加工精度和表面质量。尤其在精加工时，机床主轴的回转误差，往往是影响工件圆度误差的主要因素。理想情况下，主轴回转轴线的空间位置是确定不变的，但由于各种误差因素的存在，主轴回转轴线每个瞬时都在变化，通常以瞬时回转的平均位置作为平均回转轴线。主轴回转误差是指主轴的实际回转轴线相对于平均回转轴线，在误差敏感方向上的最大变动量。主轴回转误差可分解为径向圆跳动、端面圆跳动和角度摆动 3 种基本形式，如图 3-1 所示。

① 径向圆跳动：瞬时回转轴线始终平行于平均回

转轴线方向的径向运动，主要影响圆柱面的精度。

② 端面圆跳动：瞬时回转轴线沿平均回转轴线方向的轴向运动，主要影响端面形状和轴向尺寸精度。

③ 角度摆动：瞬时回转轴线与平均回转轴线成一倾斜角度，但其交点位置固定不变的运动，主要影响圆柱面与端面的加工精度。

（2）主轴回转误差的影响因素。

影响主轴回转误差的主要原因是：主轴的制造误差、轴承制造误差、轴承间隙、与轴承配合零件的误差（主轴支承轴颈和箱体孔的误差）、主轴系统的径向不等刚度、热变形和振动等。

如图 3-2 所示，受端面圆跳动的影响，车削工件的端面为近似螺旋面，且与内外圆轴线不垂直。如图 3-3 所示，镗刀镗孔时，因角度摆动使主轴轴线与工作台导轨不平行，被加工的孔成椭圆形。

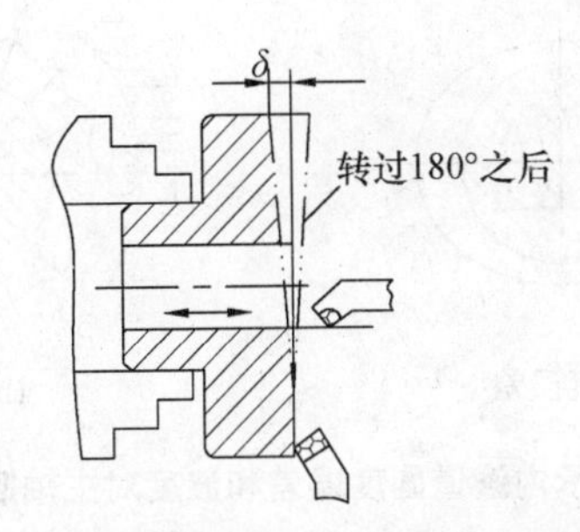

图 3-2　端面圆跳动对车削工件断面的影响

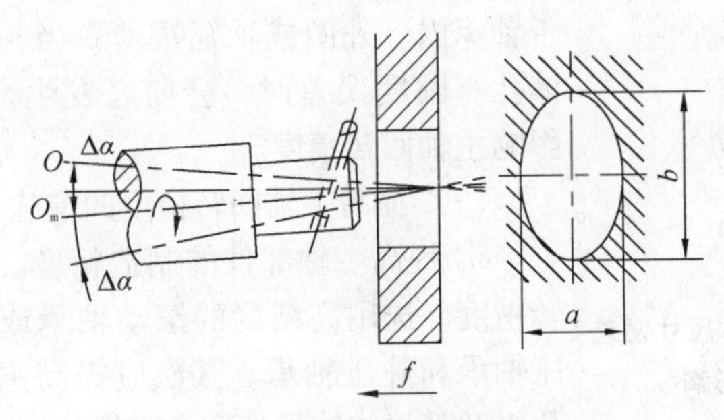

图 3-3　角度摆动对镗孔的影响

O—工件回转中心线；O_m—主轴平均回转轴线

采用滑动轴承时，主轴回转误差主要是主轴支承轴颈和轴承内孔的圆度误差和波度造成的。

对于工件回转类机床（车床等），切削力的方向不变，主轴支承轴颈以不同部位与轴承内孔的某一固定部位相接触。影响主轴回转精度的因素主要是主轴支承轴颈的圆度和波度，而轴承内孔误差的影响甚小，如图 3-4（a）所示。对于刀具回转类机床（镗床等），切削力方向随主轴旋转而变化，主轴支承轴颈的某一固定部位与轴承内孔表面的不同部位相接触。影响主轴回转误差的因素主要是轴承内孔的圆度和波度，而主轴支承轴颈的误差影响甚小，如图 3-4（b）所示。

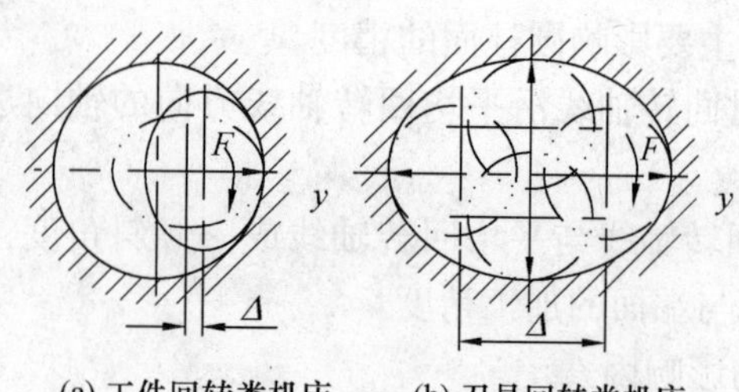

(a) 工件回转类机床　　(b) 刀具回转类机床

图 3-4　两类主轴回转误差的影响

滚动轴承由内圈、外圈、滚动体和保持架等组成，其中内圈滚道、外圈滚道可分别看做主轴支承轴颈和轴承内孔，对机床回转精度的影响与滑动轴承相似，如图 3-5 所示。滚动体的尺寸误差与圆度误差会引起主轴回转的径向圆跳动，如图 3-6 所示。

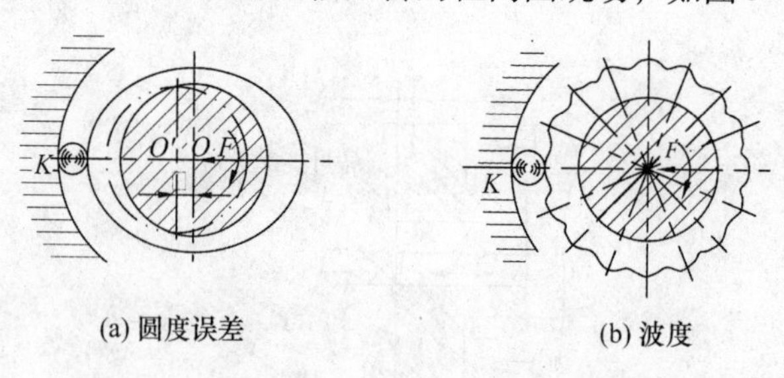

(a) 圆度误差　　(b) 波度

图 3-5　滚动轴承内滚道圆度误差和波度对主轴回转精度的影响

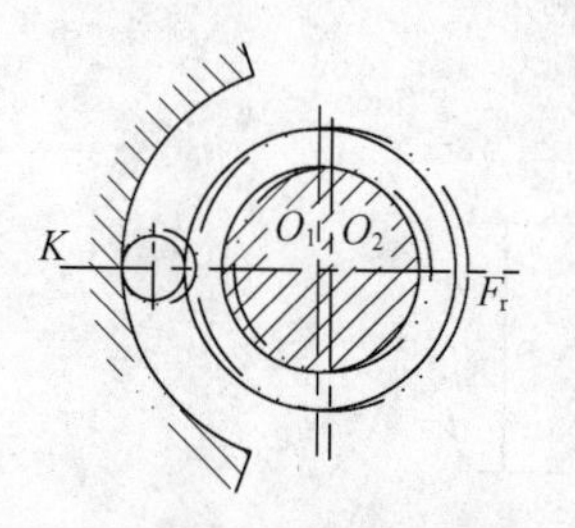

图 3-6　滚动轴承滚动体尺寸误差对主轴回转精度的影响

另外，随着轴承间隙的增大，回转误差也增大。由于轴承内、外圈或轴瓦很薄，当与之相配合的轴颈或箱体孔有圆度误差时，会使之发生变形而产生圆度误差，影响主轴回转精度。

（3）提高主轴回转精度的措施。

① 提高主轴部件的制造精度。首先应提高轴承的回转精度，选用高精度的滚动轴承或采用高精度多油楔动压轴承和静压轴承。其次应提高主轴支承轴颈、支承座孔以及其他与轴承相配合零件的加工精度。

② 对轴承进行预紧，消除轴承间隙。因此增大了轴承的刚度，提高了主轴回转精度。

③ 使主轴回转误差不反映到工件上。在磨削外圆表面时采用死顶尖就是一个典型的例子，如图 3-7 所示，工件支承，在拨盘带动下绕前后顶尖连线回转，工件的精度取决于顶尖孔、顶尖的精度。主轴不转其回转误差不影响工件的回转精度。

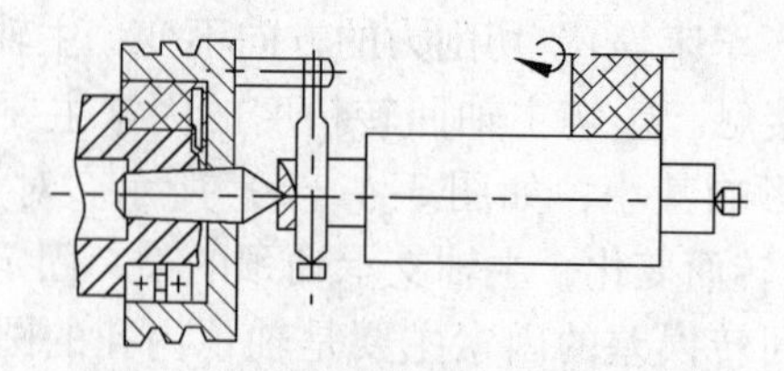

图 3-7　在两个死顶尖间磨削外圆

2. 机床导轨误差

机床导轨副是实现直线运动的主要部件，其制造精度和装配精度是影响直线运动精度的主要因素，直接影响工件的加工精度。

导向精度主要包括：导轨在水平面内的直线度（如图3-8所示），导轨在垂直面内的直线度（如图3-9所示），导轨面间的平行度（扭曲）（如图3-10所示）。

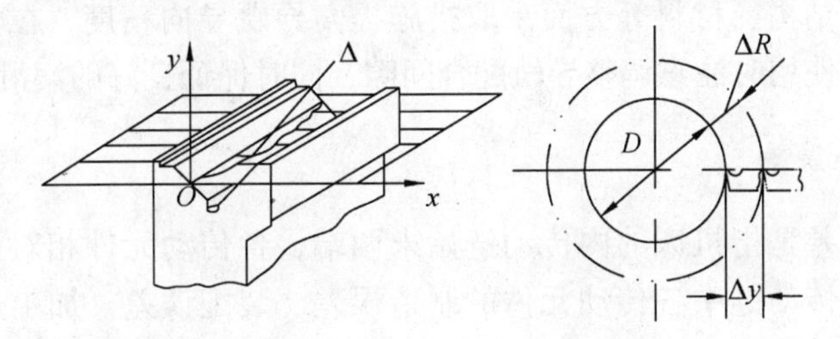

图3-8 车床导轨在水平面内的直线度

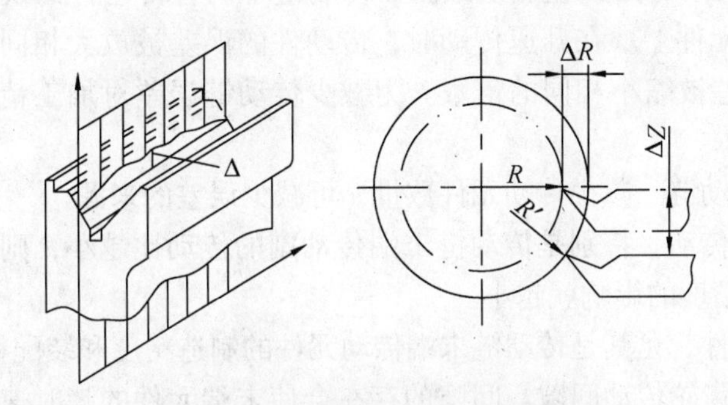

图3-9 车床导轨在垂直面内的直线度

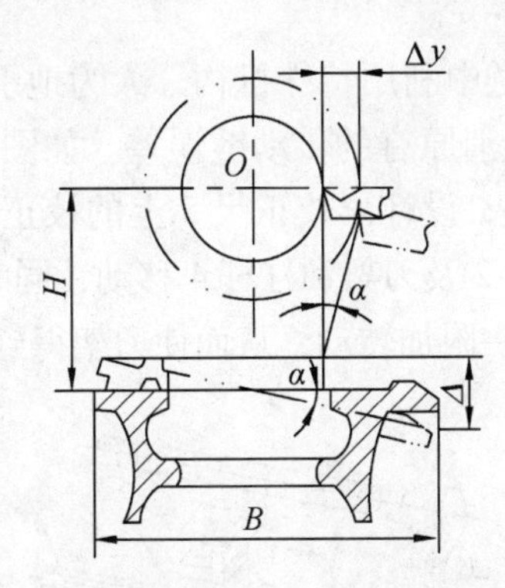

图3-10 车床导轨平行度误差引起的加工误差

在分析导轨导向误差对加工精度影响时，只研究引起刀具与工件在误差敏感方向上的相对位移。如图3-8所示，普通车床的导轨在水平面内的直线度误差。车削外圆时工件沿径向（误差的敏感方向）产生位移，引起工件在半径方向上的误差，即圆柱度误差；如图3-9所示，车床导轨在垂直面内的直线度误差，车削外圆时同样引起工件在半径方向上的误差；如图 3-10 所示，车床两导轨的平行度误差（扭曲），使鞍座产生横向倾斜，刀具产生位移，因而引起工件的形状误差，由图可知，其误差值$\Delta y=\frac{H}{B}\Delta$。

机床的安装对导轨的原有精度影响也很大，尤其是刚性较差的床身，很容易因自身变形、振动等原因带来加工误差。

导轨误差主要是由制造、安装、磨损等几方面的原因产生的，为减少导轨误差，机床设计制造时应从结构、材料等方面采取措施提高导轨导向精度，在安装时应调好水平和保证地基质量，使用时注意调整导轨配合间隙，同时保证良好的润滑。

3. 机床传动链误差

机床传动链误差是指机床的内传动链始末两端，各传动元件相对运动的误差。传动精度的高低取决于传动链中各传动元件的制造误差、装配误差、加工过程中由力和热产生的变形以及磨损等因素。传动元件在传动链中的位置不同，影响的程度也不同，其中，末端元件的误差对传动链的误差影响最大。传动链中的各传动件的误差都将通过传动比的变化传递到执行元件上。在升速传动时，传动件的误差被放大相同的倍数；在降速传动时，传动件的误差被缩小相同的倍数。为减少传动链误差对加工精度的影响，可以采取以下措施。

① 尽量缩短传动链。减少传动元件数量，可减少误差的来源。

② 采用降速比传动。特别是传动链末端传动副的传动比越小，则传动链中其余各传动元件误差对传动精度的影响就越小。

③ 提高传动元件，尤其是传动链末端传动元件的制造精度和装配精度。

④ 减小或消除齿轮传动间隙。间隙的存在会使末端元件的瞬时速度不均匀，速比不稳定。在数控机床上传动间隙会使进给运动反向滞后于指令脉冲，造成反向死区，影响传动精度。

⑤ 采用校正装置。在传动链中利用特殊机构，人为地引入一个与传动链原有传动误差大小相等方向相反的误差，以抵消原有的传动链误差。如图 3-11 所示为丝杠误差的校正装置。通过测量工件 1 的导程误差，设计出校正尺 5 上的校正曲线 7。5 固定在机床上。加工螺纹时，机床母丝杠 3 带动螺母 2 及刀架和杠杆 4 移动，同时，校正尺 5 上的校正曲线 7 通过触头 6、杠杆 4 使螺母 2 产生一附加转动，从而使刀架得到一附加位移，以补偿传动误差。

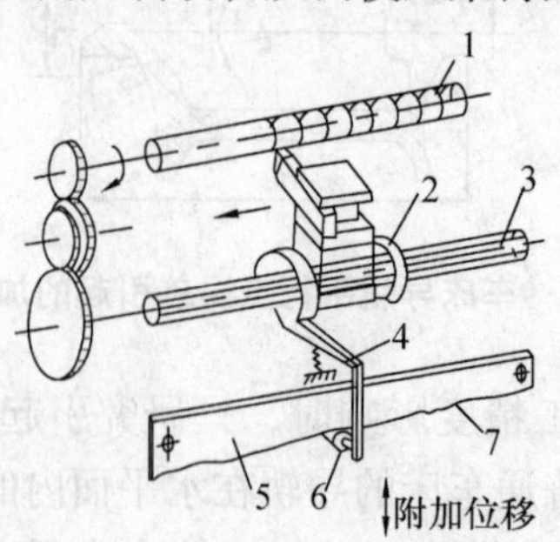

图 3-11　丝杠误差校正装置

1—工件；2—螺母；3—丝杠；4—杠杆；5—校正尺；6—触头；7—校正曲线

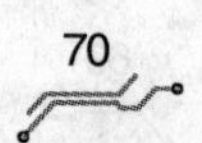

3.2.3　工艺系统的其他制造及磨损误差

1. 刀具误差

机械加工中常用的刀具分为一般刀具、定尺寸刀具和成形刀具。不同的刀具对加工精度的影响不同。

一般刀具（车刀、铣刀、镗刀等）制造误差对加工精度无直接影响，但刀具在切削过程中产生的磨损，将会影响加工精度。如：车削长轴时，车刀磨损将使工件出现锥度，产生圆柱度误差。

定尺寸刀具（钻头、铰刀、镗刀块、拉刀等）加工时，刀具的制造误差、安装误差和磨损直接影响被加工工件的尺寸精度。

成形刀具（成形车刀、成形铣刀等）的制造误差和磨损主要影响被加工工件的形状精度。

为减少刀具制造误差和磨损对加工精度的影响，应合理规定尺寸刀具和成形刀具的制造误差，正确选择刀具材料、切削用量和冷却润滑液，提高刀具的刃磨质量，以减少初期磨损。

2. 夹具误差

夹具误差主要是指夹具的定位元件、导向元件及夹具体等的制造与装配误差，它对被加工工件的位置精度影响较大。夹具的磨损是逐渐而缓慢的过程，它对加工误差的影响不很明显，应定期检测和维修，保证其几何精度。

3. 测量误差

在工序调整及加工过程中测量工件时，由于测量方法、量具精度、测量人员目测准确程度、测量条件如测量温度及振动等因素对测量结果准确性的影响而产生的误差。

3.3　工艺系统的变形对加工精度的影响

3.3.1　工艺系统的受力变形

1. 工艺系统的刚度

在机械加工过程中，工艺系统在切削力、传动力、惯性力、夹紧力以及重力的作用下将产生变形，破坏静态下已调整好的刀具和工件之间的正确位置关系，从而产生加工误差。例如，车削细长轴时，工件在切削力作用下发生弯曲变形，产生中间粗两端细的腰鼓形圆柱度误差，如图3-12（a）所示。在内圆磨床上以横向切入法磨孔时，砂轮轴由于受力产生弯曲变形，磨出的孔会出现圆柱度误差，如图3-12（b）所示。工艺系统受力变形的大小，与所受载荷的大小、载荷性质和系统的刚度有关。

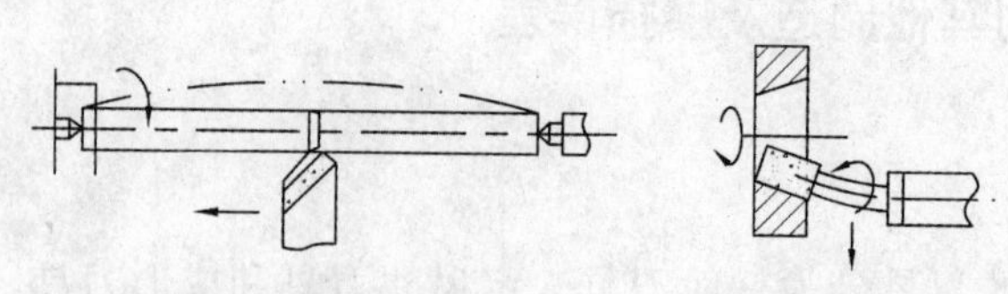

(a) 细长轴加工时受力变形　　(b) 磨内孔的受力变形

图 3-12　工艺系统受力变形对加工精度的影响

工艺系统的刚度即工艺系统在各种外力作用下抵抗变形的能力。在同样载荷作用下，系统刚度大，变形小，反之变形大。

影响机床部件刚度的因素：工艺系统是由机床、夹具、刀具和工件组成的。因此，工艺系统刚度的大小是由组成工艺系统的各部分的刚度决定的。工艺系统的各部分又是由部件或零件组成的，因此，关键零部件的刚度也影响着系统的刚度。

① 连接表面的接触变形。机械加工后零件的表面总是存在着一定的形状误差和表面粗糙度。因此，零部件间的实际接触是凸峰间的接触，其接触面积远小于理想接触面积。在外力作用下，这些接触处将产生较大的接触应力引起接触变形。处于接触状态的部分凸峰如图 3-13 所示。

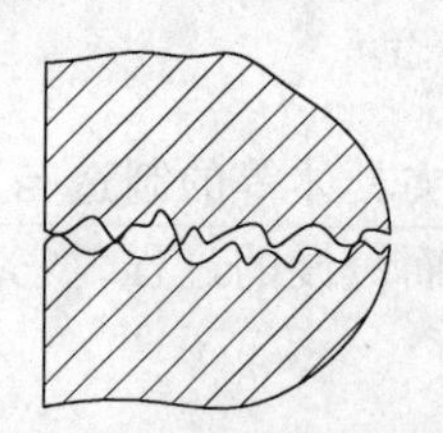

图 3-13　连接表面接触情况

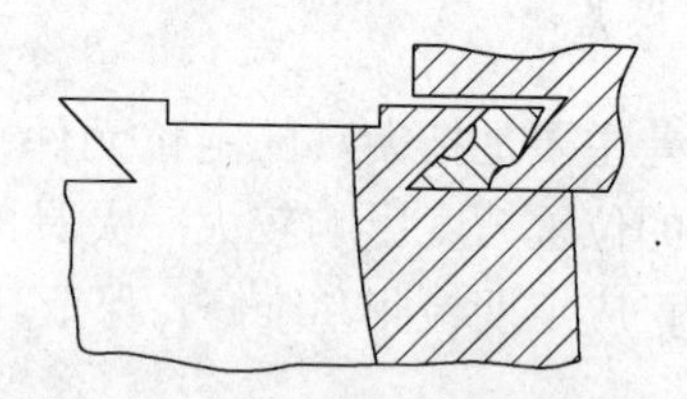

图 3-14　刀架中的薄弱零件

② 部件中薄弱零件的变形。机床部件中薄弱零件的受力变形对部件刚度影响很大，如图 3-14 所示，刀架部件中的楔铁，刚度很差，很容易发生变形，会使整个部件的刚度变差。

③ 间隙的影响。部件中各零件间的间隙将影响刀具相对于零件表面的准确位置。当在间隙的法线方向上受到的外力大于夹紧产生的摩擦力时，就会产生位移，或者，摩擦力足够大，但受力零件刚度差，因为间隙的存在，使变形有了空间，同样产生相对位移，严重影响部件的刚度，产生较大的加工误差。

④ 摩擦的影响。在加载时零件接触面间的摩擦力阻止变形的增大，卸载时摩擦力阻止变形的回复，使加载和卸载曲线不重合。

2. 工艺系统受力变形对加工精度的影响

(1) 切削力作用点位置变化对加工精度的影响。

用两顶尖装夹工件，车削短而粗的轴，如图 3-15（a）所示。由于工件刚度较大，在切削力作用下工件相对于机床、夹具和刀具的变形较小，所以，可忽略不计。此时工艺系统总的变形量完全取决于机床主轴箱、尾架、顶尖和刀架（包括刀具）的刚度。图

3-15（a）上方所示的变形曲线，说明随着切削力作用点位置的变化，工艺系统的变形随之变化，由于机床主轴箱、尾架、顶尖和刀架（包括刀具）的刚度相对较差，因而变形较大，刀具从工件上切去的金属层薄；由于工件刚度较大，切削到中间位置时变形较小，刀具从工件上切去的金属层厚，使加工出来的工件呈两端粗中间细的鞍形。

用两顶尖装夹工件车削细长轴，如图 3-15（b）所示。由于工件刚度很低，机床、夹具、刀具的受力变形可忽略不计，则工艺系统的位移完全取决于工件的变形。由图 3-15（b）可知工件的中间部位刚性最差，变形量最大，刀具从工件上切去的金属层最薄，使加工出来的工件呈两端细中间粗的鼓形。

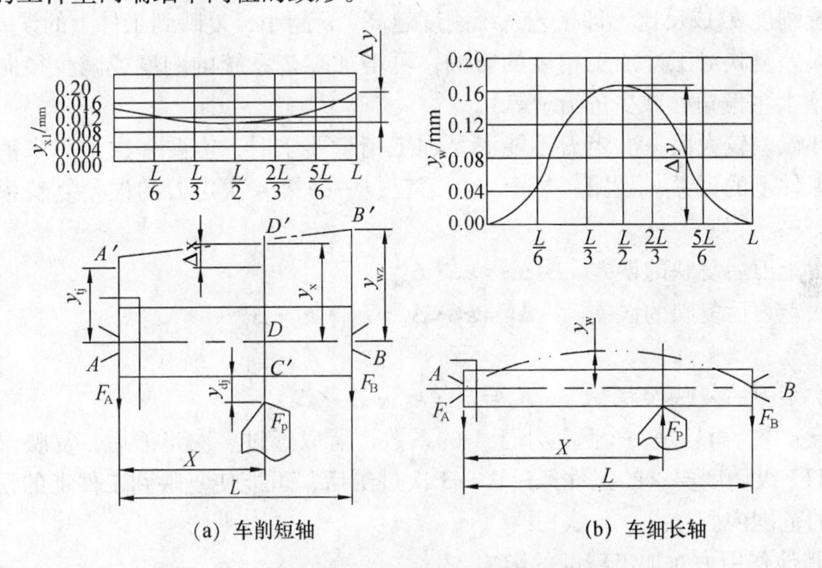

图 3-15　工艺系统的变形随作用点位置变化的情况

由此可见，工艺系统的刚度沿工件轴向的各个位置是不同的，所以加工后工件各个横截面上的直径尺寸也不相同，造成加工后工件的形状误差，如锥度、鼓形、鞍形等。

（2）切削力大小变化对加工精度的影响——误差复映规律。

当毛坯表面精度低、形状误差大或材料硬度不均匀时，会引起切削力的变化，进而会引起工艺系统受力变形的变化而产生与毛坯形状相似的加工误差，称为误差复映规律。

下面以车削椭圆形横截面毛坯为例进行分析，如图3-16 所示。将刀尖调整到要求的尺寸（图中的虚线位置），在工件每转一转的过程中，背吃刀量发生变化。切至毛坯椭圆长轴时背吃刀量最大为 a_{p1}，切至毛坯椭圆短轴时背吃刀量最小为 a_{p2}。因此，切削力 F_v 也随切削深度的变化出现由最大 F_{vmax}，到最小 F_{vmin} 的变化，引起工艺系统变形由 y_1 变为 y_2，这样就使毛坯的椭圆形圆度误差复映到加工后的工件表面上，这种现象称为“误差复映”。

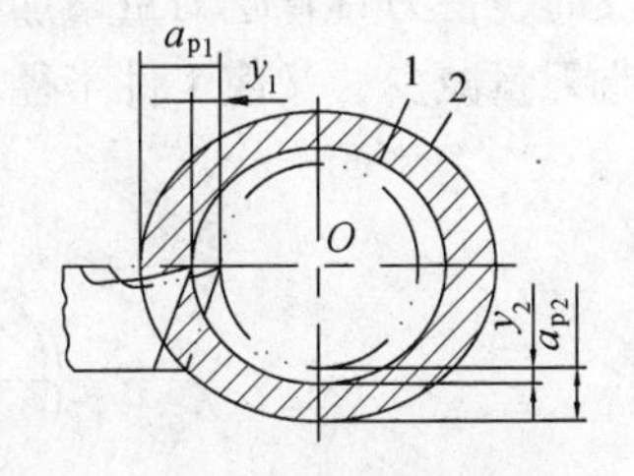

图 3-16　零件形状误差的复映

1—加工后工件表面；2—毛坯表面

由图 3-16 可知，毛坯上的圆度误差：

$$\Delta_{mp} = a_{p1} - a_{p2} \tag{3-1}$$

设工艺系统的刚度为 k_{xt}，则车削后工件圆度误差（即工件误差）

$$\Delta_{gj} = y_1 - y_2 = (F_{P_1} - F_{P_2})/k_{xt} = \frac{A}{K_{xt}}(a_{p1} - a_{p2}) = \frac{A}{K_{xt}}\Delta_{mp} \tag{3-2}$$

令 $\varepsilon = \frac{\Delta_{gi}}{\Delta_{mp}} = \frac{A}{k_{xt}}$

式中 ε——误差复映系数；

A——径向切削力系数。

ε 定量地反映了毛坯经加工后毛坯误差所减少的程度。它与径向切削力系数成正比。与工艺系统刚度 k_{xt}成反比，即工艺系统刚度越高，ε 越小，复映到工件上的误差就越小。

减少误差复映对工件加工精度的影响，可增加工艺系统的刚度或减少径向切削力系数（例如增大主偏角，减少进给量等）。

当毛坯误差较大而一次走刀不能满足加工精度要求时，需要多次走刀来消除毛坯误差复映到工件上的误差。设第一、第二、第三、……第 n 次走刀的误差复映系数分别为 ε_1、ε_2、$\varepsilon_3 \cdots \varepsilon_n$，则：

第一次走刀后复映的误差　　$\Delta_1 = \varepsilon_1 \cdot \Delta_{mp}$

第二次走刀后复映的误差　　$\Delta_2 = \varepsilon_2 \cdot \Delta_1 = \varepsilon_1 \cdot \varepsilon_2 \cdot \Delta_{mp}$

⋮

第 n 次走刀后复映误差　　$\Delta_n = \varepsilon_1 \cdot \varepsilon_2 \cdots \varepsilon_n \cdot \Delta_{mp}$

因为 $\varepsilon < 1$，而且是一个远远小于 1 的系数，所以经过多次走刀后，复映误差越来越小。一般 IT7 级精度要求的工件经过 2～3 次进给后，可能使复映到工件上的误差减小到公差允许的范围内。

（3）其他作用力对加工精度的影响。

① 惯性力的影响。如果工艺系统中的机械零件、夹具等存在质量不平衡现象，高速切削时，必然产生离心力。离心力在工件的每一转中不断改变方向，导致切削力在每一转中不断变化。假设车削一个质量不平衡的工件，工件和夹具的总不平衡质量为 m，质量中心到主轴回转中心的距离为 ρ，旋转时产生的离心力为 Q。当离心力 Q 与切削力 F_v 相反时，使刀具背吃刀量增加，工件半径减小；而离心力 Q 与切削力 F_v 相同时，使刀具背吃刀量减少，又使工件半径增大，结果造成工件的圆度误差，如图 3-17 所示。

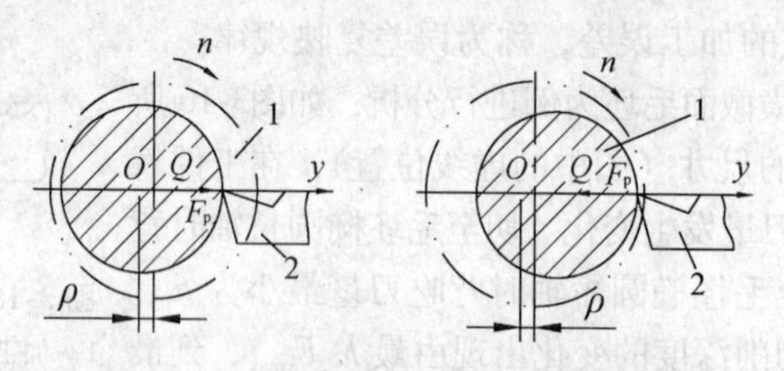

图 3-17　惯性力对工件加工精度的影响

1—工件；2—刀具

② 传动力引起的误差。在车削或磨削轴类零件时，拨盘带动工件旋转，传动力在工件的每一转中不断改变方向，和惯性力一样会引起工件的加工误差。

③ 夹紧力引起的误差。工件刚度较低，尤其是着力点不当时，在夹紧力作用下会产生工件变形，引起加工误差。如图 3-18 所示，用三爪自定心卡盘夹持薄壁套筒进行镗孔，夹紧后套筒成为棱圆形，虽然镗出的孔是正圆形，当夹紧松开后，套筒的弹性恢复使孔又变为三角棱圆形。为了减少夹紧引起的变形，可在薄壁圆环与卡爪之间加一个开口的过渡环，这样可使夹紧力沿薄壁环外圆周均匀分布，从而减少夹紧变形。

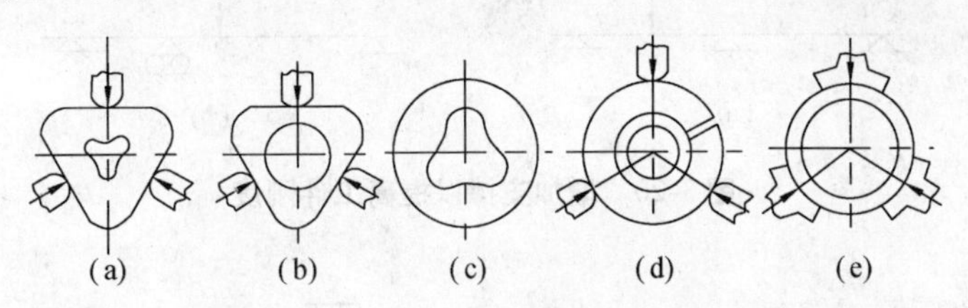

图 3-18　零件夹紧变形引起的误差

④ 重力引起的误差。工艺系统中关键零部件和工件的自重也会引起自身变形，同样会使工件产生加工误差，如图 3-19 所示，大型立式车床车刀架自重引起横梁变形，形成工件端面的平面度误差和外圆柱面上的锥度。工件直径愈大，加工误差愈大。

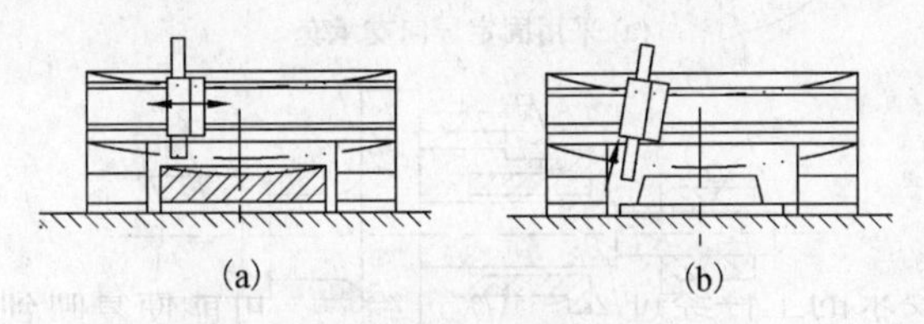

图 3-19　机床部件自重引起的变形

3. 减少工艺系统受力变形的措施

(1) 提高接触刚度。提高接触刚度是改善工艺系统刚度的关键。常用的方法是提高工艺系统主要零件接触面的形状精度，降低表面粗糙度值，改善接触面的配合质量，如机床导轨副、顶尖与中心孔等配合面采用刮研与研磨，减少表面粗糙度值，使接触刚度增加。

还可在接触面间预加载荷，消除配合间隙，增大接触面积，减少受力后的变形量。

具有高精度要求的工艺系统，还可以对主要零件接触面进行强化处理，提高其抗压强度。

(2) 提高工件刚度。加工过程中，工件本身刚度低，如细长轴、丝杠等零件受切削力的影响容易变形。因此，为减少工件受力变形，可减少支承长度，如安装跟刀架、中心架。如图 3-20 所示，车削细长轴时采用中心架或跟刀架支承，以增加工件刚度。

(3) 提高刀具刚度。提高刀具刚度可在刀具材料、结构和热处理方面采取措施。例如采用硬质合金刀杆和淬硬刀杆增加刚度。可能的情况下增加刀具外形尺寸也很有效。

(4) 提高机床部件刚度。加工过程中，机床部件的刚度低会产生变形和引起振动，影响工件的加工精度。所以加工时常用一些辅助装置提高其刚度。图 3-21 (a) 是转塔车床上采用固定导向支承套，图 3-21 (b) 用转动导向支承套并用加强杆与导向套配合以提高机床部件刚度。

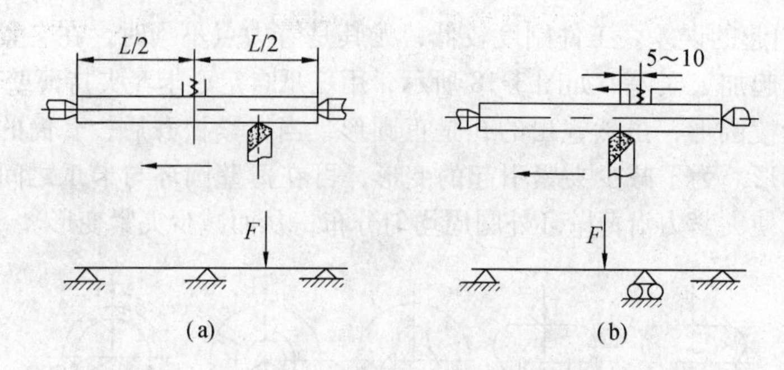

图 3-20　增加支撑以提高工件刚度

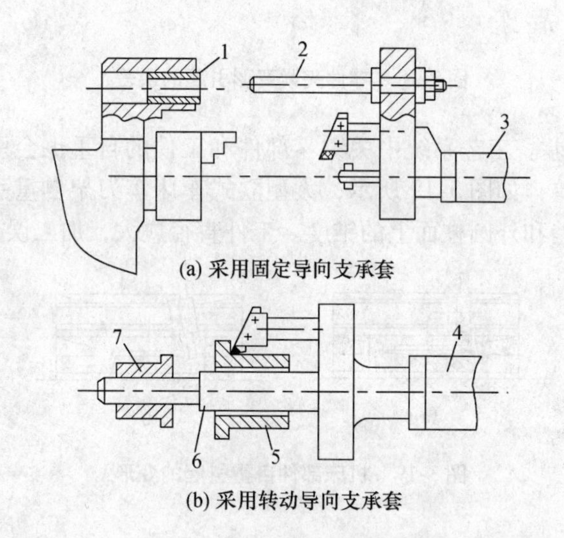

图 3-21　提高部件刚度的装置

1—固定导向支承套；2、6—加强杆；3、4—六角刀架；5—工件；7—转动导向支承套

(5) 合理装夹工件。在夹紧时，某些刚性差的零件，受夹紧力作用的影响容易产生变形，可选择合理的装夹方式，减少变形。如图 3-22 所示，(b) 图比 (a) 图的装夹方法合理，可大大提高工件刚度，还可采用辅助支承的方法来提高工件刚度。

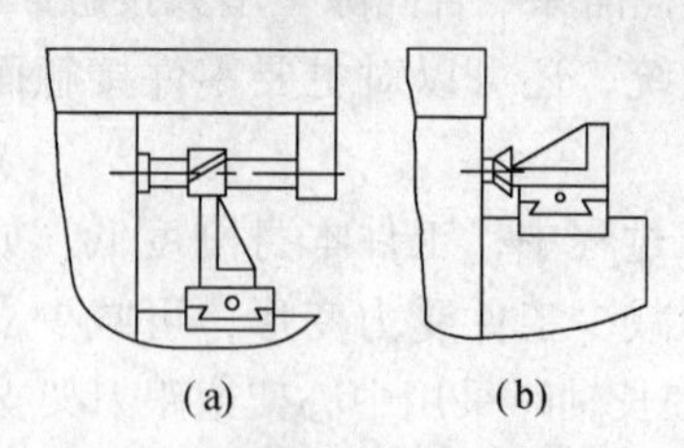

图 3-22　改变装夹方式提高刚度

(6) 减少摩擦，防止微进给的“爬行”。随着数控加工、精密和超精密加工工艺的迅猛发展，对微量进给的要求越来越高，要求在高速进给时不振动，低速进给时不爬行，灵敏度高，耐磨性和精度保持性好。采用塑料滑动导轨，滚动导轨和静压导轨。滚动导轨用滚动体作循环运动；静压导轨能高速运行，刚性好承载能力强，摩擦系数极小，既

无爬行也不会产生振动。

3.3.2　工艺系统的热变形

在机械加工过程中，工艺系统受到切削热、摩擦热以及阳光、取暖设备等辐射热的影响，使工件、刀具以及机床都因温度升高而产生复杂变形，从而改变了刀具与工件之间相对运动的正确性，引起各种加工误差。据统计，在精密加工中，由于热变形引起的加工误差约占总误差的40%～70%。随着高效、高精度、高自动化加工技术的发展，工艺系统的热变形问题显得日益突出，解决工艺系统的热变形，已成为目前研究的一个重要课题。

1. 工艺系统热源

工艺系统的热源有内部热源和外部热源。内部热源主要有切削热和摩擦热。切削热是由切削过程中切削层金属的弹性、塑性变形及刀具与工件、切屑间的摩擦所产生的热，它由工件、刀具、夹具、机床、切屑、切削液及周围介质带走。摩擦热主要包括由传动部分运动时的摩擦产生的热量和动力源能量损耗转化的热量。如轴承副、齿轮副、离合器、导轨副、油泵、液压操纵箱、活塞副等的摩擦，电动机、电气箱的发热等。外部热源主要是环境温度变化和热辐射，它对大型和精密工件的加工影响较大。

2. 工艺系统热变形对加工精度的影响

（1）机床热变形对加工精度的影响。机床受内外热源的影响，会产生温度变化，由于热源分布不均匀和机床结构的复杂性，机床各部分的温升不同，产生变形的程度也不同，破坏了机床原有的几何精度，从而降低了机床的加工精度，引起工件加工误差。

机床热变形的主要原因是摩擦热。如图 3-23 所示，车床主轴发热使主轴箱在垂直面内和水平面内发生偏移和倾斜，同时主轴箱的热量传给床身，床身受热变形向上凸起，从而引起加工误差。为减少热变形，应使机床处于热平衡后进行加工。通常的方法是在加工前让机床高速空转预热，一般机床（车床、磨床等）其空转热平衡的时间为 4 ～6 小时，中小精密机床为 1 ～2 小时，大型精密机床往往超过 12 小时，甚至达数十小时。为缩短预热时间还可以在机床相应部位设置控制热源，局部加热使其尽快达到热平衡。

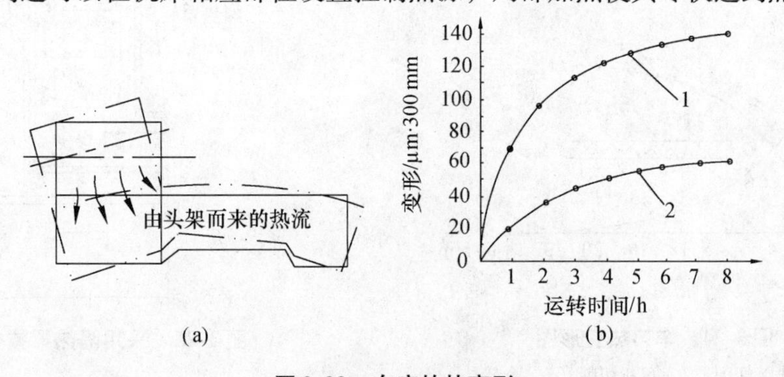

图 3-23　车床的热变形

1—主轴抬高；2—主轴倾斜

(2) 刀具热变形对加工精度的影响。刀具热变形，如图3-24所示，主要由切削热引起。虽然切削热传入刀具的热量不多，但由于刀具体积小，热容量小，刀刃部位仍产生很高的温升。如用高速钢刀具车削，车刀刃部温升可达700～800℃。连续切削时，在切削初始阶段刀具热变形增加很快，随后变缓，经过约10～20 min趋于平衡，刀具总的热伸长可达0.03～0.05 mm；间断切削时，刀具有短暂的冷却时间，总变形量比连续切削时要小些，很快达到热平衡后，在Δ范围内变动。加工大型零件，刀具热变形往往造成几何形状误差，如车长轴，可能由于刀具热伸长而产生锥度。

(3) 工件热变形。在切削加工中，工件的热变形主要是切削热引起的，外部热源影响较小，但对于精密零件，外部热源不可忽视。另外，工件的材料、结构、尺寸、加工方法等不同，工件的热变形及其对加工精度的影响程度也不同。如在两顶尖间车削细长轴时，工件热伸长，如果顶尖之间距离不变，则工件受顶尖的阻碍产生弯曲变形。磨削精密丝杠时，工件热变形会引起螺距累积误差等。

3. 减少工艺系统热变形的主要途径

(1) 减少发热和隔热。减少切削热，通过合理选择切削用量和正确选择刀具几何参数以及采取充分的冷却润滑的方法来减少切削热。

当零件精度要求较高时，可粗、精加工分开，将粗加工的热变形对加工精度的影响，通过精加工逐步修正，提高加工精度。如果加工大型的高精度零件，可在粗加工后停机一定时间，并将工件松开，恢复热变形和夹紧变形，然后用较小的夹紧力夹紧进行精加工。

为了减少机床的热变形，凡是能分离出去的热源，如电器箱、液压油箱、冷却系统等均应移出机外。对于不能移出的热源，如主轴轴承、丝杠螺母副、高速运动的导轨副等，则可以从结构、润滑等方面改善其摩擦特性，减少发热。例如采用静压轴承、静压导轨，改用低黏度润滑油等，也可用隔热材料将发热部件和机床大件（如床身、立柱等）隔开，如图3-25所示。

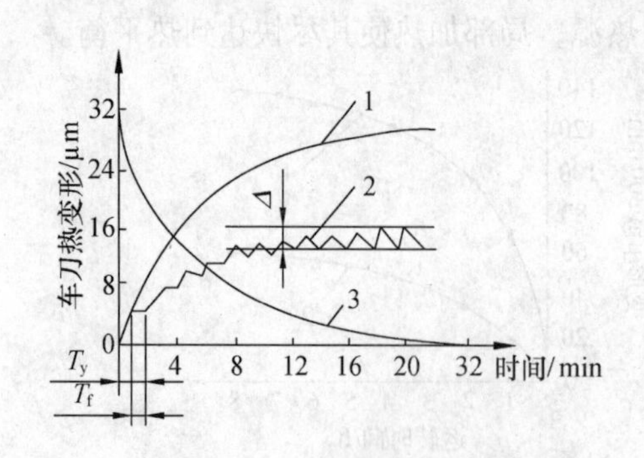

图3-24　车刀热变形图

1—连续切削；2—间断切削；3—冷却

T_y—切削时间；T_f—间断时间

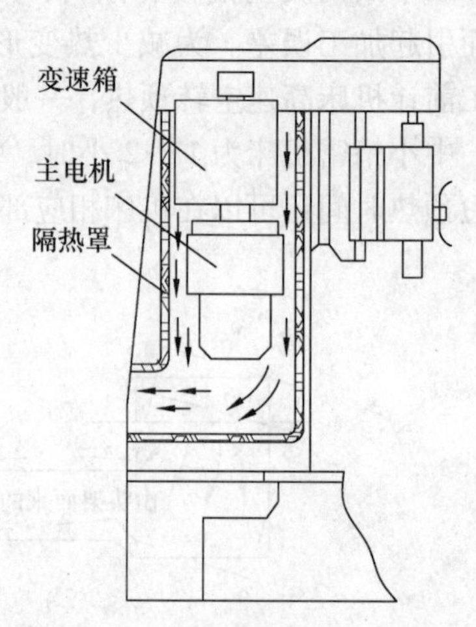

图3-25　采用隔热罩减少热变形

（2）强制冷却散热。对发热量大的热源，若不能从机床内部移出，又不便隔热，则可采取强制的风冷、水冷等散热措施。目前大型数控机床、加工中心普遍采用冷冻机对润滑油、切削热进行强制冷却，以提高冷却效果。用强制冷却法来控制机床的热变形效果很显著。

（3）控制温度变化。精密机床装配及精密零件加工，一般是在恒温环境下进行，恒温精度一般控制在±1℃以内，精密级±0.5℃。恒温室平均温度一般为20℃，冬季可取17℃，夏季可取23℃。

（4）均衡温度场。有时采用散热方法很难收到满意的效果，则可采用热补偿的方法使机床的温度场比较均匀，从而使机床产生均匀的热变形。如图3-26所示，平面磨床采用热空气加热温升较低的立柱后壁，以减少立柱前后壁的温度差，从而减少立柱的弯曲变形。图中，热空气从电动机风扇排出，通过特设的管道引向防护罩和立柱的后壁空间。采用这种措施后，工件的加工直线度误差可降低为原来的1/3～1/4。

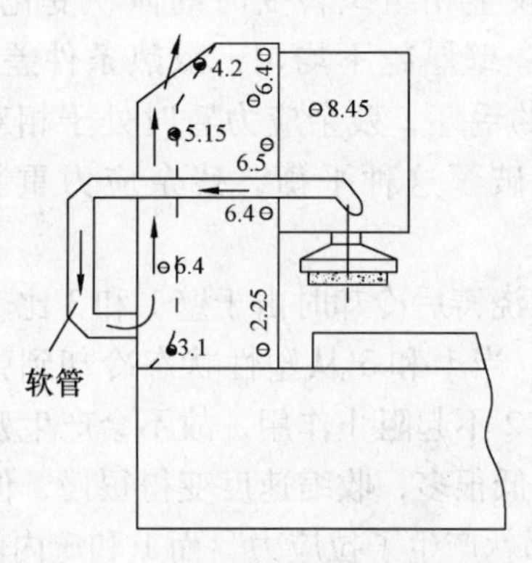

图3-26 均衡立柱前后的温度场

（5）采用合理的结构设计。采用热对称结构和布局，可使温升均匀，平衡热变形。如在受热影响下，单立柱结构产生相当大的扭曲变形，而双立柱结构由于左右对称，仅产生垂直方向的平移，因此双立柱结构的机床主轴相对工作台的热变形比单立柱结构小得多。

合理安排支承的位置。外圆磨床砂轮的手动机构是通过丝杠—螺母副实现的，如图3-27所示，其中（b）图的结构就比（a）图的结构好。因为控制砂轮架y方向位置的丝杠有效长度L_1要比L短，这样可以使产生热变形且对精度有直接影响的丝杠得以缩短，从而减少热变形对加工精度的影响。

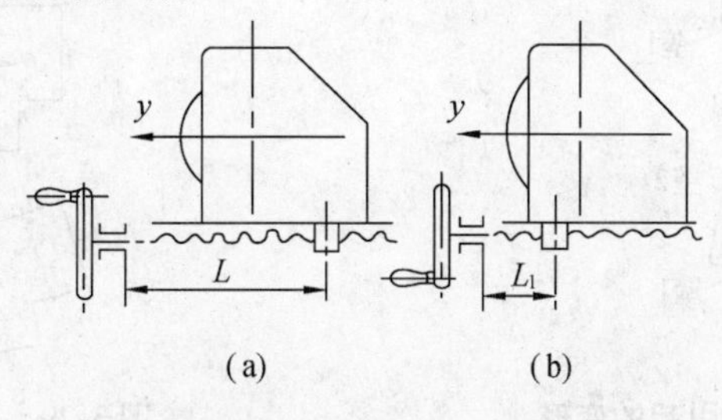

图3-27 支撑距离对砂轮架热变形的影响

（6）保持工艺系统的热平衡。采取开工前预热、局部加热等措施，人为地控制工艺系统的温度，使之保持热平衡。

3.3.3 残余应力引起的变形

所谓残余应力是指当外部载荷去除以后，仍残存在工件内部的应力。它是由金属内部宏观的或微观的组织发生了不均匀的体积变化而产生的。具有残余应力的零件处于不稳定状态，随着时间、温度、外力及加工情况的变化，内部金相组织重新分布应力达到新的平衡，在这一过程中，零件将会变形，原有的加工精度逐渐消失。

1. 产生残余应力的原因

（1）毛坯制造产生的残余应力。在铸、锻、焊和热处理等热加工过程中，由于工件各部分热胀冷缩不均匀以及金相组织转变时的体积变化，使毛坯内部产生了很大的残余应力。毛坯结构越复杂、壁厚越不均匀，散热条件差别越大，其内部产生的残余应力也越大。具有残余应力的毛坯，残余应力暂时处于相对平衡状态，变形是缓慢的，但当切去一层金属后，就打破了这种平衡，残余应力重新分布，工件将出现明显的变形。

如图3-28（a）所示，在浇铸后冷却时由于壁1和3比较薄，散热较容易，所以冷却较快；壁2较厚，冷却较慢。当1和3从塑性状态冷却到弹性状态时，2尚处于塑性状态，所以1和3继续收缩时，2不起阻止作用，故不会产生残余应力。当2亦冷却到弹性状态时，1和3的温度已经降低很多，收缩速度变得很慢，但这时2收缩较快，因而受到了1和3的阻碍。这样2内部就产生了拉应力，而1和3内就产生了压应力，形成了相互平衡的应力状态。如果在铸件3上切开一个缺口，如图3-28（b）所示，则压应力消失。铸件在2和1残余应力作用下，2收缩，1伸长，铸件就产生了弯曲变形，直至残余应力重新分布达到新的平衡为止。

如图3-29所示，机床床身浇铸后，上下表面冷却快，产生了残余压应力，内部冷却慢，产生残余拉应力，暂时达到平衡，当导轨表面经过刨削后，就破坏了这一平衡状态，床身会产生弯曲变形，直至残余应力重新分布达到新的平衡为止。对于大型和精度要求高的零件，一般在铸件粗加工后进行时效处理，然后再精加工。

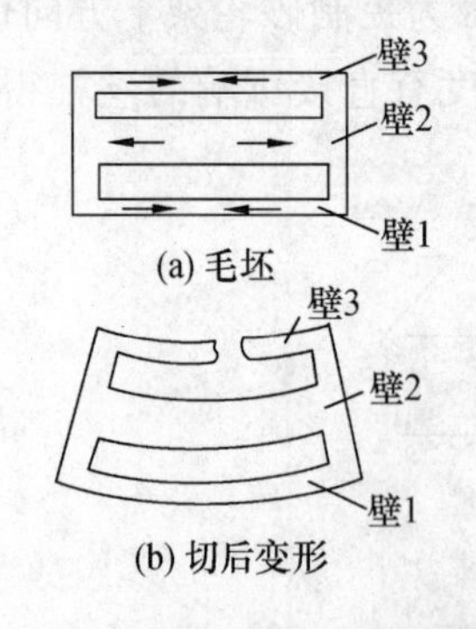

图3-28 铸件残余应力引起的变形

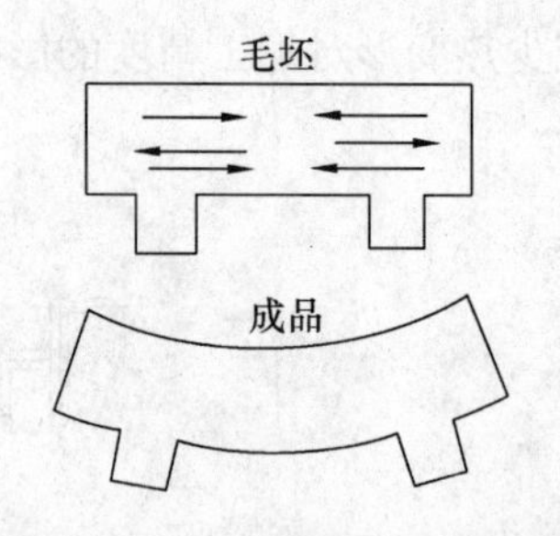

图3-29 床身内应力引起的变形

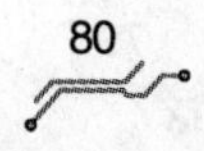

（2）冷校直带来的残余应力。如图3-30（a）所示，弯曲的工件在不改变温度的情况下，施以外力p，工件内部将产生残余应力，应力的分布如图3-30（b）所示，在轴线以上产生压应力，轴线以下产生拉应力。在轴线和两条双点划线之间是弹性变形区域，双点划线之外是塑性变形区域。当外力p去除后，外层的塑性变形区域阻止内部弹性变形恢复，使残余应力重新分布，如图3-30（c）所示。因此，冷校直虽然减少了弯曲，但工件却处于不稳定状态，如再次加工，又将产生新的变形。所以，高精度零件的加工，不允许采用冷校直的方法。

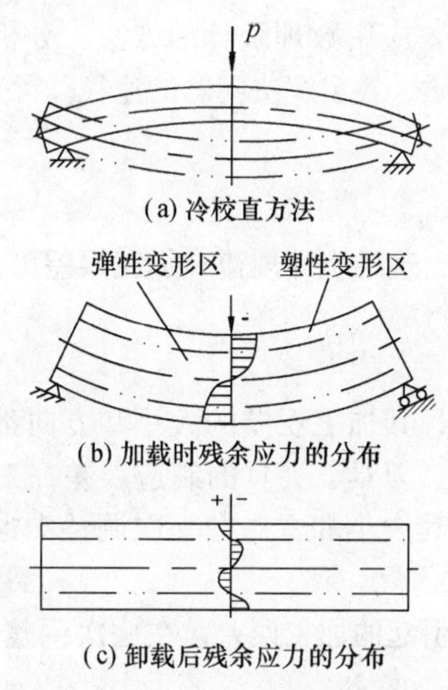

(a) 冷校直方法

(b) 加载时残余应力的分布

(c) 卸载后残余应力的分布

图3-30　冷校直引起的残余应力分布

（3）切削加工中产生的残余应力。工件切削过程中，切削力和切削热，也会使被加工工件的表面层变形，产生残余应力。

2. 减少或消除残余应力的措施

（1）合理设计零件结构。在零件结构设计中，应尽量简化结构，在强度允许的条件下尽量使壁厚均匀。以减少铸、锻毛坯在制造中产生的残余应力。

（2）合理安排热处理工序。例如对铸、锻、焊接件进行退火或回火；对精度要求较高的零件如床身、箱体等在粗加工后进行时效处理等。

（3）合理安排工艺过程。例如粗、精加工分开，使粗加工后有一定时间让残余应力重新分布，以提高精加工的精度。对于精密零件，单靠粗、精加工分开还不足以彻底消除内应力的影响，通常还必须在粗加工至精加工之间进行多次时效处理，以消除各阶段切削加工造成的内应力。

将中小型铸件放在滚筒内清砂，在它们相互撞击的过程中，也可达到消除内应力的目的。

对于大型零件，粗、精加工在一个工序中完成，这时应在粗加工后松开工件，给以一定时间的变形恢复，然后用较小的夹紧力夹紧进行精加工。

（4）合理选用校直方法。精密零件在加工过程中严禁冷校直，改用加热校直。

3.4 加工误差的综合分析

前面对影响加工精度的各种主要因素进行的分析，属于单因素分析法。实际生产中，影响加工精度的因素往往是错综复杂的，很难用单因素分析法确定其因果关系，而用数理统计的方法处理和分析就容易得多。加工误差统计分析法，就是以生产现场对工件进行实际测量所得的数据为基础，应用数理统计的方法，分析一批工件的情况，从而找出产生误差的原因，分析误差性质，找出解决问题的途径。

3.4.1 加工误差的分类

根据加工一批工件时误差出现的统计规律，加工误差可分为：系统误差和随机误差。

1. 系统误差

在顺序加工的一批工件中，其加工误差的大小和方向都保持不变，称为常值系统性误差。如加工原理误差，机床、刀具、夹具的制造误差，工艺系统的受力变形等引起的加工误差均与加工时间无关，其大小和方向在一次调整中也基本不变，因此都属于常值系统性误差。

机床、夹具、量具等磨损引起的加工误差，在一次调整的加工中也均无明显的差异，故属于常值系统性误差。

误差的大小和方向按一定规律变化，则称为变值系统性误差。机床、刀具和夹具等在热平衡前的热变形误差，刀具的磨损等随加工时间而有规律地变化，因此，二者都属于变值系统性误差。

常值系统性误差、变值系统性误差统称为系统误差。

2. 随机误差

在顺序加工的一批工件中，其加工误差的大小和方向无规律而随机性的变化，称为随机误差，如毛坯误差（余量大小不一、硬度不均匀等）引起的复映误差，定位误差(间隙影响)，夹紧误差，多次调整的误差，内应力引起的变形误差等都属于随机误差。

应该指出，在不同的场合下，误差的表现性质也有所不同。例如，机床在一次调整中加工一批工件时，机床的调整误差是常值系统性误差。但是，当多次调整机床时，每次调整发生的调整误差就不可能是常值，变化也无一定规律，调整误差所引起的加工误差又成为随机误差。

3.4.2 不同性质误差的解决途径

对于常值系统性误差，在查明其大小和方向后，采取相应的调整或检修工艺装备，或用一种常值系统性误差去补偿原来的常值系统性误差，即可消除或控制误差在允许的公差范围之内。

对于变值系统性误差，在查明其大小和方向随时间变化的规律后，可采用自动连续补偿或自动周期性补偿的方法消除。

随机性误差，从表面上看似乎没有规律，但是应用数理统计的方法，仍能找出一批工件加工误差的总体规律，查出产生误差的根源，在工艺上采取相应措施加以控制。

3.4.3 用统计法分析加工误差

加工误差的统计分析是以实测数据为基础的，主要有分布曲线法和点图法两种方法。

1. 分布曲线法

(1) 实际分布曲线法。

成批加工某种零件，抽取其中一定数量进行测量，抽取的这批零件称为样本，其件数 n 叫样本容量。由于各种误差的影响，加工尺寸的偏差总是在一定范围内变动（称为尺寸分散），亦即为随机变量，用 x 表示，样本尺寸或偏差的最大值 x_{max} 与最小值 x_{min} 之差，称为极差 R（公差带宽度），即：

$$R = x_{max} - x_{min}$$

将样本尺寸及偏差按大小顺序排列，将它们分成 k 组，组距为 d，d 可按下式计算：

$$d = \frac{R}{k-1}$$

同一零件组的尺寸平均值 $\bar{x}$，称为组中值，同一零件组的零件数量 m_i 称为频数：频数 m_i 与样本容量 n 之比，称为频率 f_i，即

$$f_i = \frac{m_i}{n}$$

以组中值 $\bar{x}$ 为横坐标，以频数 m_i 或频率 f_i 为纵坐标，就可作出该批工件加工尺寸（或误差）的实际分布图。

在绘制实际分布曲线图时，组数 k 和组距 d 的确定，与分布图的显示效果有很大关系。组数过多，组距太小，分布图会被频数的随机波动所歪曲；组数太少，组距太大，分布特征将被掩盖。k 一般应根据样本容量来选择（表3-1）。

表3-1 分组数 k 的确定

n	25～40	40～60	60～100	100	100～160	160～250
k	6	7	8	10	11	12

【例3.1】 在无心磨床上磨削一批轴径为 $\phi28_{-0.013}^{\ 0}$ mm 的工件，绘制尺寸频率分布图。

解 ① 收集数据。

取样本容量 $n = 100$ 件，实测数据后找出最大值 $x_{max} = 28.004$ mm，最小值 $x_{min} = 27.992$ mm。

② 确定分组数 k、组距 d、组中值，组数 k 按表3-1选取，取 $k=9$。

$$d = \frac{R}{k-1} = \frac{x_{max} - x_{min}}{k-1} = (28.004 - 27.992)/8 = 1.5(\mu m)$$

计算并记录各组数据，整理成频数分布表（表3-2）。

表3-2　频数分布表

组号	组界（x_{min}～x_{max}）/mm	组中值/mm	频数统计	频率/%
1	27.992～27.9935	27.99275	3	3
2	27.9935～27.995	27.99425	11	11
3	27.995～27.9965	27.99575	25	25
4	27.9965～27.998	27.99725	30	30
5	27.998～27.9995	27.99875	24	24
6	27.9995～28.001	28.00025	4	4
7	28.001～28.0025	28.00175	2	2
8	28.0025～28.004	28.00325	1	1
9	28.004～28.0055	28.00475	0	0

③ 绘制尺寸频率分布图，如图3-31所示。

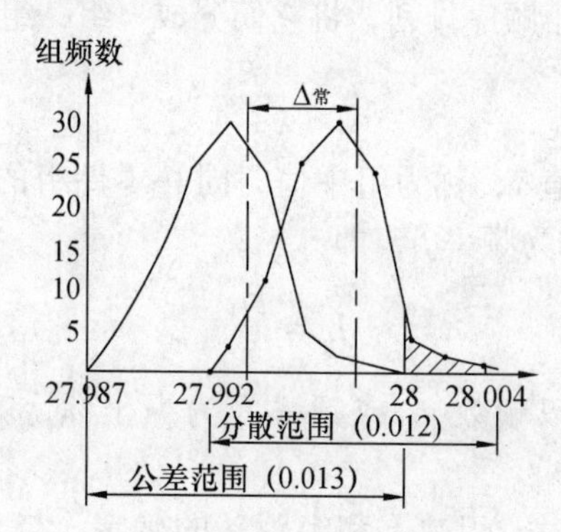

图3-31　尺寸频率分布图

④ 分析：由图3-31可见，该批工件的尺寸有一分散范围，尺寸偏大、偏小者很少，大多数居中；尺寸分散范围略大于公差值，超出公差范围的部分（阴影部分）成为废品，说明本工序的加工精度稍显不足；分散中心 $\bar{x}$ 与公差带中心不重合，表明存在机床调整误差。要减少或消除废品，必须找出产生误差的原因，通过调整工艺系统，使分散中心 $\bar{x}$ 与公差带中心保持重合。

应指出，用频数或频率作纵坐标绘制分布图时，图形的高矮受组距大小影响。为使分布图形既能反映某一工序的加工精度，又不受组距大小的影响，图形的纵坐标应该用频率密度来表示，即：频率密度 = 频率 f_i/组距 d = 频数 m_i/（样本容量 $n\times$ 组距 d）。由于所有各组频率之和等于100%，所以，实际分布曲线所包含的面积等于1。这与理论正态分布曲线相符，便于对比分析。

为了使研究过程更加简化，欲进一步研究该工序的加工精度问题，须研究理论分布曲线。

（2）正态分布曲线。

正态分布曲线（图 3-32）又叫高斯曲线，它是自然界和生产中经常遇到的分布规律。概率论已经证明，相互独立的大量微小随机变量，其分布总是接近于正态分布的。大量机械加工的实践也证明，用调整法加工工件时，在一般情况下（即无某种占优势的倾向性误差和规律性的变值误差），实际得到的频率密度分布曲线与正态分布曲线非常符合。因此，在研究加工误差时，为方便起见常用正态分布曲线来代替实际分布曲线。

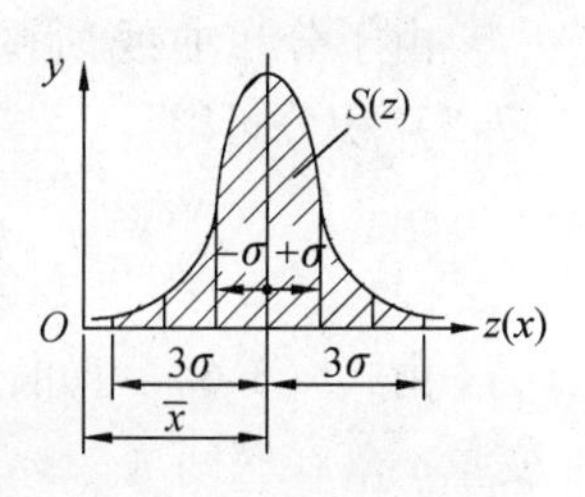

图 3-32　正态分布曲线

① 正态分布曲线及其特征。

正态分布曲线的函数表达式为：

$$y = \frac{1}{\sigma\sqrt{2\pi}}e^{-\frac{(x-\bar{x})^2}{2\sigma^2}} \quad (-\infty < x < +\infty) \tag{3-3}$$

式中　y——分布曲线的纵坐标（表示频率或频数）；

x——分布曲线的横坐标（表示工件尺寸）；

$\bar{x}$——工件尺寸的算术平均值（分散范围中心），它主要用于决定调整尺寸的大小和常值性系统误差。

$$\bar{x} = \frac{1}{n}\sum_{i=1}^{n} x_i \tag{3-4}$$

式中：x_i 为各工件的尺寸。

$$\sigma = \sqrt{\frac{1}{n}\sum_{i=1}^{n}(x_i - \bar{x})^2} \tag{3-5}$$

式中　σ——工件尺寸的标准偏差（反映该批工件的尺寸分散程度。它是由变值系统性误差和随机误差决定的，误差大，σ 也大，误差小，σ 也小）。

n——样本的工件数，一般取 30～100 件。

如果改变 $\bar{x}$ 值，分布曲线将沿横坐标移动而不改变其形状［图 3-33（a）］，这说明 $\bar{x}$ 是表征分布曲线位置的参数。由于分布曲线所围成的面积总是等于 1，因此 σ 愈小，分布曲线两侧愈向中间收紧。反之，当 σ 增大时，y_{max} 减小，分布曲线愈平坦地沿横轴伸展［图 3-33（b）］。可见 σ 是表征分布曲线形状的参数，亦即它表达了随机变量 x 取值的分散程度，即随机误差的影响程度。

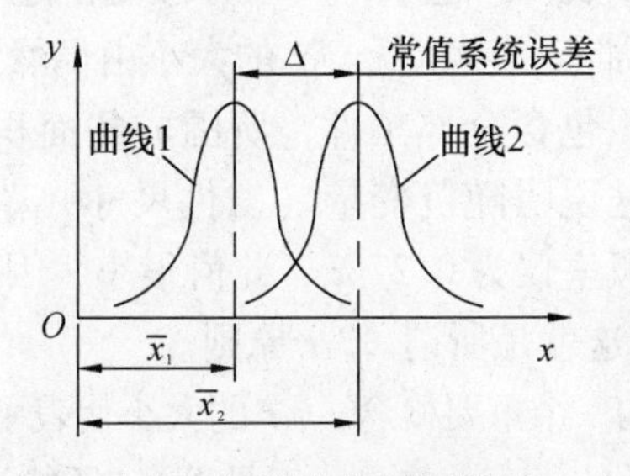

(a) $\bar{x}$ 对正态分布曲线的影响

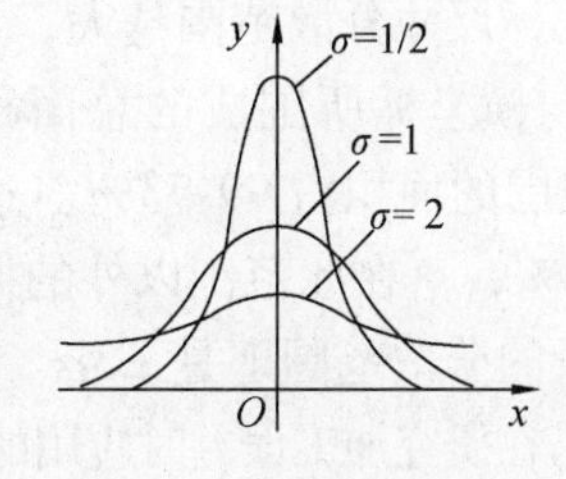

(b) 不同σ值的正态分布曲线

图 3-33　正态分布曲线及其特征

由于分布曲线所围成的总面积包含全部工件（所围成的面积等于1），所以对式(3-5）积分可得

$$S(x)=\frac{1}{\sigma\sqrt{2\pi}}\int_{-\infty}^{x}e^{-\frac{(x-\bar{x})^2}{2\sigma^2}}dx \tag{3-6}$$

由式（3-6）可知，$S(x)$ 为正态分布曲线上下积分限间包含的面积，它表征了随机变量 x 落在区间（$-\infty$，x）上的概率。令

$$z=\frac{x-\bar{x}}{\sigma}$$

则

$$S(z)=\frac{1}{\sqrt{2\pi}}\int_{0}^{z}e^{-\frac{z^2}{2}}dz \tag{3-7}$$

$S(z)$ 为图3-32中阴影部分的面积。对于不同 z 值的 $S(z)$，可由表3-3查出。

表3-3　$S(z)$ 值

z	$S(z)$	z	$S(z)$	z	$S(z)$	z	$S(z)$
0.0	0.0000	0.80	0.2881	1.80	0.4641	2.80	0.4974
0.05	0.0199	0.90	0.3159	1.90	0.4713	2.90	0.4981
0.10	0.0398	1.00	0.3413	2.00	0.4772	3.00	0.49865
0.15	0.0596	1.10	0.3643	2.10	0.4821	3.20	0.49931
0.20	0.0793	1.20	0.3849	2.20	0.4861	3.40	0.49966
0.30	0.1179	1.30	0.4032	2.30	0.4893	3.60	0.499841
0.40	0.1554	1.40	0.4192	2.40	0.4918	3.80	0.499928
0.50	0.1915	1.50	0.4332	2.50	0.4938	4.00	0.499968
0.60	0.2257	1.60	0.4452	2.60	0.4953	4.50	0.499997
0.70	0.2580	1.70	0.4554	2.70	0.4965		

从正态分布图上可以看出下列特征。

ⓐ 正态曲线是对称曲线，以 $x=\bar{x}$ 为对称轴，靠近 $\bar{x}$ 的工件尺寸出现的概率较大，远离 $\bar{x}$ 的工件尺寸出现的概率较小。

ⓑ 当平均尺寸 $\bar{x}$ 改变时，曲线形状不变，但沿 x 轴平移。$\bar{x}$ 主要受常值系统误差的影响。

ⓒ 标准差 σ 是正态分布曲线的形状参数，σ 越小，尺寸分散范围越小，加工精度越高。反之，σ 越大，尺寸分散范围越大，加工精度越低。σ 的大小由偶然误差决定。

ⓓ 分布曲线与横坐标所围成的总面积包含全部工件，所围成的面积等于1；当 $x-\bar{x}=\pm3\sigma$ 时，所包围的面积占99.73%。这说明随机变量（工件尺寸）落在 $\pm3\sigma$ 范围以内的概率为99.73%，落在此范围以外的概率仅为0.27%，此值很小，因此，可以认为正态分布的随机变量的分散范围即是 $\pm3\sigma$。这就是所谓 $\pm3\sigma$ 原则。

$\pm3\sigma$ 的概念是在研究加工误差时应用的一个重要概念。6σ 的大小代表了某种加工方法在一定条件下（如毛坯余量、切削用量、正常的机床、夹具、刀具等），所能达到的加工精度。所以在一般情况下，应使所选择加工方法的标准差 σ 与公差带宽度 T 之间具有下列关系：

$$6\sigma\leqslant T$$

但考虑到工艺系统误差及其他因素的影响，应使 6σ 小于设计给定的公差值 T，方可保证加工精度。

② 正态分布曲线的应用。

a. 判断加工误差的性质。假如加工过程中没有变值系统性误差，那么其尺寸分布应服从正态分布，这是判断加工误差性质的基本方法。如实际分布与正态分布基本相符，说明加工过程中没有系统性误差（或影响很小），此时就可以进一步根据 $\bar{x}$ 是否与公差带中心重合来判断是否存在常值系统性误差（若不重合就存在常值系统性误差）。如实际分布与正态分布存在较大出入，可根据实际分布图初步判断变值系统性误差是什么类型。

b. 判断工艺能力及等级。工艺能力是指工艺能够稳定加工合格品的能力。由于加工时误差超出分散范围的概率极小，可认为不存在超出分散范围的误差，因此可用该尺寸分散范围来表示工艺能力。当加工尺寸接近正态分布时，工艺能力为 6σ，用 U 表示。由于不产生废品的条件是尺寸分散范围应小于图纸规定的公差 T，即 $T>6\sigma$，T/U 为工艺能力系数，用 C_p 表示，即：

$$C_p = T/U > 1$$

根据 C_p 的大小可将工艺能力分为 5 个等级，如表 3-4 所示。一般工艺能力不应低于二级。

表 3-4　工艺能力等级

工艺能力系数	工艺等级	说　明
$C_p > 1.67$	特级	工艺能力过高，允许有异常波动，但不一定经济
$1.33 < C_p \leqslant 1.67$	一级	工艺能力足够，允许有一定的异常波动
$1.00 < C_p \leqslant 1.33$	二级	工艺能力勉强，需密切注意
$0.67 < C_p \leqslant 1.00$	三级	工艺能力不足，可能出现少量不合格品
$C_p \leqslant 0.67$	四级	工艺能力很差，必须加以改进

c. 判断废品产生原因，找出解决办法。如 $C_p > 1$，废品主要是常值性系统误差引起的，只要调整工艺系统，消除常值系统误差，使尺寸分散中心与公差带中心重合［图 3-34（a）］，就可防止废品出现；如 $C_p < 1$，则不论怎样调整工艺系统都不能避免废品，此时必须查找原因，采取措施减少偶然误差，如果一时无法做到，也应适当调整尺寸分散中心的位置，使其与公差带中心重合［图 3-34（b）］，控制废品率达到最低。

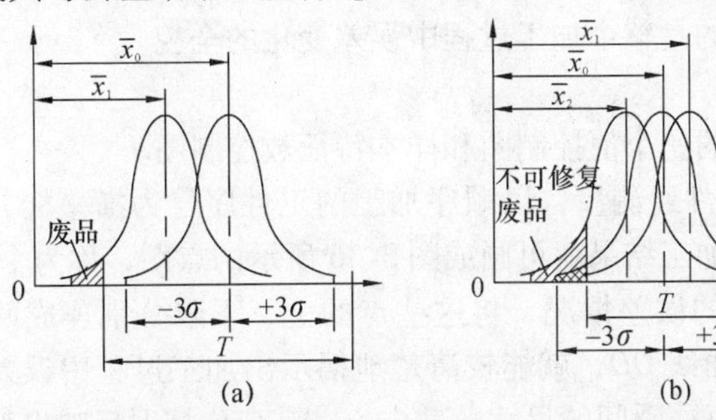

图 3-34　调整尺寸分散中心控制废品率

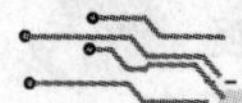

③ 非正态分布曲线。

在机械加工中，工件的实际尺寸分布，有时并不近似于正态分布，例如下面几种情况。

a. 将两次调整加工的工件混在一起，尽管每次调整加工的工件尺寸都按正态分布，但由于两次调整所得工件的平均尺寸不同，故混在一起后，分布曲线呈双峰［图3-35（a）］。实际上是两组正态分布曲线的叠加，即在偶然误差中混入了常值性系统误差。

b. 当刀具或砂轮磨损显著时，所得工件的实际尺寸分布将成平顶形［图3-35（b）］。实质上它是正态分布曲线的分散中心在不断地移动，即在偶然误差中混入了变值性系统误差。

c. 用试切法加工时，由于操作者在主观上不愿出不可修复的废品，轴加工时总是“宁大勿小”，故曲线不对称，如图3-35（c）所示；孔加工时总是“宁小勿大”，故曲线也不对称，如图3-35（d）所示。

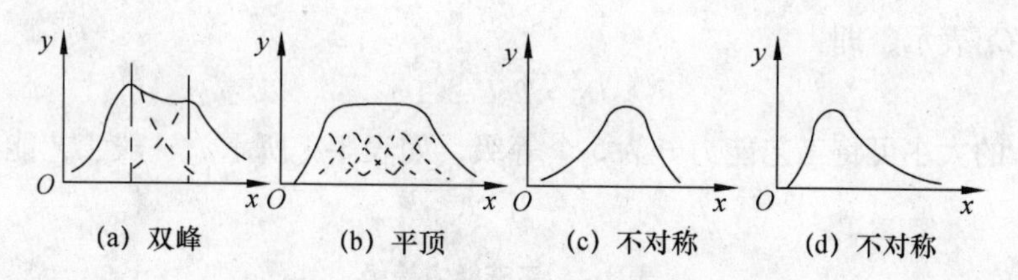

图3-35　几种具有明显特征的分布曲线

当用调整法加工，刀具存在着显著的热变形时，由于热变形在开始阶段变化较快，以后逐渐减慢，直至达到热平衡状态，因此分布曲线也呈不对称形状。

对于非正态分布的分散范围，就不能用6σ来表示，详情可查有关设计手册。

用分布曲线法分析加工误差有以下缺点：没有考虑工件加工的先后次序，因此不能把规律性的变值性系统误差从偶然误差中区分出来；一批工件加工完后才能绘制分布曲线，因此不能在加工过程进行中提供控制废品的资料。

采用点图法则可以弥补上述缺点。

2. 点图分析法

点图法也称控制图法，它是分布曲线分析法的发展。由于它采用的样本是在机床一次调整中，按加工顺序依次记录工件尺寸的变化情况并绘制图形，揭示的是加工误差随时间变化的规律，所以反应的是整个加工过程中误差变化的全貌。

（1）点图的形式。

点图的形式很多，常用的是个值控制图和样本特征数控制图。

① 个值控制图。一批工件经测量，以顺序加工的工件序号为横坐标，这些工件的尺寸为纵坐标，则整批工件的加工结果就可画成图3-36所示的点图，称为个值控制图。

为了便于分析加工过程的误差情况，将这些点的上、下限分别连成两条平滑的曲线*AA*和*BB*，并作出它的平均曲线*OO*，就能较清楚地揭示出加工过程中误差的性质及其变化规律。平均曲线*OO*表示每一瞬间的尺寸分散中心，其变化情况反映出变值性系统误差随时间的变化趋势。*AA*和*BB*之间的宽度表示每一瞬间的尺寸分散范围，它不仅反映每一瞬时的偶然误差大小，而且也反映出偶然误差随加工时间的变化情况。常值性系统误差对这 3 种曲线的形状无影响，只是使曲线向上或向下平移，因此可以从平均曲线 OO 的起始位置看出常值系统误差的影响。

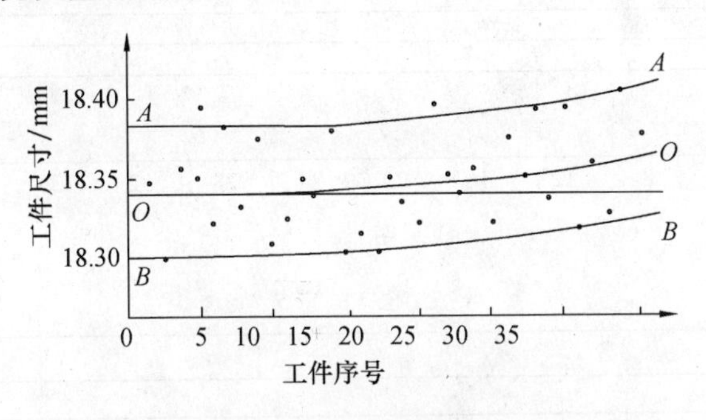

图 3-36　个值控制图

② 样本特征数控制图（$\bar{x}$-R 图）。为了能直接反应系统性误差和随机性误差随加工时间的变化趋势，实际生产中用样组点图来代替个值点图。最常用的样组点图是 $\bar{x}$-R 图，由均值 $\bar{x}$ 点图和极差 R 点图组合而成。

若将一批工件分成 k 组，每组包括 m 个顺次加工的工件，以横坐标表示组的序号，则图上每组 m 个工件的 m 个点就都处于同一条垂线上，如图 3-37 所示。这样的点图长度大为缩短。但是这种点图因尺寸分散，比较零乱，不易看出加工过程中尺寸变化的一般趋向。

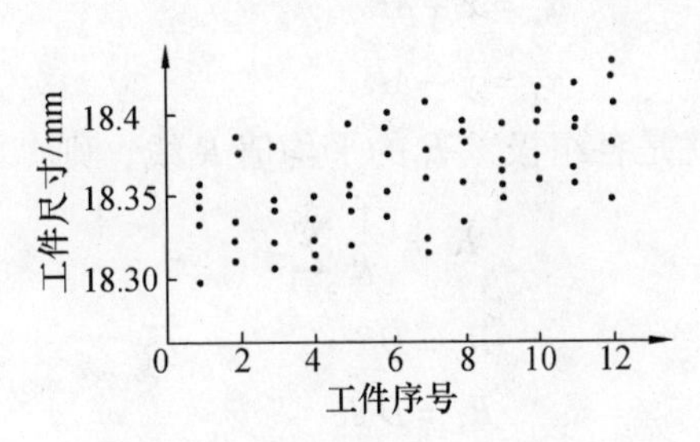

图 3-37　工件尺寸按组号绘制的点图

如果仍然用组序号为横坐标，将每组 m 个工件的平均尺寸 $\bar{x}$ 标在点图上，称为平均值 $\bar{x}$ 点图（或 $\bar{x}$ 图），$\bar{x}=\dfrac{1}{m}\sum_{i=1}^{m}x_i$，如图 3-38（a）所示，则能明显表示出工件尺寸随时间的变化趋势。

同时，再将每组尺寸的极差 R（最大值与最小值之差），$R=R_{\max}-R_{\min}$，标在另一张点图上，称为极差 R 点图（或 R 图）。如图 3-38（b）所示，它显示不同时间内工件尺寸分散的大小。这两种点图通常是联合使用的，故合称 $\bar{x}$-R 图，或样本特征数控制图。

分析问题时，用 $\bar{x}$ 图判断常值性系统误差和变值性系统误差的情况，用 R 图判别偶然误差的情况，两者结合起来，就能全面清晰地反映各种误差的变化情况。

$\bar{x}$-R 图的控制线：在样本平均值 $\bar{x}$ 点图和样本极差 R 点图上，还各有 3 条控制线，即中心线、上控制线和下控制线，如图 3-38 所示。

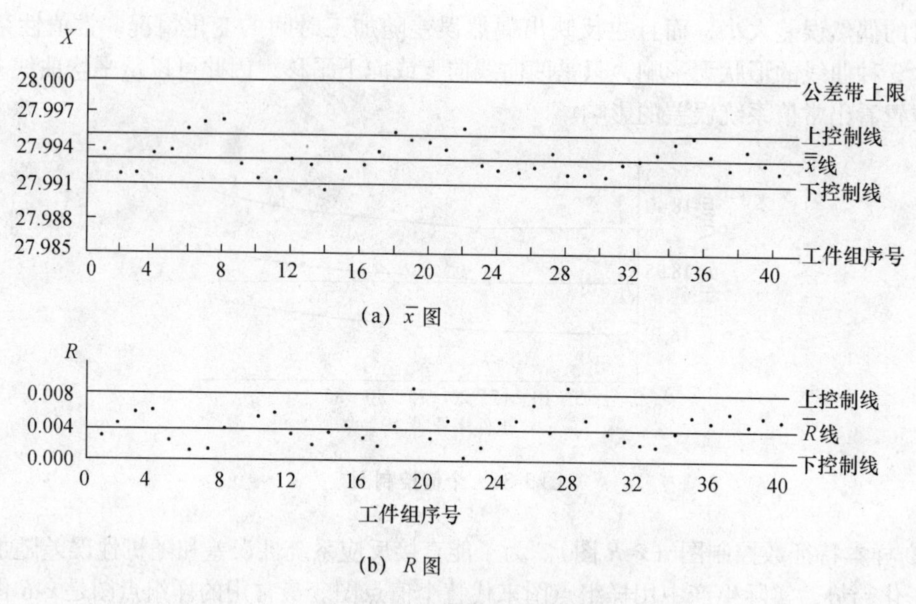

图 3-38 样本特征数控制图

在 $\bar{x}$ 图上的中心线，就是各组平均尺寸 $\bar{x}$ 的平均值线，即

$$\bar{\bar{x}} = \frac{1}{K}\sum_{i=1}^{k}\bar{x}_i \tag{3-8}$$

$\bar{x}$ 图的上控制线 $\bar{x}_s = \bar{\bar{x}} + AR$ (3-9)

$\bar{x}$ 图的下控制线 $\bar{x}_x = \bar{\bar{x}} - A\bar{R}$ (3-10)

在 R 图上的中心线，就是各组极差 R 的平均值 $\bar{R}$ 线，则

$$\bar{R} = \frac{1}{K}\sum_{i=1}^{k}R_i \tag{3-11}$$

R 图的上控制线 $R_s = D\bar{R}$ (3-12)

R 图的下控制线 $R_x = D'\bar{R}$ (3-13)

各式中的系数 A、D、D' 见表 3-5。

表 3-5 计算上、下控制线的系数

每组个数（m）	4	5	6	7	8	9	10
A	0.729	0.577	0.483	0.419	0.373	0.337	0.308
D	2.282	2.115	2.004	1.924	1.864	1.816	1.777
D'	—	—	—	0.076	0.136	0.184	0.223

利用上述 3 条控制线可以判断工艺的稳定性。

（2）点图分析法的应用。

① 用来揭示加工过程中各种误差的大小和变化规律。

② 判断工艺过程的稳定性。

工艺过程是否稳定与加工质量是否符合公差要求不是一回事。在工艺过程中，若总

体分布的参数——平均尺寸 $\bar{x}$ 和均方根偏差 σ 保持不变，则工艺是稳定的。如果有变动，哪怕是往好的方向变（例如 σ 突然缩小），就算不稳定。工艺若不稳定，即便在一段时间内不影响加工质量，如不查明造成不稳定的误差因素并及时排除，随着加工时间的推移，就必然要出现废品。

工艺稳定性的判断采用 $\bar{x}$-R 图比较方便。在加工过程中，每隔一定时间抽查顺次加工出来的 n 个工件作样本，并计算出样本的平均值 $\bar{x}$ 和极差 R，绘成样本特征数控制图（$\bar{x}$-R 图），通过样本判断工艺的稳定性。

$\bar{x}$-R 图上的控制线就是判断工艺是否稳定的界限。当有一个或几个点超出上、下控制线时就说明工艺不稳定，工件尺寸有可能超差。具体说来 $\bar{x}$ 图上出现超出控制线的点，表明系统误差较大；R 图上出现超出控制线的点，表示偶然误差较大。当有相当多的点，特别是相邻的点，均落在中心线以上或以下时，也就表明工艺不稳定。这种现象出现在 $\bar{x}$ 图上，说明有常值性系统误差；出现在 R 图上则说明偶然误差大。当点有倾向性趋势时，说明规律性变值系统误差影响较大。

图 3-39 是活塞销精镗孔的 $\bar{x}$-R 图。$\bar{x}$ 图中有超过控制线的点五个，R 图中有超过控制线的点两个，这说明工艺不稳定。虽然根据这批工件计算的 6σ 并没有超过公差带 T（数据从略），但包含有不稳定因素，如果放任自流，迟早会出现超差而产生废品。

③ 为加工过程提供控制加工精度的资料。例如，进行工艺验证和统计检验等。

【例 3.2】　在自动车床上加工销轴，直径要求为 $d=(12\pm0.013)$ mm。现按时间顺序，先后抽检 20 个样组，每组取样 5 件。在千分比较仪上测量，比较仪按 11.987 mm 调整零点，测量数据列于表 3-6 中，单位为 μm。试作出 $\bar{x}$-R 图，并判断该工序工艺过程是否稳定。

解　计算各样组的平均值 $\bar{x}$ 和极差 R，列于表 3-6 中。

表 3-6　测量数据　　单位：μm

样组号	样件测量值					$\bar{x}$	R	样组号	样件测量值					$\bar{x}$	R
	x_1	x_2	x_3	x_4	x_5				x_1	x_2	x_3	x_4	x_5		
1	28	20	28	14	14	20.8	14	11	16	21	14	15	16	16.4	7
2	20	15	20	20	15	18	5	12	16	17	14	15	15	15.4	3
3	8	3	15	18	18	12.4	15	13	12	12	10	8	12	10.8	4
4	14	15	15	15	17	15.2	3	14	10	10	7	18	15	13.6	11
5	13	17	17	17	13	15.4	4	15	14	15	18	24	10	16.2	14
6	20	10	14	15	19	15.6	10	16	19	18	13	14	24	17.6	11
7	10	15	20	10	13	15.4	10	17	28	25	20	23	20	23.2	8
8	18	18	20	25	20	20.4	7	18	18	17	25	28	21	21.8	11
9	12	8	12	15	18	13	10	19	20	21	19	21	30	22.2	11
10	10	5	11	15	9	10	10	20	18	28	22	18	20	21.2	10

计算 $\bar{x}$-R 图控制线分别为：

$\bar{x}$ 点图中线 $\bar{\bar{x}} = \frac{1}{K}\sum_{i=1}^{k}\overline{x_i} = 16.73$

$\bar{x}$ 点图上控制线 $\bar{x}_s = \bar{\bar{x}} + A\bar{R} = 21.89$

$\bar{x}$ 点图下控制线 $\bar{x} = \bar{\bar{x}} - A\bar{R} = 11.57$

R 点图中线 $\bar{R} = \frac{1}{K}\sum_{i=1}^{k}R_i = 8.9$

R 点图上控制线 $R_s = D\bar{R} = 19.67$

R 点图下控制线 $R_x = D'\bar{R} = 0$

根据以上结果作出 $\bar{x}$-R 图，如图 3-39 所示。

判断工艺过程稳定性。由图 3-39 可以看出，$\bar{x}$ 点图有 4 个点越出控制线，表明工艺过程不稳定，应找出原因，并加以解决。

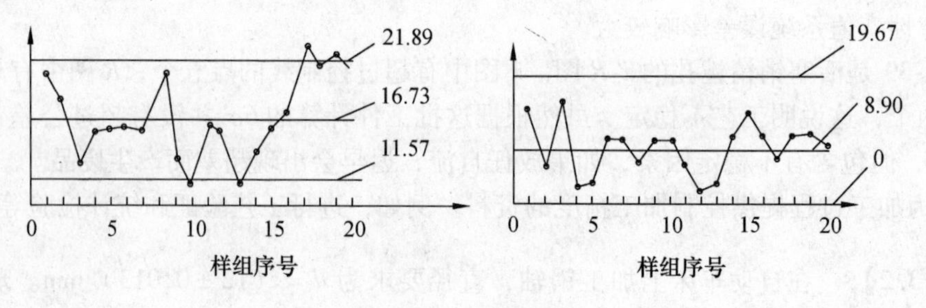

图 3-39 $\bar{x}$-R 控制图

3.5 保证和提高加工精度的途径

保证和提高加工精度必须控制原理误差的产生或控制原始误差对加工精度的影响。主要方法有：直接消除或减少原始误差；补偿或抵消原始误差；转移变形和转移误差；误差分组；“就地加工”达到最终精度；误差平均等方法。

3.5.1 直接消除或减少原始误差的方法

直接消除或减少原始误差的方法，是在查明加工误差的主要影响因素后，设法对其直接消除或减少的方法。

如在加工细长轴时，工件刚性差、变形大，很难保证加工精度，即使在切削用量很小、采用了跟刀架的情况下，也很难达到较高的精度和较低的表面粗糙度值。一般情况下，细长轴的一端用三爪卡盘装夹，另一端用尾架顶尖顶紧，细长轴很容易被压弯，如图 3-40（a）所示。为了消除和减少误差，可以改变进给方向，即采用大进给反向切削细长轴的加工方法，如图 3-40（b）所示。进给方向由卡盘一端指向尾座，轴向切削力 F_f，对工件的作用是拉伸而不是压缩。采用了大进给量和大的主偏角车刀，增大了 F_f 力，工件在强有力的拉伸作用下，消除了径向颤动，使切削平稳。有伸缩性的活顶尖使工件在受热后有伸缩的余地。

又如薄环形零件在磨削端面平行时，采用树脂结合剂黏合以加强工件刚度，并使工件在自由状态下得到固定。其具体方法是将薄环形零件下面黏结到一块平板上，再将平板放到磁力工作台上磨平工件的上端面，然后将工件从平板上取下（使结合剂热化），再以磨平的一面作为定位基准磨另一面，以保证其平行度。

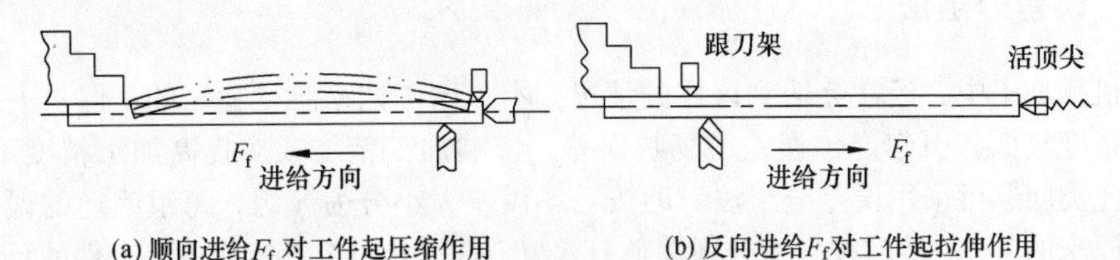

(a) 顺向进给F_f对工件起压缩作用　(b) 反向进给F_f对工件起拉伸作用

图3-40　车削细长轴的方法

3.5.2　误差补偿或误差抵消法

有时虽然找到了影响加工精度的主要原始误差，但却因代价太高或耗费时间太长，不允许采取直接消除或减小的方法，而需要采用补偿或抵消原始误差的方法解决。

1. 误差补偿法

误差补偿法就是人为地制造出一种新的大小相等方向相反的误差去补偿工艺系统原有的原始误差从而达到减少加工误差，提高加工精度的目的。

如图3-41所示，龙门铣床横梁，在两个铣头的自重影响下产生了向下的弯曲变形，因此严重影响了加工表面的形状精度。若用加强机床横梁刚度和减轻铣头重量的方法去消除或减小原始误差，显然是有困难的。所以，在刮研横梁导轨时故意使导轨面产生向上凸的几何形状误差，以补偿铣头重量引起的下垂变形。

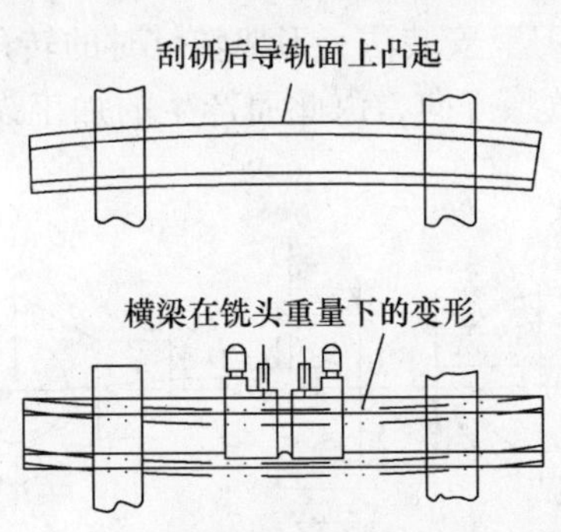

图3-41　龙门铣床横梁的变形和刮研

图3-11所示丝杠误差校正装置，也是误差补偿的典型实例。

2. 误差抵消法

误差抵消法是利用一部分原始误差去抵消或部分抵消另一部分原始误差。例如车削细长轴时，常因切削推力的作用造成工件弯曲变形。若采用前后刀架，使两把车刀一粗一精相对车削，就能使推力相互抵消一大部分，从而减小工件变形和加工误差。

又如，镗孔时常因刀杆受力变形，使被加工孔产生锥形。若采用对称刃口的镗刀块加工，则刀杆在相对方向上的受力变形抵消，使镗孔精度提高。

3.5.3 误差分组法

在机械加工中，经常会遇到这样的情况，本工序工艺系统是稳定的，但从上工序来的毛坯精度较低，引起定位误差或复映误差，影响加工精度或对提高加工精度不经济。要解决此类问题可采用误差分组法。即按毛坯误差大小分为 n 组，每组毛坯的误差范围缩小为原来的 $1/n$。然后按各组分别调整刀具与工件的相对位置，使各组工件的尺寸分散范围中心基本一致。

3.5.4 变形转移和误差转移的方法

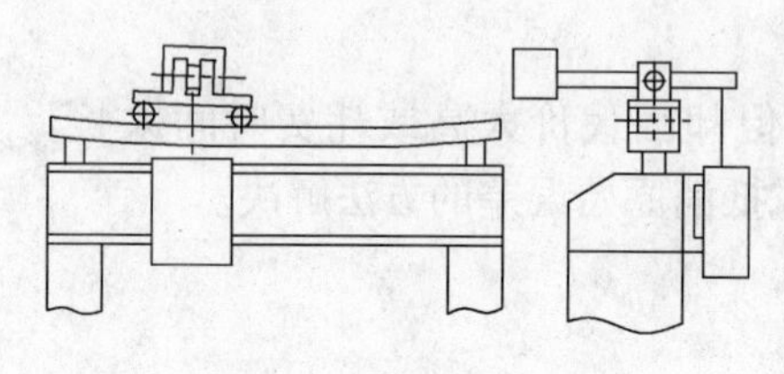

图 3-42 横梁变形的转移

机床在使用中受到力和热的作用后，不可避免的会产生种种变形而形成原始误差。如图 3-42 所示，龙门铣床结构中采用的转移变形的方法，在横梁上再安装一根附加梁，用它承担铣头的重量，把向下的受力变形转移到附加梁上，而附加梁的受力变形对加工精度不产生任何影响。

误差转移法就是把原始误差从误差敏感方向转移到误差的非敏感方向，或者通过一定的机构使加工误差不依赖于机床精度，而是由其他结构决定。如调整转塔车床的刀具时，由于六角刀架在旋转时存在转角误差，使刀尖切入或远离工件表面，而此时刀尖的运动方向为加工面的法线方向即误差敏感方向，此时由刀架转角误差产生的刀尖运动误差将被 1:1 的复映到工件上形成加工误差。

如图 3-43 所示采用“立刀”安装法，刀架转位时的转角误差转移到了工件加工表面的切线方向，也就是误差非敏感方向，由此而产生的加工误差非常微小，从而提高加工精度。

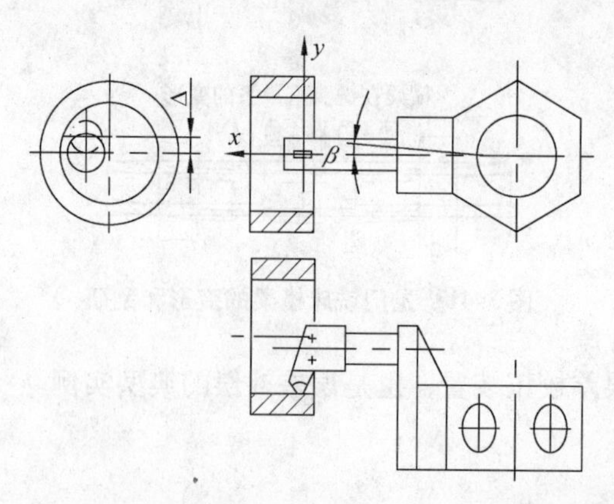

图 3-43 六角（转塔）车床“立刀”安装以转移误差

当机床精度达不到加工精度要求时，并不一定只从提高机床精度一方面去考虑，还可以从工艺和夹具上想办法，使机床的原始误差转移到不影响加工精度的方向或环节中。例如，在卧式镗床上利用镗模加工同轴孔系，主轴与镗杆采用浮动联接时，工件上孔系的加工精度完全取决于镗模的制造和安装精度，而不受机床误差的影响。与此类似，主轴锥孔磨削加工时，此时要求锥孔与轴颈的同轴度很高，生产中常将主轴装在V形夹具上，机床主轴与工件之间常采用柔性环节相联系，使其只传递运动，而不限制位置。这样机床主轴的原始误差就会被转移掉，而不影响加工精度。

3.5.5　“就地加工”达到最终精度

“就地加工”就是在所保证的位置关系上，用一个零部件装上刀具去加工另一零部件。此法是一种达到最终加工精度的简捷方法。

例如，在六角车床的制造中，转塔上6个安装刀架的大孔的加工。要求孔轴线必须与车床主轴回转轴线重合，六孔的端面又必须与主轴轴线垂直。如果将转塔单独加工后再装配，很难达到上述要求。采用“就地加工”的办法是：转塔各表面在装配前不精加工，待转塔装在车床上以后，再在主轴上安装镗刀杆，使镗刀旋转，转塔作纵向进给，依次精镗六孔。然后换上自动进给径向刀架，依次精加工各孔的端面。由于转塔上六孔及其端平面是依靠主轴回转轴线加工而成的，故两者间的同轴度和垂直度能得到很好的保证。

3.5.6　均化原始误差法

均化原始误差的过程，就是通过加工，使被加工表面的原始误差不断缩小和平均化的过程。其实质就是利用有密切联系的表面之间的相互比较、相互检查，从对比中找出差距后，或是相互修正（如偶件的对磨）或者利用互为基准进行加工，以达到很高的加工精度。例如，研磨时，研具的精度并不高，磨粒大小也不一样，但研磨时工件与研具、磨粒之间有复杂的相对运动，研磨面上的各个点，理论上均可获得相互接触和干涉的几率，但是，实际接触和干涉到的却只是某瞬间的一批“高点”（误差最大点）。于是这些高点间相互进行微量切削，使高点与低点的差距减小，接触面积随之逐步增大，即误差逐步减小和趋于平均化，最后达到很高的形状精度和很低的表面粗糙度。

习题与思考题

1. 什么是加工精度？它与加工误差和公差有何区别？

2. 什么是主轴回转误差？它可分解为哪3种基本形式？其产生的原因是什么？

3. 何为误差敏感方向？车床和磨床的误差敏感方向有何不同？

4. 试分析在卧式车床上加工时，产生下列误差的原因。

（1）在卧式车床上镗孔时，引起被加工孔圆度误差和圆柱度误差的原因。

（2）在卧式车床（用三爪自定心卡盘）上镗孔时，引起内孔与外圆同轴度误差、端面与外圆的垂直度误差的原因。

5. 在车床上用两顶尖装夹工件车削细长轴时，出现中间粗两头细、中间细两头粗或一头细一头粗的锥形，试分析产生这类误差的原因，应采用什么办法来减少或消除？

6. 试说明磨削外圆时，如图 3-7 所示，采用死顶尖磨削的目的是什么？哪些因素引起外圆的圆度和锥度误差？

7. 什么是误差复映？误差复映的大小与哪些因素有关？如何减小误差复映的影响？

8. 车削加工时，工件的热变形对加工精度有何影响？如何减少热变形的影响？

9. 工件产生残余应力的主要原因有哪些？如何减少残余应力对工件加工精度的影响？

10. 已知某工艺系统的误差复映系数为0.25，工件在本工序前有圆柱度误差0.45 mm。若本工序形状精度规定公差 0.01 mm，问至少进给几次方能使形状精度合格？

11. 车削一批轴的外圆，其尺寸为 $d=(25\pm0.05)$ mm。已知此工序的加工误差分布曲线是正态分布，其标准偏差 $\sigma=0.025$ mm，曲线的顶峰位置偏于公差带中心左侧 0.03 mm。试求零件的合格率、废品率。工艺系统怎样调整可使废品率降低？

12. 有一批零件，其内孔尺寸为 $\phi70^{+0.03}_{0}$ mm，属正态分布。试求尺寸在 $\phi70^{+0.03}_{+0.01}$ mm 之间的概率。

第 4 章　机械加工表面质量

产品的机械加工质量，除了加工精度之外，还包括表面质量。实践证明，产品的工作性能（可靠性、安全性、寿命等）在很大程度上取决于其主要零件的表面质量。因此，探讨和研究机械加工表面质量，对保证产品质量具有重要意义。

4.1　机械加工表面质量及其对产品性能的影响

4.1.1　机械加工表面质量的概念

机械加工的表面不可能是理想的光滑表面，而是存在着表面粗糙度、表面波度、纹理等微观几何形状误差，以及擦伤等表面缺陷的表面。零件表面层材料在加工时也会产生物理、机械性质的变化，有时还可能产生化学性质的变化。图 4.1 表示了加工表面层沿深度方向的变化情况。在最外层生成氧化膜或其他化合物，并吸收、渗进了气体、液体、固体粒子，称之为吸附层，其厚度通常不超过 8 μm。压缩层即为塑性变形区，由切削力造成，厚度为几十至几百微米，其上部为纤维层，它是由被加工材料与刀具间的摩擦力造成的，切削热也使表面层产生各种变化，使材料产生相变以及晶粒大小的变化。因此，表面层的物理力学性能不同于基体，产生了如图 4-1 所示的显微硬度和残余应力的变化。

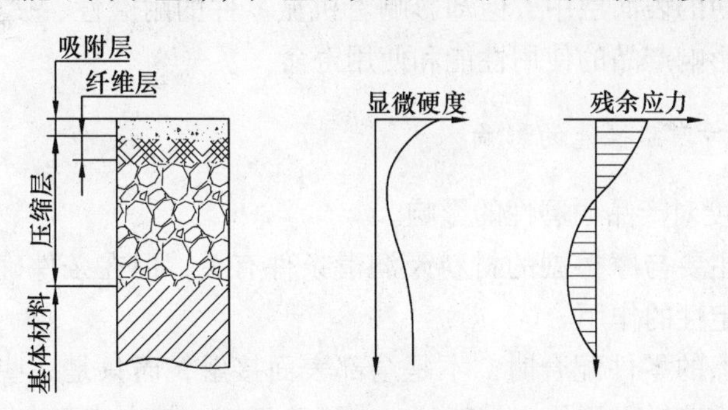

图 4-1　加工表面层沿深度的变化

综上所述，机械加工表面质量是指零件加工后的表面层状态，主要包括表面的几何特征和表面层的物理力学性能。

1. 表面的几何特征

（1）表面粗糙度。它是指加工表面微观几何形状误差，如图 4-2 所示，其波长 L_3 与波高 H_3 的比值一般小于 50。

（2）表面波度。它是介于形状误差和表面粗糙度之间的周期性几何形状误差，它主要是由加工过程中工艺系统的低频振动所引起的。如图 4-2 所示，其波长 L_2 与波高 H_2 的比值一般为 50～1 000。

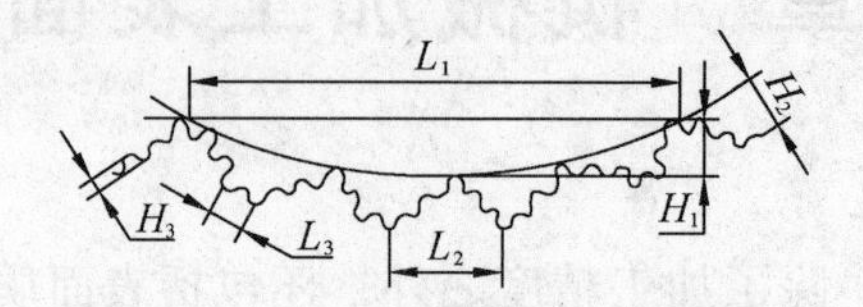

图 4-2　表面粗糙度和表面波度

（3）纹理方向。它是指表面刀纹的方向，它取决于表面形成过程中所采用的机械加工方法。一般对运动副或密封件要求纹理方向。

2. *表面层物理力学性能*

表面层物理力学性能包括 3 个方面。

（1）表面层因塑性变形引起的冷作硬化。

（2）表面层因切削热引起的金相组织的变化。

（3）表面层中产生的残余应力。

4.1.2　表面质量对产品使用性能的影响

任何机械加工表面，实际都不是完全的理想表面，总是存在一定程度的微观几何形状误差、冷作硬化、金相组织的变化、残余应力等问题，即表面质量问题。微观几何形状偏差，属于加工表面的几何特征范畴，其余则属于表面层物理力学性能范畴。虽然这些变化仅存在于极薄的表面层中，但却影响着机械零件的耐磨性、疲劳强度、抗腐蚀性、配合质量等，从而影响产品的使用性能和使用寿命。

1. *表面粗糙度对产品性能的影响*

（1）表面粗糙度对产品耐磨性的影响。

零件的耐磨性主要与摩擦副的材料及润滑条件有关，但在条件确定的前提下，零件的表面质量就起决定性的作用。

由于两相互摩擦的零件配合时，不是全部表面接触，而只是一些凸峰相接触，其实际接触面积只是理论接触面积的一小部分。由试验可知：精车表面实际接触面积为 15%～20%；精磨过的表面为 30%～50%；研磨、珩磨过的表面为 90%～97%。当零件受力时，这部分凸峰将受到很大压力，零件在初期阶段磨损非常显著。如图 4-3 所示，在起始磨损阶段，配合面磨损很快，磨损曲线急速上升，经过一段时间磨合后，配合面接触面积增大，磨损速度缓慢，并逐渐稳定下来，曲线趋于平坦，进入正常磨损阶段，这一阶段零件耐磨性最好，持续时间最长，最后由于凸峰被磨平，粗糙度非常小，两接触表面的分子间产生较大的亲和力，润滑油被挤出，造成润滑条件恶化，摩擦阻力增大，磨损量增大，从而进入快速磨损阶段。

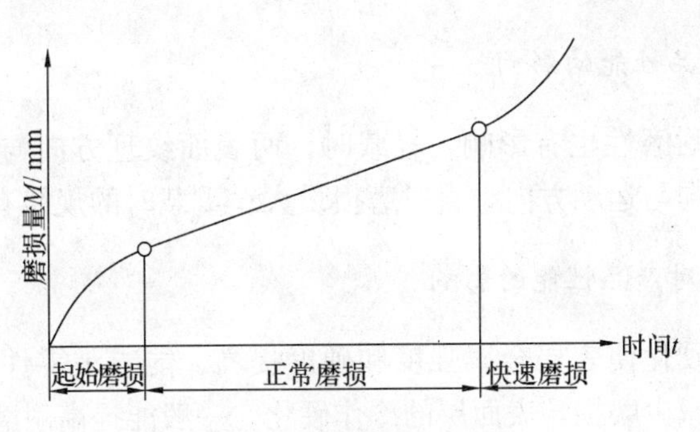

图 4-3　零件的磨损情况

表面粗糙度对运动副的初期磨损影响很大，但并不是表面粗糙度数值越小越耐磨。图 4-4 所示为表面粗糙度对初期磨损量影响的试验曲线。从图中看到，在一定工作条件下，摩擦副表面有一个最佳表面粗糙度值，一般 Ra 为 0. 32 ～1. 25 μm。若超出此范围将引起磨损加剧。

（2）表面粗糙度对零件疲劳强度的影响。

零件在承受交变载荷、重载荷及高速工作条件下，其疲劳强度除与零件材料的物理、机械性能有关，还与表面质量关系很大。零件表面粗糙度在交变力的作用下容易引起应力集中，超过材料的疲劳极限将出现疲劳裂纹，导致零件疲劳破坏。实验表明，表面粗糙度值 Ra 从 0. 02 μm 增大到 0. 2 μm，其疲劳强度下降约为 25%。

（3）表面粗糙度对配合性质的影响。

零件表面间的配合性质，取决于过盈量或间隙值的大小。间隙配合若表面粗糙度值太大，使初期磨损较大，配合间隙增大降低了配合精度。对过盈配合而言，装配时由于表面上的凸峰被挤平，使实际配合过盈量减少，同样降低了配合精度。

（4）表面粗糙度对耐腐蚀性的影响。

零件表面粗糙度值越大，腐蚀物质越易积于粗糙度波谷中腐蚀表面金属，耐腐蚀性越差，如图 4-5 所示。

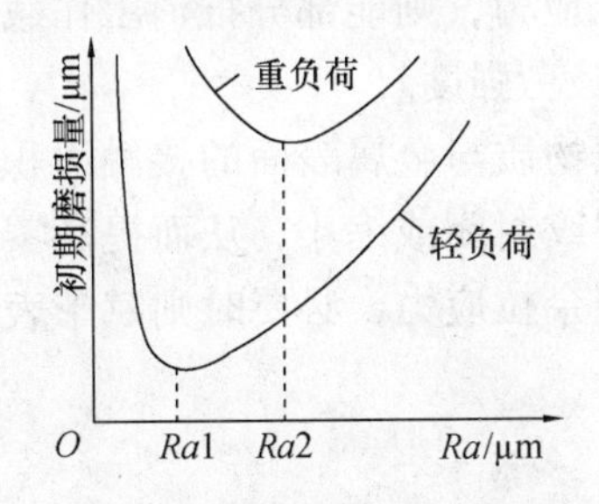

图 4-4　表面粗糙度与磨损量的关系

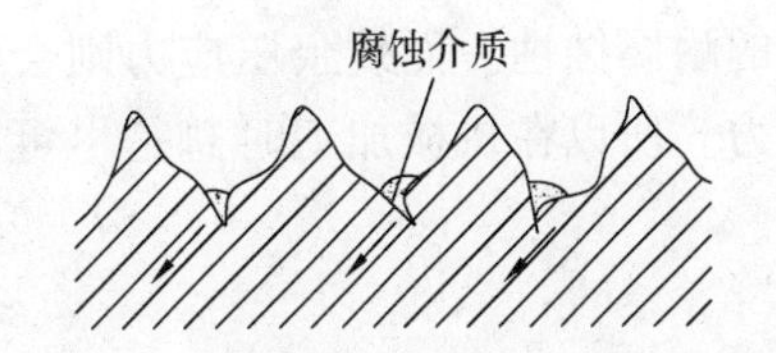

图 4-5　表面粗糙度对耐腐蚀性的影响

2. 表面波度对产品性能的影响

一般配合精度的零件，往往只考虑其表面粗糙度对性能的影响，而对波度的影响忽略不计。但要求精密配合的零件，就必须考虑。如精密滚动轴承滚道波高不大于 0. 1 ～0. 2 μm。

3. 表面纹理对产品性能的影响

表面纹理方向对耐磨性也有影响，轻载时，两表面纹理方向与运动方向一致时磨损量小，两表面纹理方向与运动方向垂直时磨损量大；重载时的规律有所不同。

4. 表面冷作硬化对产品性能的影响

一定程度的冷作硬化使表层金属强度和硬度提高，能减小零件摩擦副接触部分的弹性和塑性变形，因而减少磨损。表面层的冷作硬化，一般能提高耐磨性 0.5～1 倍。

表面一定程度的冷作硬化，还能提高零件的疲劳强度，因为硬化层能阻碍已有裂纹的扩大和新的疲劳裂纹的产生。因此，一些承受交变载荷的零件，为了提高耐磨性和疲劳强度，常在机械加工后再进行滚压加工，使表层产生一定程度的硬化。

但硬化过度会引起表层金属组织“疏松”，甚至产生裂纹或剥落，反而加剧磨损、降低耐磨性和零件的疲劳强度。实验证明，高温合金钢的冷作硬化，会使零件的高温耐久性与疲劳强度严重下降。

表面的冷作硬化也会影响配合的性质，合理的硬化能使表面变形减小，使接触刚度提高，但过分硬化，表面金属层受力后可能与内部金属脱离，从而破坏了配合性质。

5. 表面金相组织变化对产品性能的影响

如磨削加工时，磨削的高温容易使表层金属发生金相组织的变化，从而导致零件表层硬度下降、内应力和脆性增加等。

6. 表面残余应力对产品性能的影响

随着时间的推移，表面残余应力会引起应力重新分布，使零件形状和尺寸发生变化，导致零件工作精度下降，影响零件的配合性质。

表面残余应力有拉应力和压应力之分，它们对零件的疲劳强度影响较大。拉应力容易产生疲劳裂纹，从而降低零件的疲劳强度；残余压应力，则能部分抵消工作载荷施加的拉应力，阻止疲劳裂纹的扩展，因而能提高零件的疲劳强度。

此外，残余拉应力引起的疲劳裂纹，增大了腐蚀物质与金属表面的接触面积，降低了表面的耐腐蚀性。而残余压应力则会使表面微细裂纹封闭或缩小，从而提高零件的耐腐蚀能力。所以在机械加工时总是尽可能避免产生残余拉应力，必要时则赋予表面残余压应力。

4.2 影响表面粗糙度的因素及控制措施

机械加工中，产生表面粗糙度的主要原因可归纳为三方面：一是与刀刃和工件相对运动有关的几何因素；二是和被加工材料性质及切削机理有关的物理因素；三是切削时的振动。

4.2.1　切削加工时影响表面粗糙度的因素及措施

1. 切削加工时影响表面粗糙度的因素

（1）几何因素。在机械加工过程中，由于受刀具结构和进给量的影响，加工表面上会遗留下切削层残留，如图 4-6 所示，阴影部分形成理论表面粗糙度。

刀尖圆弧半径为 r_ε 时［图 4-6（a）］

$$R_Z = H = \frac{f^2}{8r_\varepsilon} \tag{4-1}$$

刀具圆弧半径为零时［图 4-6（b）］

$$R_Z = H = \frac{f}{\cos k_r + \cos k'_r} \tag{4-2}$$

由式（4-1）与（4-2）可知进给量 f、刀具主偏角 k_r、副偏角 k'_r 越大，刀尖圆弧半径 r_ε 越大，则切削层残留面积就越大，表面就越粗糙。

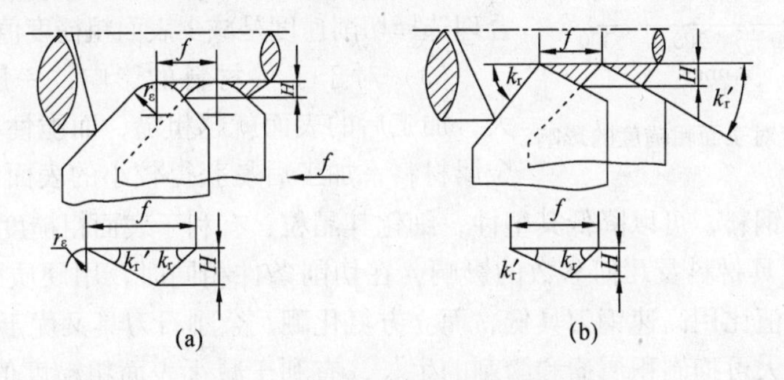

图 4-6　车外圆时残留面积的高度

（2）物理因素。实际切削过程中，由于刀具的刃口圆角及后刀面的挤压与摩擦及其他物理因素的影响，使金属材料发生塑性变形，所以实际切削轮廓与理论切削轮廓有较大差异，使实际表面粗糙度更加恶化。如在加工塑性材料时，在前刀面上容易形成硬度很高的积屑瘤，它可以代替切削刃进行切削，使刀具的几何角度、背吃刀量发生变化，因而使工件表面上出现深浅和宽窄不断变化的刀痕。有些积屑瘤嵌入工件表面，如图 4-7 所示，增大了表面粗糙度值。

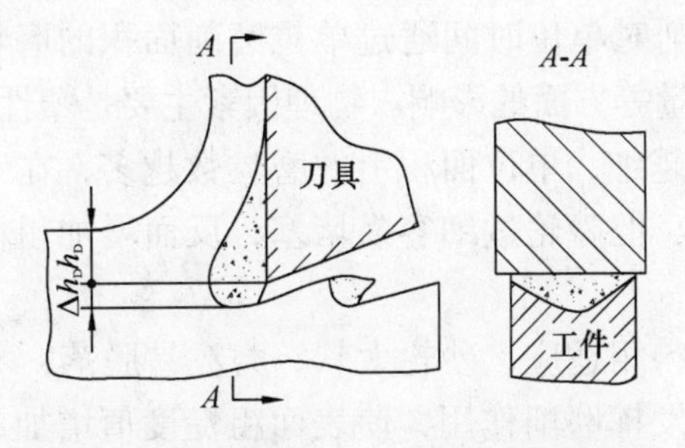

图 4-7　积屑瘤对加工表面质量的影响

(3) 切削过程中的振动。工艺系统的低频振动，一般在加工表面产生表面波度，而高频振动使刀刃与工件之间相对位置发生微幅变动，加工表面留下细而密的振纹，产生表面粗糙度。

2. 减少表面粗糙度数值的措施

(1) 对于几何因素的影响，可通过减少切削层残留面积来解决。进给量f、刀尖圆弧半径r_{ε}、主偏角k_r和副偏角k_r'均影响残留面积的大小；适当降低进给量，减小r_{ε}、k_r和k_r'使表面粗糙度值下降。

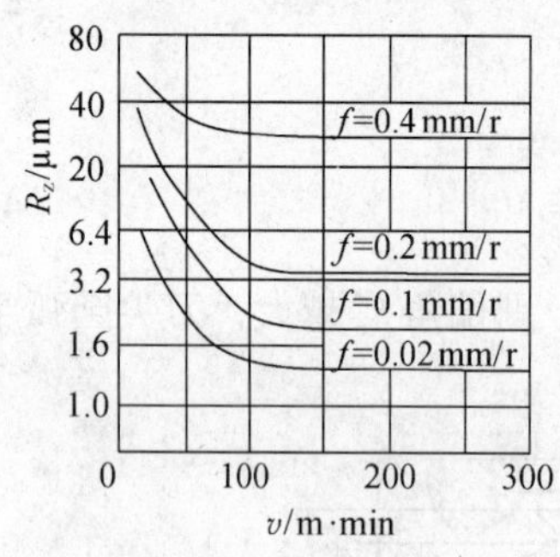

图 4-8 切削速度对表面粗糙度的影响

(2) 对于物理因素的影响，主要应采取措施减少加工时的塑性变形，避免产生积屑瘤等。

切削速度v_0在一定的切削速度范围内容易产生积屑瘤或鳞刺。图 4-8 为加工 45 钢时表面粗糙度与切削速度的曲线。可见当v增加到约 20 m/min 时，R_Z值最大。当v超过100 m/min时，R_Z下降并趋向稳定。因此合理选择切削速度是减少表面粗糙度值的重要方法。

(3) 对于工件材料的影响，一般来讲，塑性越大，加工后的表面就越粗糙，而脆性材料、细晶粒的金属材料，加工后易获得较小的表面粗糙度值；经调质和正火处理的钢料，可以降低其塑性，细化其晶粒，有利于表面粗糙度值的降低。

(4) 对于刀具材料及几何参数的影响，在切削条件相同时，用硬质合金刀具加工的工件表面粗糙度值比用高速钢刀具低，而立方氮化硼、金刚石刀具又优于硬质合金刀具。

前角适当增大可抑制积屑瘤和鳞刺的生长，有利于减小表面粗糙度值。而前角过大，刀刃有嵌入工件倾向，反而会增大表面粗糙度值。

后角增大，减少了后刀面与加工表面之间的摩擦，可以减小表面粗糙度值，但后角过大，使刀刃强度降低，易产生振动，反而增大表面粗糙度值。

(5) 对于切削液的影响，应合理选择冷却润滑液，以提高冷却润滑效果，能抑制积屑瘤和鳞刺的生成，减小切削时的塑性变形，有利于减小表面粗糙度值。

4.2.2 磨削加工时影响表面粗糙度的因素及措施

从几何原因来看，磨削时单位时间通过单位磨削面积的磨粒越多，表面粗糙度值越低，主要有砂轮和磨削用量等方面的影响。物理因素主要是塑性变形等的影响。

(1) 砂轮。砂轮粒度越细，单位面积上的磨粒数越多，在工件表面上留下的刻痕就越细，表面粗糙度值越低。但砂轮过细容易堵塞，反而增加粗糙度值。所以，加工时应根据技术要求合理选择。

砂轮硬度应与工件材料相适应，砂轮太软，磨粒易脱落，不易保证砂轮修整的形状精度，也不能使磨料充分发挥磨削作用，使表面粗糙度值增加；砂轮太硬，磨钝了的磨粒不易脱落，切削作用减小，而工件受到强烈摩擦和挤压，塑性变形增大，表面粗糙度值增大。

砂轮磨钝后应及时仔细地修整，去除已钝化的磨粒，保证砂轮的磨粒微刃等高，保证磨削的表面粗糙度值达到技术要求。

(2) 磨削用量。砂轮速度 v 增大，参与切削的磨粒数增多，可以增加工件单位面积上的刻痕数，且高速磨削时工件塑性变形不充分，所以，v 增大有利于降低表面粗糙度值。工件速度 v_{ω}、磨削深度 a_p、进给量 f 增大，都将增大塑性变形的程度，从而增大了表面粗糙度值。

(3) 冷却润滑液。正确选择冷却润滑液能降低切削区的温度，减少塑性变形，减少烧伤，冲去脱落的磨粒和切屑，避免划伤工件，可以减小表面粗糙度值。

4.3　影响表面层物理力学性能的因素及控制

机械加工过程中，工件表面层金属物理力学性能的变化，主要包括表面层金相组织的变化、表面硬度的变化和在表面层中产生的残余应力。

4.3.1　加工表面的冷作硬化

机械加工过程中，被加工表面在切削力的作用下产生了塑性变形，使晶体间产生剪切滑移，晶格被拉长、扭曲甚至破碎，引起表面层强度和硬度提高的现象，称为冷作硬化。表面层的硬化程度取决于产生塑性变形的程度和变形区温度。塑性变形越大，产生的硬化程度也越大，变形区温度越高硬化程度越小。影响表面冷作硬化的主要因素如下。

1. 刀具

刀具的前角 γ_0 增大，可减少塑性变形。刀具刃口半径 r_{ε} 增大，刀具对表面层的挤压作用加大，硬化加剧。刀具后刀面的磨损量增大，加大了后刀面与已加工面之间的摩擦，硬化加剧。

2. 切削用量

切削速度增大，一方面使温度升高，有助于冷硬的回复；另一方面，刀具与工件接触时间短，塑性变形程度减小。所以，切削速度增大，硬化层深度和硬度都有所减小。进给量、背吃刀量增大，切削力增大，塑性变形程度增加，硬化现象加剧。

3. 工件材料

工件材料塑性越好、硬度越低，塑性变形越大，切削后的冷硬现象愈严重。

4.3.2　表面层金相组织变化与磨削烧伤

1. 表面层金相组织变化与磨削烧伤的形成

一般的切削加工，大部分切削热被切屑带走，加工表面温升不高，故对工件表面层的金相组织影响不大。但磨削时，单位面积上的切削力很大，磨削速度很高；磨削热80%以上传入工件表面，使磨削区工件表面温度很高（有时高达1000℃左右）。当温度超过相变临界温度时，就引起表面层金相组织的变化，使表面硬度下降，并伴随出现残余应力甚至产生细微裂纹，大大降低了零件的物理机械性能，这种现象称为磨削烧伤。它严重影响了零件的使用性能。

工件的磨削表面金相组织的变化程度与工件材料、磨削温度和受热时间等有关。以淬火钢为例，磨削时在工件表面层上形成的瞬时高温将使表面金属层产生以下3种金相组织变化。

（1）当磨削区温度超过马氏体转变温度（中碳钢为250～300℃）但未超过相变温度（中碳钢为720℃）时，工件表面原来的马氏体组织将转化为硬度较低的回火屈氏体或索氏体等，称之为回火烧伤。

（2）当磨削区的温度超过相变温度（中碳钢为720℃）时，如果这时有充分的切削液，则表面层将迅速冷却形成二次淬火，得到马氏体组织，硬度比屈氏体高，但很薄，其内部为硬度较低的回火屈氏体或索氏体，导致总的硬度降低，一般称之为淬火烧伤。

（3）当磨削区的温度超过相变温度（中碳钢为720℃）时，如果这时无充分的切削液，则表面层的硬度急剧下降，工件表面层被退火，这种现象称之为退火烧伤。干磨削很容易形成这种现象。

磨削烧伤时，工件表面会出现黄、褐、紫、青等彩色氧化膜。根据不同颜色可知烧伤的程度，但表面没有烧伤色并不等于表面层未被烧伤。在最后的无进给磨削中，虽磨掉了表面烧伤的氧化膜，却并未完全去除烧伤层，给工件带来隐患。图4-9为烧伤色与变质层深度间的关系。

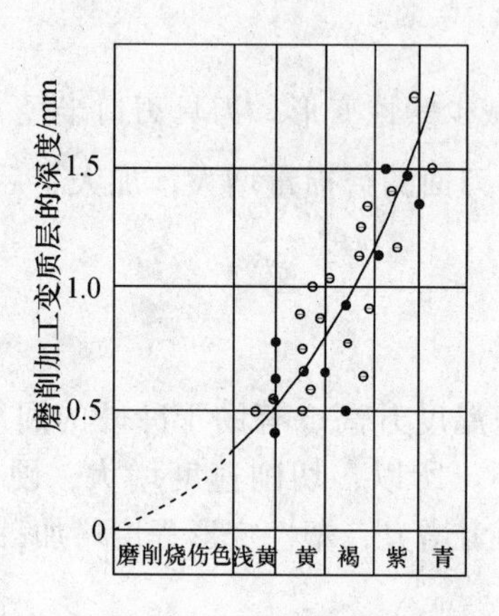

图4-9　烧伤色与变质层深度的关系

2. 磨削烧伤的改善措施

磨削热是造成烧伤的根源，故改善磨削烧伤可有两个途径：一是尽可能减少磨削热的产生；二是改善冷却条件，尽量减少热量传入工件。

（1）合理选择磨削用量。磨削深度 a_p 增大，磨削力和磨削热都急剧增大，故表面层及表层下不同深度的温度都随之提高，磨削烧伤加剧，所以为减轻烧伤，a_p 不宜过大。

进给量 f 越大，表面层及表层下不同深度的温度都下降，因此磨削烧伤程度减轻。

工件速度 $v_ω$ 增加，表面层温度增高，但作用时间减少，热量来不及传入工件内部，所以烧伤层很薄，便于用无进给磨削法磨掉。工件速度 $v_ω$ 增加，可以减轻烧伤，同时又可提高生产率。

降低砂轮速度 v 也能减少表面层的烧伤，但是降低砂轮速度会影响生产率。因此若在提高砂轮速度的同时相应提高工件速度，可以避免烧伤。

(2) 合理选用砂轮。一般选择砂轮应根据工件材料和技术要求，粗、细、软、硬适当，保证磨削时砂轮不产生黏屑堵塞现象，利于散热，尽可能减少工件表面的热损伤为原则。一般宜选用粗粒度砂轮或采用树脂、橡胶等弹性材料作结合剂的砂轮。图 4-10 所示为开槽砂轮。

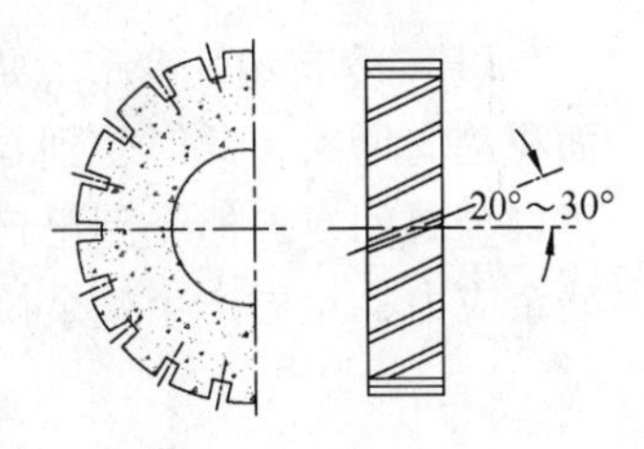

图 4-10　开槽砂轮

(3) 合理选用工件材料。工件材料对磨削区温度的影响主要取决于它的硬度、强度、韧性和导热系数等。硬度越高，磨削热量越多；材料越软越易于堵塞砂轮，使加工表面的温度急剧上升；强度越高、韧性越大，磨削力越大，发热量越多；导热性能比较差的材料，如耐热钢、不锈钢等，在磨削时都容易产生磨削烧伤。

(4) 合理采用冷却条件。采用切削液带走磨削区的热量，可以避免烧伤。由于高速旋转的砂轮表面产生强大的气流层，普通冷却方法，没有多少切削液能够进入磨削区，所以，冷却效果不明显。比较好的方法可采用多孔性砂轮（孔隙约占 34%～70%）。切削液从砂轮内部在离心力作用下进入磨削区，发挥有效的冷却作用，如图 4-11 所示。

采用高压大流量冷却，既可增强冷却作用又可冲洗砂轮表面，但机床须配置防护罩，防止冷却液四处飞溅。

采用喷雾冷却，压缩空气使冷却液雾化，并高速喷入磨削区，雾化了的冷却液在汽化时带走大量的热量，但这需要一套专用设备。

比较简单的方法是在喷嘴上设置挡板，并使之紧贴砂轮表面，挡板可减轻砂轮圆周表面上高压气流的影响，使冷却液能顺利进入磨削区，如图 4-12 所示。

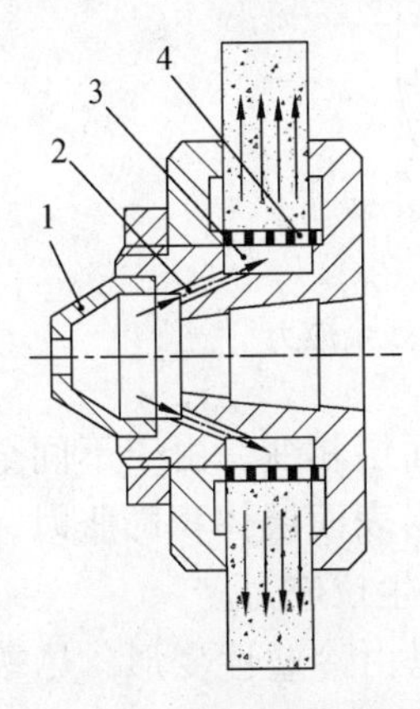

图 4-11　内冷却砂轮

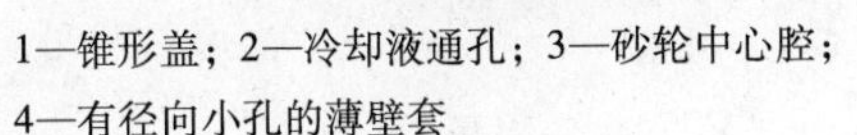
1—锥形盖；2—冷却液通孔；3—砂轮中心腔；4—有径向小孔的薄壁套

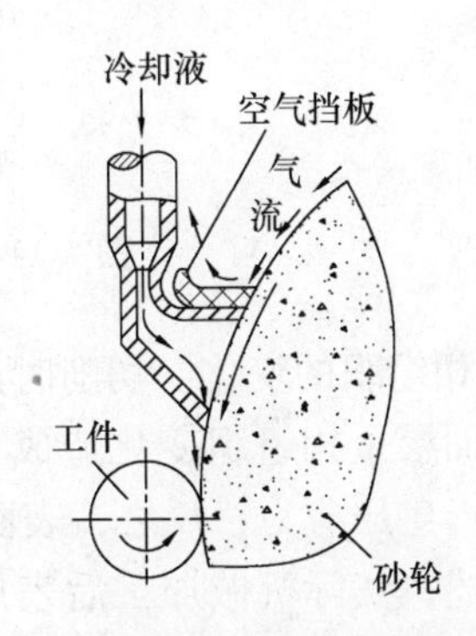

图 4-12　带空气挡板的冷却液喷嘴

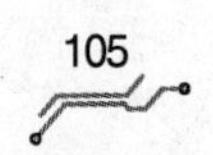

4.3.3 加工表面残余应力

外部载荷去除后，工件表面层与基体材料的交界处仍残存着互相平衡的弹性应力，称为表面层残余应力。

1. 加工表面残余应力产生的原因

（1）冷态塑性变形。加工时在切削力的作用下，已加工表面产生伸长塑性变形，表面积趋向增大，此时受到与它相连的里层金属的阻止。如图4-13所示，切削力去除后，里层金属回复，但受到已产生塑性变形表面层的限制，回复不到原状，因而表面层产生残余应力，里层产生残余拉应力。

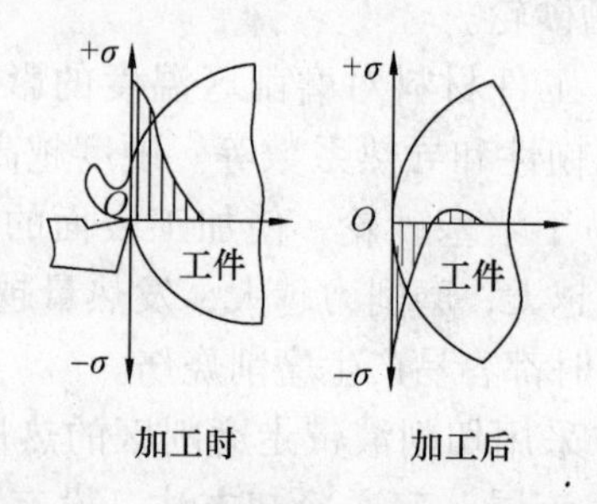

图4-13 冷塑性变形产生的残余应力

（2）热态塑性变形。表面层在切削热作用下产生热膨胀。而里层温度较低，表面层热膨胀，受到压应力，里层产生拉应力。当切削结束时，表面温度下降，因为表面层已产生热塑性变形，冷收缩比里层大，又受到里层金属阻碍，使工件表面层产生残余拉应力，里层产生残余压应力，如图4-14所示。

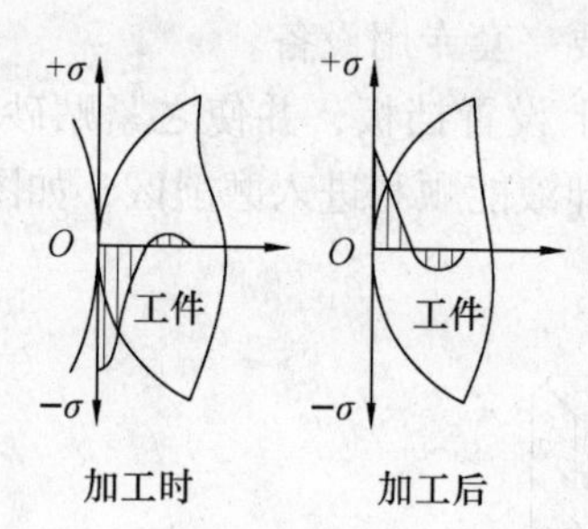

图4-14 热塑性变形产生的残余应力

（3）金相组织的变化。切削时产生高温引起表面层相变，由于不同金相组织有不同的密度，表面层金相组织变化造成了体积的变化，当表面层体积膨胀时，因受到里层基体的限制，产生压应力；反之，表面层体积减少则产生拉应力。

综上所述，实际机械加工后表层的残余应力，是由冷塑性变形、热塑性变形及金相组织变化三者综合作用的结果。不同的工作条件，作用的程度不同，实际生产中应根据具体情况，采取合理的防范措施。

2. 影响表面残余应力的因素

（1）刀具几何参数。刀具的前角越大，表面层拉应力越大，随着前角的减小，拉应力也逐渐减小，当前角为负值时，在一定的切削用量下表面层可产生残余压应力。刀具的后刀面的磨损增加，摩擦增大，温度升高，引起的拉应力增大。

（2）切削速度。切削速度增大，表面层塑性变形程度减小，表面残余拉应力值也随之减小。

（3）工件材料。塑性大的材料，切削加工后一般产生残余拉应力，脆性材料由于后刀面的挤压和摩擦，表面层产生残余压应力。

（4）磨削用量。砂轮速度减小，可减少切削热，减小表面层拉应力；工件速度提高，可以减小表面的残余拉应力；减少磨削深度，可使表面残余拉应力减小。

零件表面层金属的残余应力直接影响零件的机械性能，残余应力的大小和性质与最终工序加工方法的选择有直接关系。一般而言，最终工序加工方法的选择，要考虑零件的具体工作条件和零件可能产生的破坏形式，同时，还要兼顾生产批量和生产条件。

目前，获得预期的零件表面层表面质量，主要通过表面强化工艺来实现。表面强化工艺是指通过冷压加工方法，使表面层金属发生冷态塑性变形，以降低表面粗糙度，提高表面硬度，并在表面层产生残余压应力。这种方法工艺简单，成本低廉，在生产中得到广泛应用。其中，用的最多的是喷丸强化和滚压加工，也可采用液体磨料强化等加工方法。

4.4　工艺系统的振动

机械加工中的振动，一般使工件和刀具之间产生相对位移，影响工件与刀具之间正常的运动轨迹，严重影响已加工表面的表面质量、生产率、刀具耐用度和使用寿命，产生噪声，影响工作环境。振动按其产生的原因分为3种：自由振动、强迫振动和自激振动。自由振动是由于切削力的突变或其他外界的冲击等原因所引起的，这种振动一般可迅速衰减，因此对机械加工过程的影响很小。而强迫振动和自激振动是持续的振动，严重影响加工质量。

4.4.1　机械加工中的强迫振动

1. 强迫振动产生的原因

在外界周期性激振力的作用下引起并维持的振动，称为强迫振动。只要外界周期性激振力存在，振动就不会停止。机械加工中引起工艺系统强迫振动的激振力主要来自以下几方面。

（1）机床高速回转零件的不平衡。砂轮、齿轮、皮带轮、电机转子等在高速回转时不平衡产生的离心力引起的系统振动。

（2）机床传动系统中的误差。齿轮制造中存在齿距误差或装配存在几何偏心，传动时就会产生冲击，形成激振力，引起强迫振动。

（3）切削过程本身的不均匀性。如铣削、车削带有键槽的断续表面，由于间歇切削而引起切削力的周期性变化，或者回转零件质量不平衡产生离心力，从而激起振动。

（4）外部振源。由邻近设备（如冲压设备、龙门刨床等）工作时的强烈振动通过地基传来，使工艺系统产生强迫振动。

2. 强迫振动的特性

（1）强迫振动是由于外界激振力引起的，不会因为阻尼而衰减掉，振动本身也不能使激振力变化。

（2）强迫振动的振动频率与外界激振力的频率相同，而与系统的固有频率无关。

（3）强迫振动的幅值既与激振力有关，又与工艺系统的动态特性（阻尼比 ζ 和频率比 λ）有关。

4.4.2 机械加工中的自激振动

当系统受到外界或本身某些瞬时的干扰力作用而触发自由振动时，由振动系统本身的某种原因使得切削力产生周期性的变化，并由这个周期性变化的振动系统本身激发出的交变力加强和维持的振动，称为自激振动。切削过程中产生的自激振动是频率较高的强烈振动。

1. 自激振动的特征

自激振动是一种不衰减振动，但维持自激振动的交变力是振动过程中自行产生的，从自身的振动过程中吸收能量，补偿阻尼的消耗，使振动得以维持。因此切削运动停止，交变力随之消失，即使机床仍在空运转，自激振动也停止了。自激振动的频率等于或接近于系统的固有频率，即振动频率由系统本身的参数来决定。自激振动是否产生及其幅值的大小，取决于每个振动周期内系统所输入和消耗的能量。在一个振动周期内，从能源输入到系统的能量等于系统阻尼所消耗的能量，系统将维持稳定的自激振动。

2. 减少或消除自激振动的途径

由于自激振动与切削过程本身及工艺系统的结构性能有关，因此减少或消除自激振动的基本途径是抑制激振力和增加工艺系统的稳定性。

（1）合理选择刀具几何参数。前角 γ_0 对振动影响较大，如图 4-15 所示。随着 γ_0 的增大，切削力减小，振幅 A 随之下降。但高速切削时，前角对振动的影响较小，即使使用负前角也不会产生较大的振动。主偏角 k_r 增大时，振幅将逐渐减小，但当 $k_r > 90°$ 后，振幅又有所增大，如图 4-16 所示。

（2）增加切削阻尼。适当减小后角 α_0（2°～3°），可以加大刀具后刀面与工件间的摩擦阻尼，还可以在后刀面上磨出带有负后角的消振棱，有利于稳定。但后角过小，反而会引起摩擦自振。

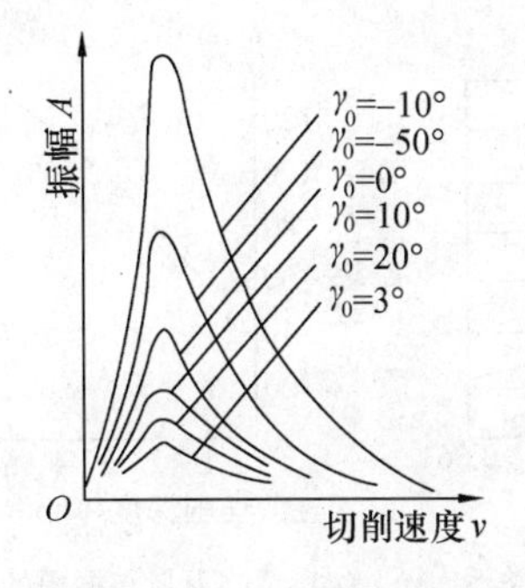

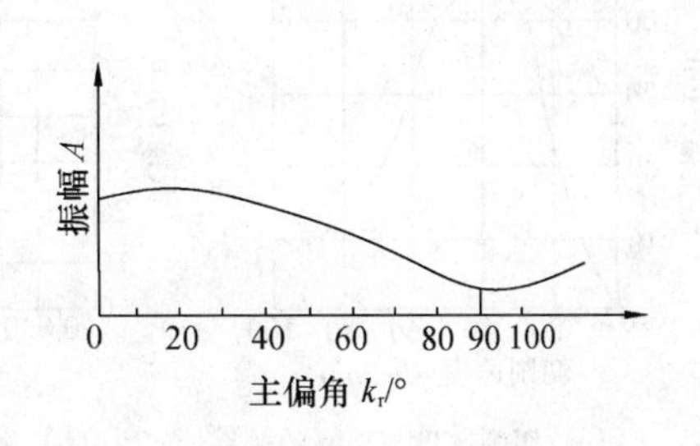

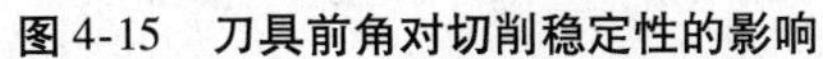

图 4-15　刀具前角对切削稳定性的影响　　　图 4-16　刀具主偏角对切削稳定性的影响

刀尖圆弧半径 r_ε 增大，容易产生振动。改革刀具结构，如采用弹簧车刀（图 4-17）、弯头刨刀（图 4-18）和削扁镗刀杆（图 4-19）等均可使振动减少。

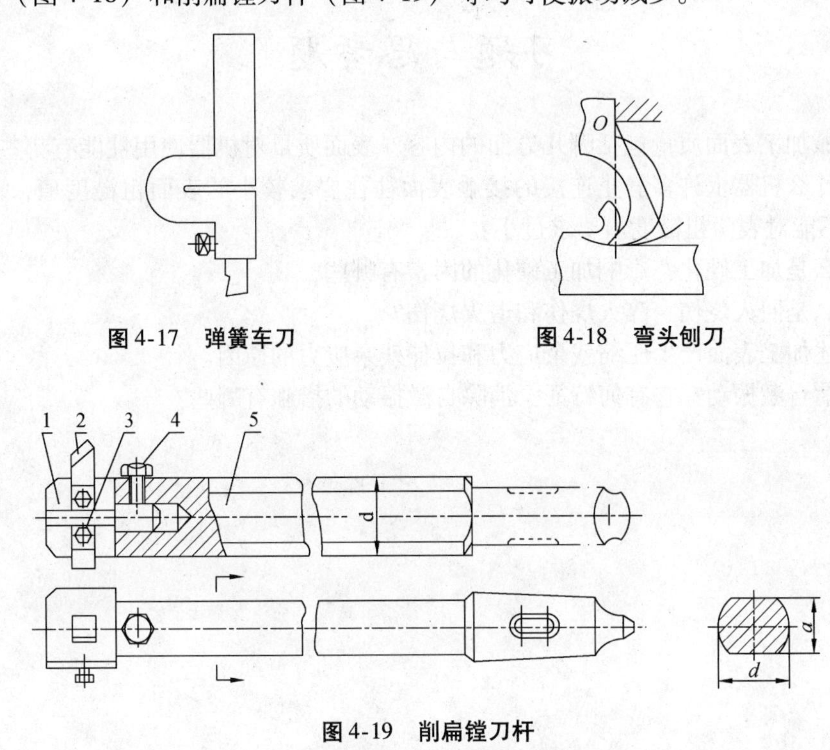

图 4-17　弹簧车刀　　　图 4-18　弯头刨刀

图 4-19　削扁镗刀杆

1—刀头；2—镗刀；3、4—螺钉；5—镗杆

（3）合理选择切削用量。如图 4-20（a）所示，低速和高速切削都可以减小或避免自激振动，当切削速度在 20～60 m/min 范围内时，振幅最大。如图 4-20（b）、（c）所示，进给量增大、背吃刀量 a_p 减小，可使振幅减小。

（4）提高工艺系统的抗振能力。提高工艺系统的刚度，如减小主轴部件的间隙，加工细长轴时增加辅助支承等方法。其次，减小工艺系统中各构件的质量，以便减小受动载荷作用时的惯性力。增大系统阻尼，采用防振地基和隔振措施、消振、减振等，都能有效提高工艺系统的动态稳定性。

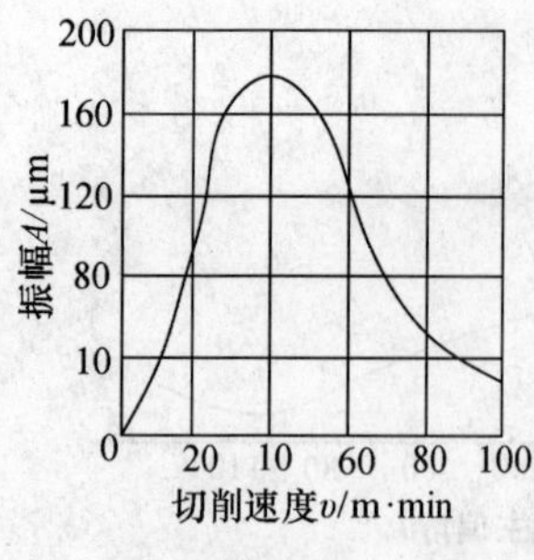

(a) 切削速度与振幅的关系

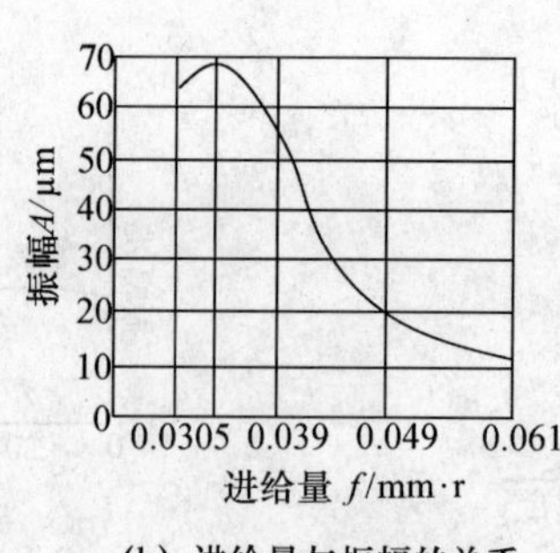

(b) 进给量与振幅的关系

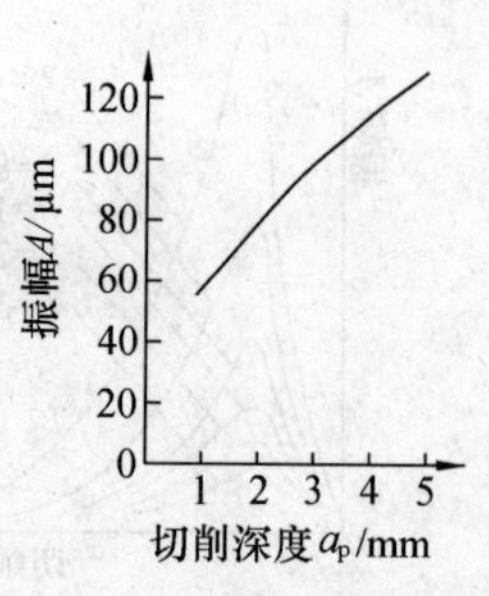

(c) 背吃刀量与振幅的关系

图 4-20　切削用量对振幅的影响

习题与思考题

1. 机械加工表面质量包括哪几方面的内容？表面质量对机器使用性能有哪些影响？

2. 为什么机器上许多静止连接的接触表面往往要求较小的表面粗糙度值，而相对运动的表面不能对表面粗糙度值要求过小？

3. 什么是加工硬化？影响加工硬化的因素有哪些？

4. 什么是回火烧伤、淬火烧伤和退火烧伤？

5. 试述加工表面产生压缩残余应力和拉伸残余应力的原因。

6. 何谓自激振动？它有何特征？消除自激振动的措施有哪些？

第5章　典型零件的加工工艺

5.1　轴类零件的加工

5.1.1　概述

1. 轴类零件的功用、分类及结构特点

（1）功用。轴类零件是机械加工中经常遇到的典型零件之一，其主要功用是支承传动零件如齿轮、带轮；传递运动和扭矩，承受载荷等，如机床主轴；有的用来装夹工件，如心轴。

（2）结构特点及分类。轴类零件是旋转体零件，其长度大于直径，通常由内外圆柱面、内外圆锥面、螺纹、花键、键槽、横向孔、沟槽等表面构成。按其结构形状的不同可分为：光轴、阶梯轴、空心轴和异形轴（包括曲轴、半轴、凸轮轴、偏心轴、十字轴和花键轴等）四类，如图5-1所示。若按轴的长度和直径的比例来分，又可分为刚性轴（$L/d \leqslant 12$）和挠性轴（$L/d > 12$）两类。

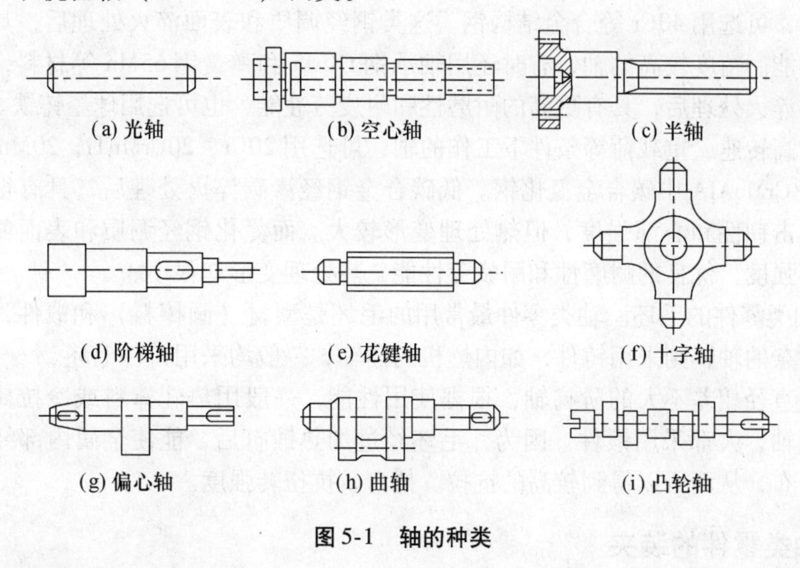

图5-1　轴的种类

2. 轴类零件的技术要求

（1）加工精度要求。

① 尺寸精度。轴类零件的尺寸精度主要指轴的直径尺寸精度和轴长尺寸精度。按使

用要求，主要轴颈直径尺寸精度通常为 IT9 ～IT6 级，精密轴颈为 IT5 级。轴长尺寸一般要求不高，通常规定为公称尺寸，按自由公差加工。对于阶梯轴的各台阶长度按使用要求可相应给定公差。

② 形状精度。轴类零件一般是用两个轴颈支承在轴承上，这两个轴颈称为支承轴颈。除了尺寸精度外，一般还对支承轴颈的圆度、圆柱度提出要求。对于一般精度的轴颈，几何形状误差应限制在直径公差范围内，或取轴颈公差的 1/2，而精度要求较高的支承轴颈、配合轴颈的圆度、圆柱度公差，根据使用情况不同，一般取 IT8 ～IT6 级。

③ 相互位置精度。轴类零件位置精度的普遍要求是保证配合轴颈（装配传动件的轴颈）相对于支承轴颈间的同轴度，以及内外圆柱面间的同轴度和轴向定位端面与轴心线的垂直度要求等。根据零件使用性能，一般取 IT9 ～IT5 级。

（2）表面粗糙度要求。

机器的精密程度不同，对轴类零件表面粗糙度的要求也不相同。一般情况下，支承轴颈的表面粗糙度 *Ra* 值为 0. 63 ～1. 6 μm；配合轴颈的表面粗糙度 *Ra* 值为 0. 63 ～2. 5 μm。一般表面表面粗糙度 *Ra* 值为 0. 8 ～6. 3 μm；轴向定位面、前端表面、短锥面的表面粗糙度 *Ra* 值为 0. 05 ～0. 8 μm。

3. 轴类零件的材料、毛坯和热处理

（1）轴类零件的材料及热处理。轴类零件应根据不同的工作条件选用不同的材料，采用不同的热处理规范（如正火、调质、淬火等），以获得一定的强度、韧性和耐磨性。

一般轴类零件常用 35、45、50 优质碳素钢，以 45 钢应用最广泛。45 钢经调质处理可得到较好的切削性能和较高的强度、韧性等综合机械性能。对于中等精度而转速较高的轴类零件，可选用 40Cr 等合金结构钢。这类钢经调质和表面淬火处理后，具有较高的综合机械性能。精度较高的轴，有时还用轴承钢 GCrl5 和弹簧钢 65Mn 等材料，它们通过调质和表面淬火处理后，具有更高的耐磨性和耐疲劳性能，也可选用球墨铸铁。

对于在高转速、重载荷等条件下工作的轴，可选用 20Cr，20CrMnTi，20Mn2B 等低碳合金钢或 38CrMoAIA 中碳合金氮化钢。低碳合金钢经渗碳淬火处理后，具有很高的表面硬度、耐冲击韧性和心部强度，但热处理变形较大。而氮化钢经调质和表面氮化后，有很高的心部强度、优良的耐磨性和耐疲劳性能，热处理变形却很小。

（2）轴类零件的毛坯。轴类零件最常用的毛坯是型材（圆棒料）和锻件，某些大型的、结构复杂的轴，则采用铸件，如内燃机的曲轴，一般均采用铸件毛坯。

光轴、直径相差不大的阶梯轴，根据使用性能，一般用热轧棒料或冷拉棒料。一般比较重要的轴，大都采用锻件。因为，毛坯经过加热锻打后，能使金属内部纤维组织沿表面均匀分布，从而可以得到较高的抗拉、抗弯及抗扭转强度。

5. 1. 2　轴类零件的装夹

1. 轴类零件的加工表面及定位装夹方式

轴类零件的加工表面大致包括：内、外圆柱面，内、外圆锥面，内、外螺纹，内、外花键，内、外键槽，径向孔，沟槽，端面，平面等。其常用装夹方式见表 5-1。

表 5-1 轴类零件的加工表面及一般定位装夹方式

表面类别	装夹方式	定位基准	表面类别	装夹方式	定位基准
内圆柱、内锥面、内螺纹	三爪卡盘；一夹一托；四爪卡盘	轴线（外圆柱面）	内、外键槽	V 形块；专用夹具	端面、轴线（外圆柱面）
外圆柱、外锥面、外螺纹	三爪卡盘；一夹一顶；一夹一托；双顶尖；锥堵；心轴；四爪卡盘	轴线（外圆柱面）	径向孔	V 形块、心轴	轴线（外圆柱面）
沟槽	V 形块；专用工装	轴线（外圆柱面）	端面	V 形块；专用机床	端面、轴线（外圆柱面）
内、外花键	V 形块；专用工装	轴线及端面	平面	V 形块；专用夹具	轴线（外圆柱面）
轴齿轮	双顶尖；专用工装	中心孔和端面；外圆和端面			

2. 用两中心孔定位装夹

在车、铣、磨等轴类零件最主要的加工工序中，最常见的安装方式是利用轴两端的中心孔定位装夹。这种方式既符合基准重合原则，又符合基准统一原则，有利于保证轴上各表面间的相互位置精度。有时，为提高装夹刚性，粗车时可采用一端三爪卡盘夹持外圆，一端顶尖支承的安装方式，但在半精加工、精加工及检验时应尽可能采用双顶尖安装方式，这样比较可靠。

以中心孔定位装夹加工轴类零件的回转面时，两中心孔的理论连线与理想的工件回转轴线相重合，工件的中心孔是轴类零件回转面统一的定位基准和检验基准，所以，它的质量非常重要。对中心孔的质量要求主要有以下几方面。

（1）两中心孔应同轴，并与工件毛坯轴线基本一致。两中心孔若不同轴，将造成中心孔与顶尖接触不良而造成变形、磨损，且造成工件圆度误差和同轴度位置误差。中心孔若与毛坯轴线一致可保证外圆加工余量均匀，如图 5-2 所示。

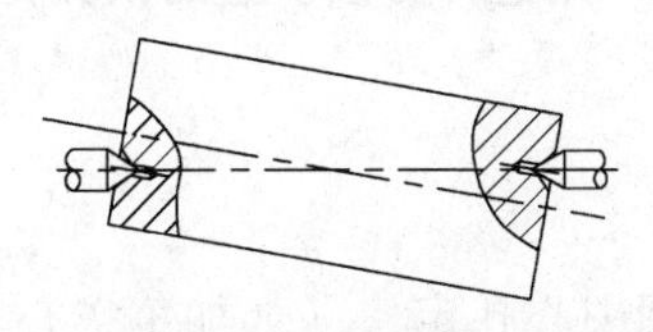

图 5-2 两中心孔不同轴时的安装情况

（2）60°锥面应有准确的锥角、一定的圆度和表面粗糙度。若中心孔的锥角与机床顶尖的锥角不一致或圆度误差大，顶尖与锥面接触不良，锥面容易磨损并造成工件定位不稳定，影响各表面的相互位置精度，圆度误差也会复映到工件上。中心孔锥面要求光整，粗加工时 Ra 不大于 2.5 μm，精加工时 Ra 不大于 1.25 μm，光整加工 Ra 不大于 0.63 μm。

（3）同一批零件中心孔的深度及两端中心孔间的距离应尽可能一致。用调整法加工时，若中心孔的深度不一致，会使每个工件在机床上的轴向位置不相同，无法保证轴向尺寸一致，在精加工时还可能使某些轴肩端面没有加工余量。中心孔一般在车床上加工，但大型工件毛坯可以先在铣床上铣端面，然后在钻床上钻中心孔。上述方法加工生产率和精度都较低，故一般适用于单件小批生产。在大批大量生产中，常采用专用设备加工中心孔。

中心孔在使用过程中的磨损和热处理后的变形都会影响轴的加工精度，故需热处理的轴在热处理工序后，以及表面位置精度较高的轴在精加工前，必须对中心孔进行修整。

经调质、正火或退火处理后的工件，其中心孔的修整可用复合中心钻复钻或在车端面时将原中心孔切除后重打。淬硬工件的中心孔常用以下方法修研。

① 用油石或橡胶砂轮研磨。先将圆柱形油石或橡胶砂轮夹在车床卡盘上（图 5-3），用装在刀架上的金刚笔将其前端修整成顶尖形状，然后将工件顶在油石或橡胶砂轮顶尖和车床尾顶尖之间，再加上少量润滑油，开动车床使油石或橡胶砂轮转动，用手把持工件，并使它连续而缓慢转动。这种研磨中心孔的方法效率高，简便易行，研磨后中心孔质量好。

② 用硬质合金顶尖刮研。把硬质合金顶尖的60°圆锥体修磨成角锥状，使圆锥面只留下4～6 条均匀分布的刃带（图5-4），这些刃带具有微小的切削作用，可对中心孔内锥面的几何形状作微量修整，又可起挤光作用，用这种方法刮研的中心孔表面粗糙度达 *Ra* 0. 8 μm 以下，精度较高，还具有工具寿命长，刮研效率比油石高的特点。

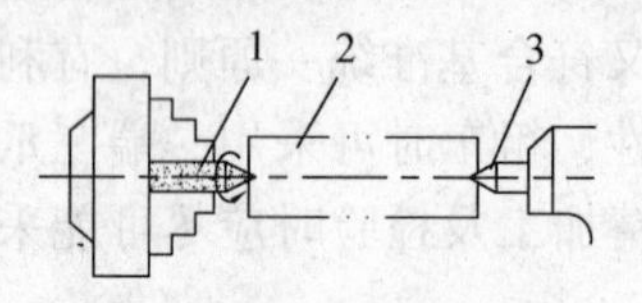

图 5-3　用油石研磨中心孔

1—油石；2—工件；3—尾座顶尖

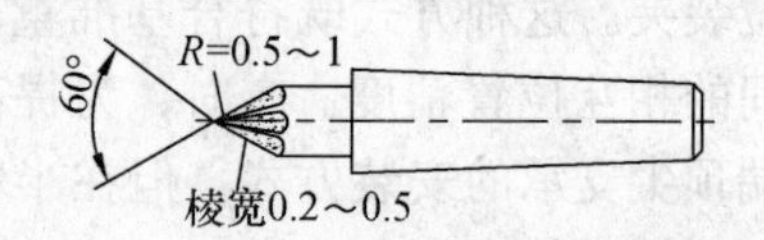

图 5-4　硬质合金刮研顶尖

③ 用中心孔磨床磨削。在中心孔磨床上，砂轮顶尖以 13 000 ～15 000 r/min 的转速磨削中心孔。这种方法效率高，磨后的中心孔质量好，但需专用机床。

④ 用铸铁顶尖研磨。可在车床或钻床上进行。研磨时应加适量的研磨剂（W10 ～W12 氧化铝粉和机油调和而成）。用这种方法研磨的顶尖孔精度较高，但研磨效率低，应用不多。

3. 用外圆表面定位装夹

对于粗加工外圆或不可能用中心孔定位（如加工空心轴的内孔）及其他不适宜用中心孔定位（如加工短小的轴）的情况，可用轴的外圆表面定位、夹紧，并传递切削扭矩。

粗加工外圆时，为了提高工件的刚度，则采用外圆表面作为定位基准面，或是以外圆和中心孔同作定位基准面，即“一夹一顶”的情况。

用外圆表面作为定位基准面时，“一夹”，常采用自动定心夹紧装置。最为常用的是三爪卡盘，其安装效率较高，夹持力大，但由于其本身的制造安装误差，定心精度不高(0. 05 mm 以上)，常用于短小零件的装夹。

六角车床和自动、半自动车床上常用弹簧夹头夹持外圆，能实现气、液夹紧，但定心精度也不太高。对批量较大的中小型轴，精加工时可采用液塑夹具、膜片卡盘或其他高精度定心夹具，如图 1-39、图 1-40 所示。

对于大型轴或单件生产中位置精度要求很高的轴，可采用四爪卡盘精心找正，能获得很高的定心精度。

轴类零件上平面、端面、键槽的加工多采用 V 形块定位，或用带有 V 形块的专用工艺装备定位夹紧。

4. 用各种堵头和拉杆心轴装夹

在加工空心轴的外圆表面时，如果通孔直径较小，可直接在孔口倒出宽度不大于 2 mm的 60°锥面，代替中心孔。但内孔较大时往往采用带中心孔的各种堵头或拉杆心轴安装工件。

当空心轴轴端有小锥度（如莫氏锥孔、1∶20 等）锥孔时，常使用锥堵，如图 5-5（a）所示。若轴端为圆柱孔时，也可采用小锥度的锥堵定位。当轴端为锥度较大的孔时（如锥度为 7∶22 和 1∶10 等），可用带锥堵的拉杆心轴，如图 5-5（b）所示。

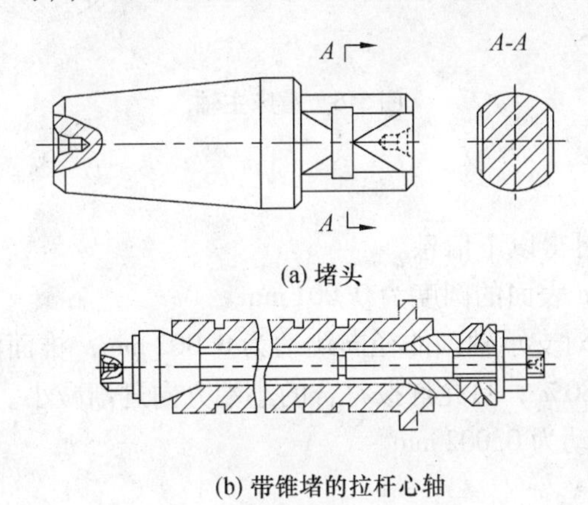

(a) 堵头

(b) 带锥堵的拉杆心轴

图 5-5　堵头和拉杆心轴

采用锥堵或拉杆心轴定位应注意以下问题。

① 锥堵应具有较高的精度，因为，锥堵的顶尖孔既是锥堵本身制造的定位基准，又是精加工主轴的精基准，所以要保证装入工件锥孔时锥堵上锥面与中心孔有较高的同轴度。

② 使用中，尽量减少锥堵或锥堵心轴的安装次数，因为锥孔与锥堵上锥角不可能完全一致，重新安装会引起安装误差，加工中小批量主轴时锥堵安装后中途不得更换，而是直至精加工外圆后再取出。

5. 1. 3　高精度磨床主轴零件的加工

如图 5-6 所示，该零件为磨床砂轮主轴，是一根高精度主轴，高速回转工作。该主轴选用优质氮化钢 38CrMoAIA，经退火、调质和氮化，要求心部硬度 HBS≤260，表层维氏硬度 HV 为 900，成批生产。

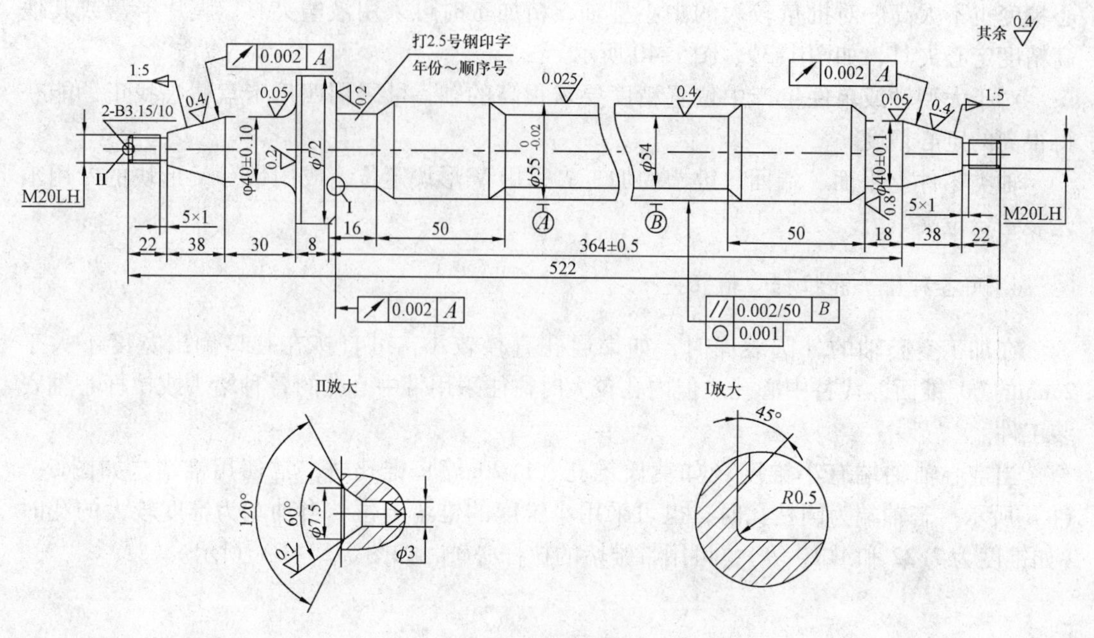

图 5-6　磨床主轴

1. 技术要求分析

从磨床主轴零件图可得以下信息。

① 支承轴颈 $\phi55$ mm 表面的圆度为 0.001 mm。

② 两处 1∶5 锥面相对支承轴颈的径向跳动为 0.002 mm；锥面涂色检验时，应均匀着色，接触面积不得小于 80%，只允许按符合的小端方向逐渐减小。

③ 前轴肩的端面跳动为 0.002 mm。

④ 材料：38CrMoAIA。

⑤ 热处理：除 M20 mm（左）、$\phi54$ mm 外，其余渗氮，渗氮层深度为 0.5 mm，表层维氏硬度为 900HV。

2. 毛坯的选择

由于该零件是重要的主轴零件，工作时受载较复杂，长径比偏大。根据其工作性能的要求，选择锻造毛坯。图 5-7 为锻件毛坯图，毛坯尺寸应根据《机械加工工艺设计手册》确定。

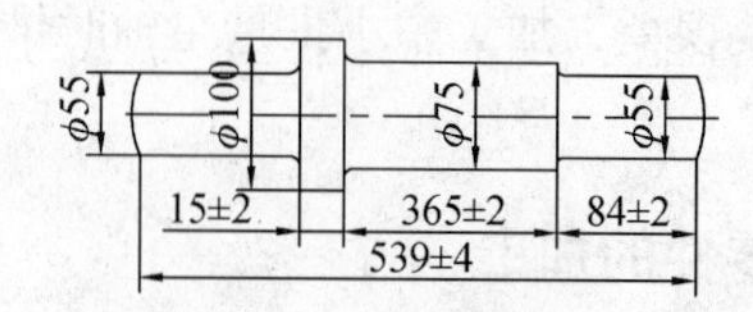

图 5-7　锻件毛坯图

3. 磨床主轴机械加工工艺过程

根据磨床主轴零件的性能及材料特点、技术要求等考虑磨床主轴机械加工工艺过程。表 5-2 为磨床主轴机械加工工艺过程。

表 5-2　磨床主轴机械加工工艺过程

序号	工序名称	工序内容	定位与夹紧
1	锻	锻造毛坯	
2	热处理	毛坯退火处理	
3	车	车两端面总长为 550 mm，打中心孔，粗车各外圆	一顶一夹
4	钳	在 550 mm 长工件两端面上用 2.5 号钢印打上年份及顺序号	
5	热处理	调质 HRC26～32，要求全长弯曲不大于 1 mm	
6	金相检查	(1) 割下右端 6 mm 试片，并在零件端面和试片外圆作相同编号	
		(2) 平磨试片两面，送进理化室作金相检查，若金相组织合格，允许下道工序继续加工，若金相组织不合格则工件退回到热处理工序重新调质	
		(3) 左端试片，是备用调质使用的	
7	车	车两端面总长为 524 mm，打中心孔，在端面上编写原编号	两端中心孔
		半精车各外圆，表面粗糙度 Ra 6.3 μm，其中 5 × 1 不加工	
8	钳	在轴端上编号，按图 5-6 所示位置，打年号及顺序号钢印	
9	研	研磨中心孔	
10	磨	粗磨 ϕ54 mm 外圆（严格控制锥度误差）	两端中心孔
		粗磨 $\phi 55_{-0.02}^{0}$ mm（两处），ϕ (40 ± 0.1) mm（两处）外圆及阶梯端面，表面粗糙度 Ra 0.8 μm，留余量 0.04～0.06 mm	
		粗磨 ϕ72 mm 至图样要求	
11	磨	粗磨 1∶5 圆锥（两处），表面粗糙度 Ra 1.6 μm，留余量 0.1 mm	两端中心孔
12	热处理	渗氮至要求，要求弯曲跳动小于 0.02 mm	
13	磨	磨两处 M20 外圆至 $\phi 20_{-0.20}^{-0.05}$ mm	两端中心孔
		磨去两端 1 mm 余量，保证尺寸 22 mm，总长 522 mm	
14	车	车槽 5 × 1 至图样要求	两端中心孔
		车两端 M20 左螺纹	
15	研	研磨中心孔	
16	磨	半精磨 ϕ54 mm	两端中心孔
		半精磨 $\phi 55_{-0.02}^{0}$ mm 至 $\phi 55_{+0.02}^{+0.03}$ mm 及阶梯端面，表面粗糙度 Ra 0.4 μm	
		半精磨 ϕ (40 ± 0.1) mm 至 $\phi 40_{+0.10}^{+0.15}$ mm 及阶梯端面，表面粗糙度 Ra 0.4 μm	

（续表）

序号	工序名称	工序内容	定位与夹紧
17	磨	半精磨1∶5圆锥（两处），表面粗糙度 Ra 0.8 μm，留余量0.05 mm	两端中心孔
18	研	研磨中心孔	
19	磨	精磨 $\phi55_{-0.02}^{0}$ mm 外圆（两处）至 $\phi55_{+0.003}^{+0.10}$ mm 及阶梯端面，表面粗糙度 Ra 0.2 μm	两端中心孔
		精磨 ϕ（40±0.1）mm 外圆（两处）至 $\phi40_{+0.03}^{+0.10}$ mm 及阶梯端面，表面粗糙度 Ra 0.2 μm	
20	磨	精磨1∶5圆锥（两处），表面粗糙度 Ra 0.4μm，注意保证364±0.5尺寸要求	两端中心孔
21	高精磨	超精磨削 $\phi55_{-0.02}^{0}$ mm（两处）、ϕ（40±0.1）mm 至图样要求	两端中心孔

4. *磨床主轴加工工艺过程分析*

① 加工阶段的划分。从上述磨床主轴加工工艺过程可以看出，根据粗、精加工分开的原则来划分加工阶段十分必要，因为多阶梯轴类零件其切削余量较大且不均匀，当经过粗加工切除大量金属以后，会引起内应力的重新分布而变形，影响加工精度。因此，在安排工序时，应将粗、精加工分开，先完成各表面的粗加工，再完成各表面的半精加工和精加工，主要表面的精加工放在最后进行，以避免破坏已有的加工精度。

主要表面的加工工序划分得很细，如支承轴颈 $\phi55_{-0.02}^{0}$ mm 表面经过粗车、精车、粗磨、半精磨、精磨、高精磨六道工序，逐步消除工件毛坯的复映误差，确保主轴轴颈的精度，其中还穿插一些热处理工序，以减少由于内应力所引起的变形。

$\phi72$ mm 外圆右端面的磨削，均放在 $\phi55_{-0.02}^{0}$ mm（二处）外圆磨后进行，有利于提高端面相对于外圆轴线的垂直度。

两端 M20mm 螺纹加工安排在精加工阶段中进行，一方面可避免过早地使主轴两端轴颈尺寸变小，降低工件刚度；另一方面两端 M20mm（左）不要求氮化，故氮化后安排一道工序磨螺纹外圆至尺寸，使外圆及端面的氮化层全部切除。

② 定位基准的选择。从图5-6可以看出，零件的设计基准为主轴的中心线，为了保证重要表面——支承轴颈 $\phi55_{-0.02}^{0}$ mm 与其他外圆的位置精度，各外圆的加工全部以工件的两个中心孔定位装夹，以统一的回转轴线为定位基准，最大限度地在一次装夹中加工出多个外圆，符合基准统一原则。而且为了保证和逐步提高支承轴颈 $\phi55_{-0.02}^{0}$ mm（二处）和其他外圆的形状与位置精度，在主轴的精加工过程中，用油石顶尖3次研磨中心孔。逐步降低中心孔的表面粗糙度，提高其接触精度。

精磨前可用千分表检验工件的形位公差，如超差，应检查中心孔，并再进行研磨。

③ 热处理工序的安排。为了保证氮化处理的质量和主轴精度的稳定，要合理地安排热处理工序。从工艺角度考虑，氮化处理前需安排调质和消除应力（正火或退火）两道预备热处理工序。调质处理对氮化主轴非常重要。因为对氮化主轴来说，不仅要求调质后获得均匀细致的索氏体组织，而且要求离表面8～10 mm的表面层内的铁素体含量不得

超过5%。表层铁素体的存在，会造成氮化脆性，引起氮化质量低劣。因此，氮化主轴在调质后，必须对每件试样进行金相组织的检查，不合格者不得转入下道工序加工，需对工件进行重新调质，直到符合要求为止。

要严格控制渗氮表面渗氮前的加工余量，一般情况下，渗氮前留加工余量为0.04～0.06 mm，这是因为渗氮层表面硬度变化梯度很大，渗氮后最外层表面硬度可达72HRC，而距表面层0.1 mm以下，硬度急剧下降至60HRC以下，为此，为了确保渗氮质量，严格控制渗氮表面渗氮前的加工余量小于0.1 mm是十分必要的。

5.1.4　高精度丝杠的加工

1. 丝杠的功用、分类与结构特点

丝杠既有轴类零件的加工特点，又具有一定的特殊性。丝杠是将旋转运动变成直线运动的传动零件，它不仅能准确地传递运动，而且也能传送一定的扭矩。所以，对其精度、强度、耐磨性和稳定性都有较高的要求。

丝杠的分类：按其摩擦特性，可分为滑动丝杠、滚动丝杠及静压丝杠三大类。其中滑动丝杠结构比较简单，容易加工，使用比较广泛。滚动丝杠摩擦因数小、制造精度高，适用于高精度、高转速的传动。静压丝杠可减少摩擦损失，用于重载大型机械传动。机床滑动丝杠的螺纹牙型大多采用梯形，这种螺纹牙型比三角形等距螺纹牙型的传动效率高、精度好、加工比较方便。

标准梯形螺纹的牙型角 α，一般等于30°，但对于传动精度要求高的丝杠，常以15°角减小，丝杠中径尺寸变化对螺距误差的影响也随之减小。

另外，滚珠丝杠螺纹牙型也有多种，应用更广泛的是双圆弧形，双圆弧形滚道接触刚度好、摩擦力小、承载能力强。

丝杠结构有整体式和接长式之分，一般情况下，丝杠为整体式。对于过长的丝杠(大于4 m)，由于受热处理与设备的限制，需采用分段加工，然后逐段连接成整体，称之为长丝杠。

2. 丝杠的技术要求

在JB 2886—81标准规定中，丝杠、螺母的精度根据使用要求共分为6个等级：4、5、6、7、8、9，精度依次降低。各级精度的丝杠，除规定有丝杠的大径、中径和小径的公差外，还规定了螺距公差、牙型半角的极限偏差、表面粗糙度、全长上中径尺寸变动量的公差、中径跳动公差。在JB 2886—81标准中规定了5～9级精度丝杠的主要技术要求。

螺距公差中，分别规定了单个螺距公差和在规定长度内螺距公差，以及在全长上的螺距累积公差，牙形半角的极限偏差随丝杠螺距增大而减小，表面粗糙度对大径、小径和牙侧面都分别提出了要求，一般精度越高，表面粗糙度越细；为了保证丝杠与螺母配合间隙的均匀性，在标准中规定了丝杠在全长上中径尺寸变动量公差；为了控制丝杠与螺母的配合偏心，提高位移精度，在标准中规定了丝杠中径跳动公差。

3. 丝杠的材料

为了保证丝杠的质量，丝杠材料要有足够的强度，以保证能传递一定的动力；金相组织，要有较高的稳定性，以保证丝杠在长期使用中保持原有的精度；具有良好的热处理工艺性，淬透性好，不易淬裂，热处理变形小，并能获得较高硬度。以保证丝杠在工作中的耐磨性；具有良好的可加工性，适当的硬度与韧性，以保证切削过程中不会因黏刀或啃刀而影响加工精度与表面质量。

一般丝杠可选用45号钢、50号钢调质处理。也可选用Y40Mn易切钢和具有珠光体组织的优质碳素工具钢T10A、T12A等。例如：T6110镗床和C6132车床的丝杠材料为45钢；CA6140车床的丝杠材料为Y40Mn易切钢；SG8630精密丝杠车床的丝杠材料为T10A（或T12A）。

重要传动中，要求耐磨性好时，可选用65Mn、40Cr、40CrMn淬火处理；丝杠受冲击载荷大时可选用18CrMnTi，表面渗碳处理；精密传动中，可选用9Mn2B、38CrMoAIA等作表面渗氮处理。

另外，中碳合金钢和微变形钢也常用作淬硬丝杠材料，如9Mn2V、CrWMn、GCrl5（用于小于ϕ50 mm）及GCrl5SiMn（用于大于ϕ50 mm）等。它们的淬火变形小，磨削时组织比较稳定，淬硬性也很好，硬度可达HRC58～62。尤其是9Mn2V是我国创造的新钢种，淬硬后比CrWMn钢具有较好的工艺性和稳定性，但淬透性不大，所以，一般用于直径小于ϕ50 mm的精密淬硬丝杠。CrWMn钢突出的特点是热处理后的变形小，适宜于制作高精度的零件（如高精度丝杠、块规、精密刀具、模具、量具等）。但是，它的热处理工艺性较差，容易热处理开裂，磨削工艺性也较差，易产生磨削裂纹。

4. 丝杠的加工工艺特点分析

（1）丝杠的加工工艺过程。

表5-3列举了普通车床丝杠的加工工艺过程，这种丝杠不需要淬硬，精度为8级。而表5-4列举了万能螺纹磨床丝杠的加工工艺过程，这种丝杠需要淬硬，精度为6级。其对应的零件分别如图5-8、5-9所示。

表5-3　普通车床丝杠的加工工艺过程

序号	工序名称	工序内容	定位基准
1	下料	锯棒料 ϕ35 mm × 1408	
2	热处理	正火，校直（径向圆跳动 <1.5 mm）	
3	粗车	车两端面，打中心孔	外圆表面
		外圆表面粗车各段外圆，各留2.5～3 mm的加工余量	中心孔
4	校直	热校直到径向圆跳动≤0.5 mm	
5	半精车	重车端面，保证总长 1403^{+2}_{-1} mm，重打中心孔	外圆表面
		半精车各段外圆，留磨削余量0.5～0.7 mm，切退刀槽至尺寸	中心孔

（续表）

序号	工序名称	工序内容	定位基准
6	粗磨	无心粗磨外圆	中心孔及端面
7	粗铣	旋风粗铣螺纹，留磨量 0.5～0.7 mm	中心孔
8	研	修研中心孔	外圆表面
9	精磨	中心精磨各段外圆	中心孔
10	精车	精车螺纹	中心孔
11	最终检验		

表 5-4 SA7512 型万能螺纹磨床丝杠的加工工艺过程（淬硬）

序号	工序名称	工序内容	定位基准
1	备料	锻造	
2	热处理	球化退火	
3	粗车	车两端面，打中心孔，长度方向留切除中心孔余量	外圆表面
		粗车各段外圆，并留加工余量	中心孔
4	高温时效	去应力退火（650℃）	
5	半精车	车端面，至总长尺寸，重打中心孔	外圆表面
		半精车各段外圆，留加工余量	中心孔
6	粗磨	粗磨外圆	中心孔
7	热处理	淬火—中温回火（250℃）—冷处理（-70℃）—回火（270℃）	
8	研磨	修整中心孔	外圆表面
	半精磨	半精磨外圆	中心孔
9	粗磨	粗磨螺纹槽，磨成矩形槽，磨出小径	中心孔
10	低温时效	人工时效（260℃）	
11	研磨	修研中心孔	外圆表面
12	精磨	精磨外圆	中心孔
13	半精磨	半精磨梯形螺纹，磨出梯形槽	中心孔
14	低温时效	人工时效（160℃）	
15	精研	精研中心孔	外圆表面
16	精磨	精磨外圆，除 ϕ45 mm 及 ϕ35 mm 外圆、64.5 mm 两阶梯面，其余均磨准尺寸	中心孔
17	精磨	精磨螺纹	中心孔
18	低温时效	人工时效（160℃）	
19	研磨	细研中心孔	外圆表面
20	精磨	终磨螺纹到尺寸	中心孔
21	精磨	终磨 ϕ45 mm 及 ϕ35 mm 外圆到尺寸，终磨 64.5 mm 两阶梯面	中心孔
22	终结检验		

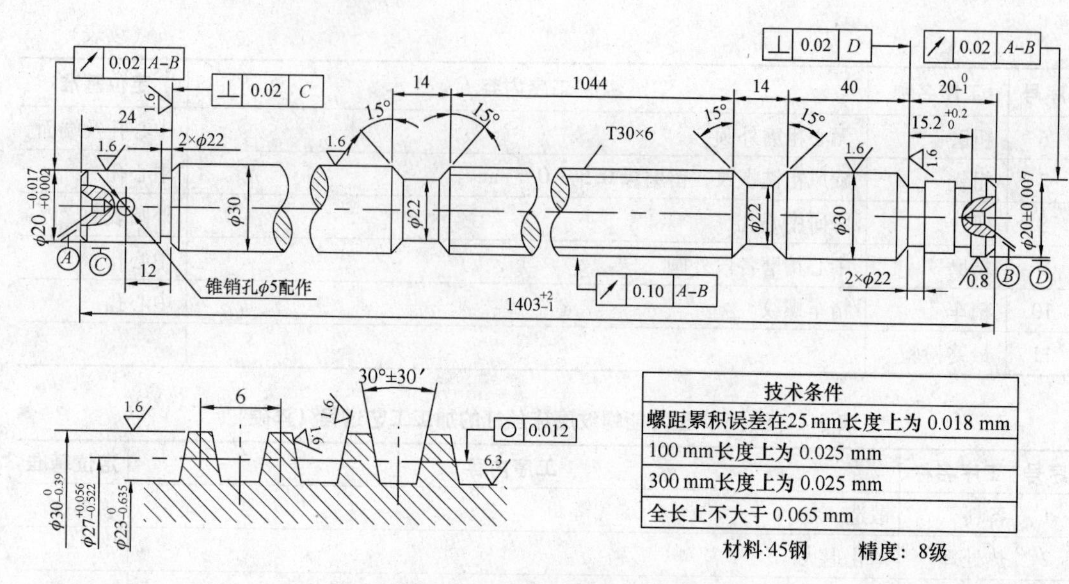

图 5-8　普通车床丝杠简图

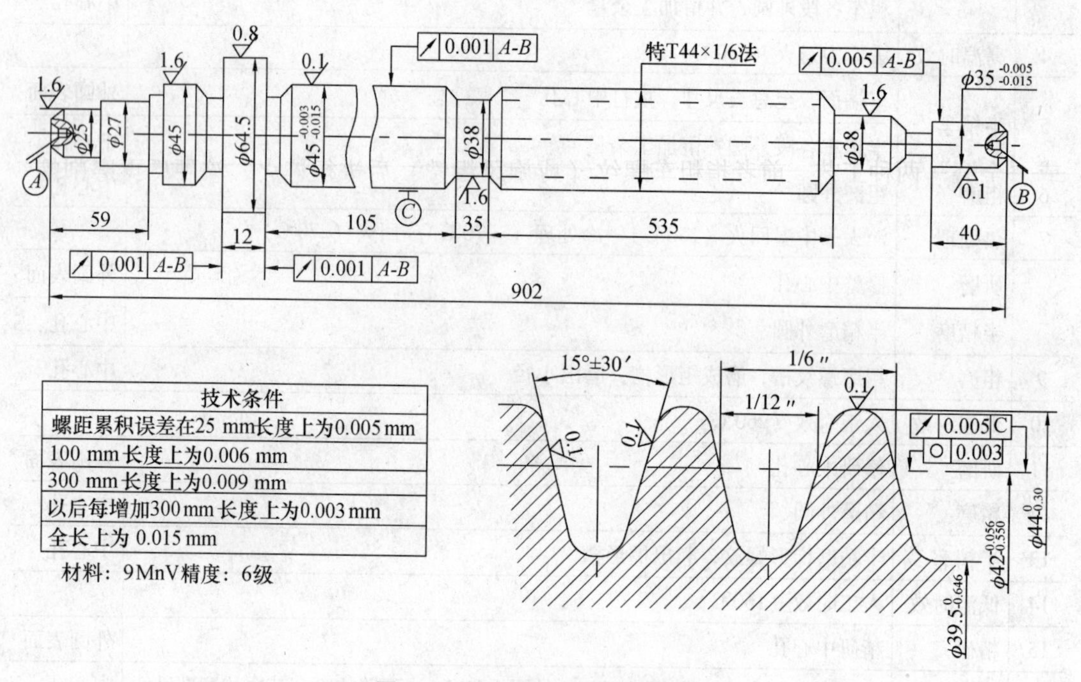

图 5-9　万能螺纹磨床丝杠简图

（2）丝杠的加工工艺分析。

① 定位基准的选择。

在丝杠的加工过程中，中心孔为定位精基准，外圆表面为辅助基准。但是，由于丝杠为柔性件，刚度很差。加工时外圆表面必须与跟刀架的爪或套相接触，因此，丝杠外圆表面本身的圆度以及与套的配合精度，要求较高。

对于不淬硬的精密丝杠，热处理后会产生变形，这一变形只许用切削的方法加以消除，不准采用冷校直。如图 5-10（a）所示，若光轴有 δ 的弯曲量，就要增加 2δ 的加工余量。在重新打中心孔前，如找出丝杠上径向圆跳动量为最大跳动量的一半的两点，用中心架支承这两点，并按这两点的外圆找正，切去原来的中心孔，重新打中心孔。则以新的中心孔定位时，弯曲光轴必须切去额外的加工余量，可减少到 δ，如图 5-10（b）所示。对于淬硬丝杠，只能采用研磨的办法来修正中心孔。

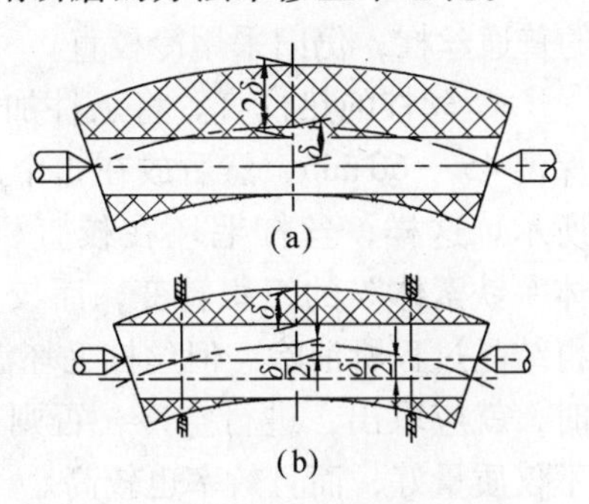

图 5-10　丝杠弯曲时的加工余量

② 加工工艺的特点。

a. 为了达到丝杠上的轴颈和螺纹表面的精度要求，外圆表面及螺纹分多次加工，逐渐减少切削力和内应力。

普通不淬硬丝杠一般采用车削工艺，对于淬硬丝杠螺纹加工，可采用“先车后磨”或“全磨”两种工艺。前者指粗车螺纹（或旋风粗铣）后进行淬火，淬硬后再磨削螺纹的过程，此过程可减少在螺纹磨床上的加工时间，较经济。但缺点是已开出基本牙型的螺纹在热处理中因淬火应力集中会引起裂纹和变形，特别是长度方向的变形会造成丝杠螺距的累积误差较大，在磨削时不易纠正，故此法只适用于长度较短、牙形半角较大的成批生产的淬硬丝杠。后者指直接在淬硬的光杠上先用单线或多线砂轮粗磨出螺纹，然后再用单线砂轮磨到最终尺寸，这样可避免淬火变形对磨螺纹工序的影响。目前国内采用较多的方案还是“先车后磨”。

但是，对于精密淬硬丝杠，应采用“全磨”的加工方案，即光杠经热处理后，不经车削，对螺纹全部采用磨削而成。考虑到加工中产生的弯曲和残余应力，磨削螺纹分成粗磨、半精磨和精磨多道工序完成，每道工序切去很少的余量，同时切削用量逐步减少，这样不但可以逐步减小切削力和残余应力，还可以减小加工的“误差复映”，提高加工精度。精密丝杠的最后终磨应在恒温室中进行，加强冷却措施（如采用均匀喷淋冷却液装置），加工后的测量也要用相应的精密测量仪器。

b. 在每次粗车外圆表面和粗切螺纹后都安排时效处理，以进一步消除切削过程中形成的内应力，避免以后变形。

c. 在每次时效后都要修磨中心孔或重打中心孔，以消除时效时产生的变形，使下一工序得以精确的定位。

d. 对于普通级不淬硬的丝杠，在工艺过程中允许安排冷校直工序，对于精密丝杠，则采用加大总加工余量和工序间加工余量的方法，逐次切去弯曲的部分，达到所要求的精度。

e. 在每次加工螺纹之前，都先精加工丝杠外圆表面，然后以两端中心孔和外圆表面作为定位基准加工螺纹。

③ 丝杠的校直。

在丝杠加工中应特别注意防止弯曲变形。丝杠的变形通常用两种方法校直：冷校直和热校直。如采用热校直，由于应力消除得比较彻底，则可省去多次冷校直和人工时效，大大地缩短了生产周期，提高了生产效率。但热校直需要专门的工艺装备，不如冷校直简单，因此，对于批量不大的普通丝杠，仍旧采用冷校直。

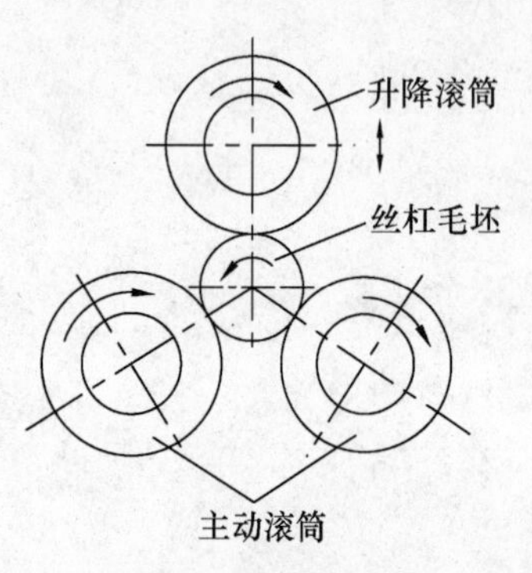

图 5-11　热校直示意图

a. 丝杠的热校直。将工件加热到正火温度 860～900℃，保温 45～60 min，然后放在 3 个滚筒中进行校直，如图 5-11 所示。这样，丝杠毛坯在校直机内可完成奥氏体向“珠光体 + 铁素体”的组织转变，而校直出现的应力，也就很快被再结晶过程所消除。但丝杠毛坯温度下降到 550～650℃左右时，就应取出，进行空冷，否则，就变成冷校直了。热校直不仅质量好，而且效率也较高。

b. 丝杠的冷校直。由表 5-3 中普通车床母丝杠的工艺过程可以看出，在粗加工及半精加工阶段都安排了校直工序。普通不淬硬丝杠允许冷校直，但冷校直后紧接着安排一次回火或人工时效处理，以消除冷校直带来的内应力。丝杠冷校直的方法：开始时由于工件弯曲较大，采用了压高点的方法。但在螺纹半精加工以后，工件的弯曲已比较小，所以可采用砸凹点的方法，如图 5-12 所示。该法是将工件放在硬木或黄铜垫上，使弯曲部分凸点向下，凹点向上，并用锤及扁錾敲击丝杠凹点螺纹小径，使其锤击丝杠面凹下处金属向两边延展，以达到校直的目的。

对于精密丝杠，决不允许冷校直，而是用加大总加工余量，多次加工的方法，逐步达到所要求的精度。

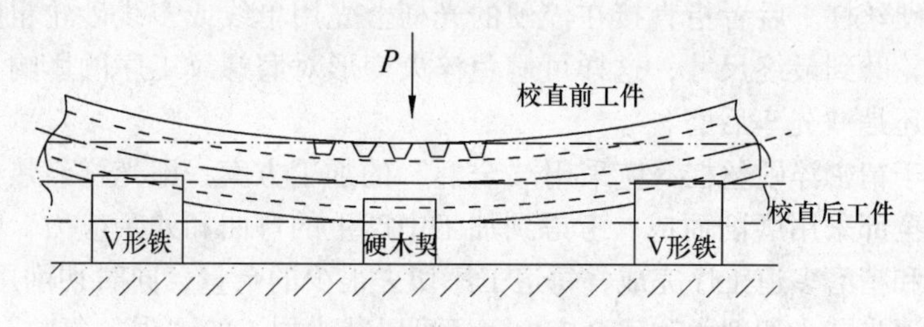

图 5-12　砸凹点校直示意图

④ 丝杠的热处理。

a. 毛坯的热处理工序。对毛坯进行热处理，目的是消除锻造或轧制时毛坯中产生的内应力，改善组织，细化晶粒，改善切削性能。

通常含碳量 0.25%～0.5% 的中碳钢，宜用正火；含碳量在 0.5%～0.8% 的亚共析钢及共析钢，宜用退火；而对于含碳量在 0.8%～1.2% 的过共析钢，由于其原始组织中常有粗片珠光体及网状渗碳体存在，硬度较高，故常采用球化退火的热处理工序。因此，材料为 45 钢的普通丝杠用正火处理；对于不淬硬丝杠材料 T10A 或淬硬丝杠材料 9Mn2V，都采用球化退火，以获得稳定的球状珠光体组织，晶粒较细，并消除碳化物网络，改善

切削性能，减小淬火变形和防止磨削裂纹的产生。

b. 丝杠加工过程的时效处理。在机械加工过程中安排时效处理，目的是消除内应力，促使工件充分变形。淬火后的冰冷处理，也称金属材料的定性处理，是为了使淬火残留的奥氏体较充分地转变为马氏体，从而避免丝杠在制造、存放、使用过程中缓慢变形。淬火产生内应力，丝杠的机械加工也会产生内应力，特别是螺纹切削工序，由于切削层较深，而且又切断了材料原来的纤维组织，造成内应力的重新平衡，所以引起的变形较大。但丝杠精度不同，时效处理次数也不相同，一般情况下，精度要求越高的丝杠，时效次数就越多。

5.2　套筒零件的加工

5.2.1　概述

1. 套筒的功用及结构特点

套筒零件是机械加工中常见的一种零件，它的应用范围很广，主要用来支承或导向。由于功用不同，其结构形状和尺寸有很大的差异。常见的有支承回转轴的各种形式的轴承圈、轴套、夹具上的导向套、内燃机上的气缸套以及液压系统中的油缸、电液伺服阀的阀套等，其大致的结构形式如图 5-13 所示。

套筒零件结构不同，功用各异，但在结构上仍有共同的特点：零件的主要表面为内、外旋转表面，同轴度要求较高；零件壁厚较薄易变形；零件的长度一般大于直径；结构比较简单等。

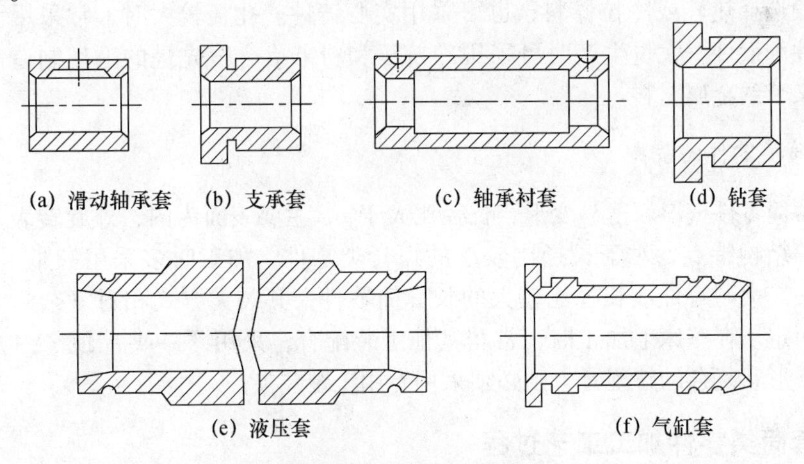

图 5-13　套筒零件示例

2. 套筒零件的技术要求

（1）内孔与外圆的尺寸精度要求。

内孔是套筒零件起支承或导向作用最主要的表面，它通常与运动着的轴、刀具或活塞相配合。内孔直径的尺寸精度一般为 IT6 ～ IT7，要求较低的，可取 IT9。如油缸、气缸体等，由于与其相配的活塞上有密封圈，要求相对较低。外圆表面是套筒零件的支承表面，常以过盈配合或过渡配合同箱体或机架上的孔相连接。外径的尺寸精度通常为IT6～IT9。

(2) 几何形状精度要求。

通常将套筒类零件的外圆与内孔的几何形状精度控制在直径公差以内即可；对精密轴套，有时控制在孔径公差的1/2～1/3，甚至更严格。对较长套筒，除圆度有要求以外，还应有孔的圆柱度要求。套筒类零件外圆形状精度一般应在外径公差内。

(3) 位置精度要求。

位置精度要求主要应根据套筒类零件在机器中的机械性能而定。如果内孔的最终加工是将套筒装入机座后进行（如连杆小端衬套），套筒内外圆间的同轴度要求较低。如最终加工是在装配前完成则要求较高，一般为0.01～0.05 mm。

套筒的端面（包括凸缘端面）如工作中承受轴向载荷，或虽不承受载荷，但安装或加工中作为定位面时，端面与孔轴线的垂直度要求较高，一般为0.02～0.05 mm。

(4) 粗糙度要求。

为保证零件的功用和提高其耐磨性，内孔表面粗糙度 *Ra* 值一般为0.16～2.5 μm，有的要求更高，表面粗糙度 *Ra* 值为0.04 μm。外圆表面粗糙度 *Ra* 值通常为0.63～6.3 μm。

3. 套筒零件的材料与毛坯

套筒零件一般是用钢、铸铁、青铜或黄铜等材料制成。有些滑动轴承采用双金属结构，即用离心铸造法在钢或铸铁套的内壁上浇注巴氏合金等轴承合金材料，这样既可节省贵重的有色金属，又能提高轴承的寿命。

套筒零件的毛坯选择与其材料、结构和尺寸等因素有关。孔径较小（如D < 20 mm）的套筒一般选择热轧或冷拉棒料，也可采用实心铸件。孔径较大时，常采用无缝钢管或带孔的铸件和锻件。大量生产时可采用冷挤压和粉末冶金等先进的毛坯制造工艺，既提高生产率又节约金属材料。

4. 套筒类零件的装夹

根据套筒零件壁厚较薄易变形，长径比大于1，主要表面为内、外旋转表面且同轴度要求较高等结构特点，对于长径比较小的短套类零件，加工时多采用三爪卡盘、锥堵、心轴等装夹。大型零件或长径比较大的长套筒零件，其装夹方式相对复杂，应视具体的工艺要求而定。在车床上加工时，常与其他工装配合，采用“一夹一顶、一夹一托”的方式装夹。形状复杂的特型套，则必须采用专用工装装夹。

5.2.2 套筒类零件加工工艺过程

一般套筒零件机械加工中的主要工艺问题，是保证内、外圆的相互位置精度，即保证内、外圆表面的同轴度、轴线和端面的垂直度要求和防止变形。

套筒零件由于功用、结构形状、材料、热处理及尺寸不同，其加工工艺差别较大。通常将套筒零件分为短套筒（如钻套）和长套筒两类。短套筒通常可在一次装夹中完成内、外圆表面及端面加工（车或磨），工艺过程较为简单，而长套筒加工工艺与短套筒相比则较为复杂。

1. 轴承套加工工艺过程

图5-14所示为一轴承套，属短套筒类零件。材料为ZQSn6-6-3，批量生产。

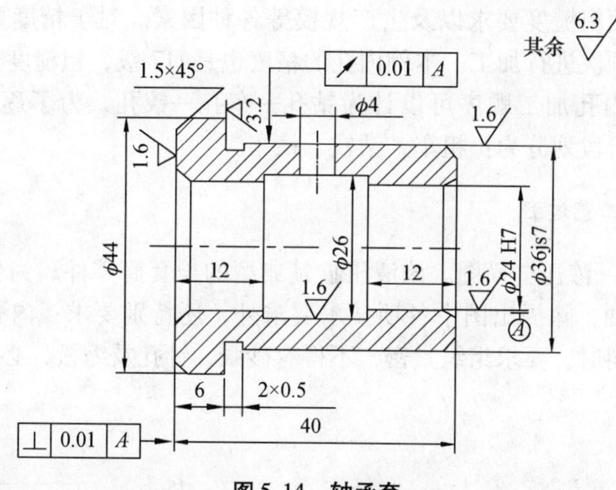

图5-14　轴承套

（1）轴承套结构及技术要求。

ϕ24H7 mm孔和ϕ36js7 mm外圆是工作主回转面，精度等级均为7级，要求有较细的表面粗糙度，有需要加工的径向孔。ϕ36js7 mm外圆对ϕ24H7 mm孔的径向圆跳动公差为0. 01 mm；左端面对ϕ24H7孔的轴线垂直度公差为0. 01 mm。由此可见，该零件的内孔和外圆的尺寸精度和位置精度要求均较高，其机械加工工艺过程如表5-5所示。

表5-5　轴承套零件的加工工艺过程

序号	安装	工序内容	工　步	定位与夹紧	设备
1		备料	（棒料ϕ45×230 mm，按5件合1下料）		锯床
2	2	粗车	（1）车端面，打中心孔 （2）车另一端面，取总长40. 5 mm，打中心孔	外圆	打中心孔机床（车床）
3	1	粗车	车ϕ44 mm到尺寸，长度为6.5 mm，车ϕ36js7 mm为ϕ37 mm，车退刀槽2×0. 5 mm	中心孔	车床
4	1	钻孔	钻孔ϕ24H7 mm至ϕ22 mm	端面	钻床，专用夹具（或车床）
5	1	车、铰	（1）车端面，取总长40 mm （2）车内孔ϕ24H7 mm至$\phi 24^{\ 0}_{-0.08}$ mm，车内槽ϕ26×16 mm至尺寸 （3）铰孔ϕ24H7 mm至终加工尺寸 （4）孔两端倒角	ϕ44 mm外圆	车床
6	1	精车	车ϕ36js7 mm至尺寸	ϕ24H7孔心轴	车床
7	1	钻	钻径向孔ϕ4 mm	心轴，外圆面	钻床
8		最终检验			

（2）加工工艺分析。

该轴承套的材料为ZQSn6-6-3，外圆表面为IT7级精度，粗糙度 Ra 的值为1.6 μm，采用精车可满足要求。孔加工方法的选择比较复杂，需要考虑零件结构特点、孔径大小、长径比、精度和表面粗糙度要求以及生产规模等各种因素。对于精度要求较高的孔往往需要采用几种方法顺次进行加工。本例内孔的精度也是IT7级，粗糙度 Ra 的值为1.6 μm，铰孔可满足要求，内孔加工顺序可设计为钻孔—车孔—铰孔。为了逐步减小加工误差，分阶段加工，加工阶段划分为：粗车、钻铰、精车。

2. 液压缸加工工艺过程

图5-15所示为一液压缸简图。该液压缸是典型的长套筒零件。为保证活塞在液压缸内移动顺利且不漏油，除提出图中各项技术要求外，还特别要求：内孔必须光洁无纵向划痕；若为铸铁材料时，要求组织紧密，不得有砂眼、针孔及缩松，必要时使用泵检漏。

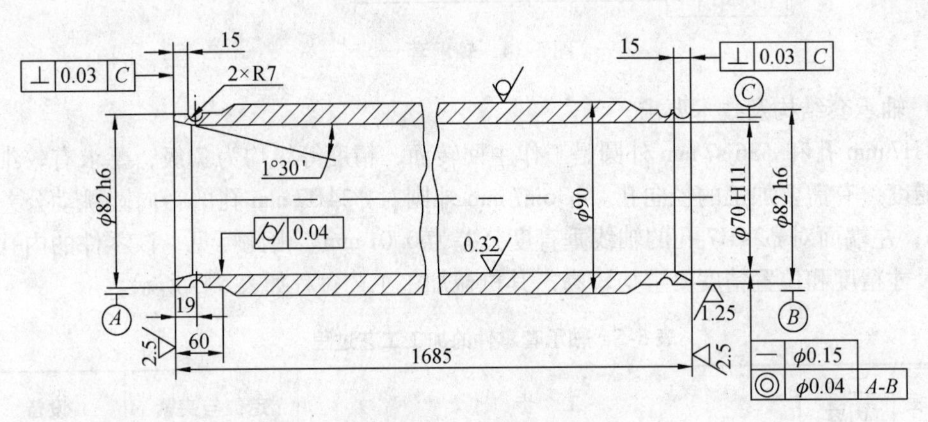

图5-15 液压缸简图

（1）液压缸加工工艺过程。

生产类型为成批生产，液压缸加工工艺过程如表5-6所示。

表5-6 液压缸加工工艺过程

序号	工序名称	工序内容（工步）	定位与夹紧	设备
1	备料	无缝钢管切断		锯床
2	车	（1）车 φ82 mm外圆到 φ88 mm （2）车螺纹M88×1.5 mm（工艺螺纹） （3）车端面及倒角 （4）掉头车外圆 φ82 mm到 φ84 mm （5）车端面及倒角取总长1686 mm（留加工余量1 mm）	一夹一顶（大头顶尖） 一夹一顶（大头顶尖） 一夹一托 φ88 mm处 一夹一顶（大头顶尖） 一夹一托 φ88 mm处	车床

（续表）

序号	工序名称	工序内容（工步）	定位与夹紧	设备
3	深孔推镗	（1）半精推镗孔到 $\phi68$ mm （2）精推镗孔到 $\phi69.85$ mm （3）精铰（浮动镗刀镗孔）到 ϕ（70 ± 0.02）mm，表面粗糙度 Ra 值为 2.5μm	M88 × 1.5 mm 工艺螺纹处固定在夹具中，另一端搭中心架	镗床
4	滚压孔	用滚压头滚压孔至 $\phi70^{+0.20}_{0}$ mm，表面粗糙度 Ra 值为 0.32 μm	同上	车床
5	车	（1）车去工艺螺纹，车 $\phi82h6$ mm 到尺寸，切 $R7$ mm 槽 （2）镗内锥孔 1°30′及端面 （3）掉头车 $\phi82h6$ mm 到尺寸 （4）镗内锥孔 1°30′及端面，取总长 1 685 mm	一夹一顶（软爪） 一夹一托（找正） 一夹一顶（软爪） 一夹一托（找正）	车床
6	终检			

（2）液压缸加工工艺分析。

① 定位基准选择。长套筒零件的加工中，为保证内外圆的同轴度，在加工外圆时，一般与空心主轴的安装相似，即以孔的轴线为定位基准，用双顶尖顶孔口棱边或一头夹紧一头用顶针顶孔口；加工孔时，与深孔加工相同，一般采用夹一头，另一头用中心架托住外圆。作为定位基准的外圆表面为已加工表面，以保证基准精确。

② 加工方法选择。液压缸零件，因孔的尺寸精度要求不高，但为保证活塞与内孔的相对运动顺利，对孔的形状精度和表面质量要求较高。因而终加工采用滚压以提高表面质量，精加工采用镗孔和浮动铰孔以保证较高的圆柱度和孔的直线度要求。由于毛坯采用无缝钢管，毛坯精度高，加工余量小，内孔加工时，可直接进行半精镗。该孔的加工方案为：半精镗—精镗—精铰—滚压。

③ 夹紧方式选择。该液压缸壁薄，采用径向夹紧易变形。但由于轴向长度大，加工时需要两端支承，因此经常要装夹外圆表面。为使外圆受力均匀，先在一端外圆表面上加工出工艺螺纹，使下面的工序都能有工艺螺纹夹紧外圆，当最终加工完孔后，再车去工艺螺纹达到外圆要求的尺寸。

5.2.3　保证套筒表面位置精度的方法

从图 5-14、图 5-15 的加工工艺过程分析可以看出，套筒零件内外表面间的同轴度以及端面与孔轴线的垂直度，一般均有较高的要求。为保证这些要求通常可采用下列方法。

1. 在一次安装中完成内外表面及端面的全部加工

这种方法消除了工件的安装误差。所以可获得很高的相对位置精度。但是，这种方法的工序比较集中，对于尺寸较大（尤其是长径比较大）的套筒也不便安装，故多用于尺寸较小的轴套的车削加工。

2. 套筒主要表面加工分在几次加工中进行

先终加工孔，然后以孔为精基准最终加工外圆。这种方法由于所用夹具（心轴）结构简单，且制造和安装误差较小，因此可保证较高的位置精度，在套筒加工中一般多用这种方法。如果先终加工外圆，然后以外圆为精基准最终加工内孔，这种方法工件装夹迅速可靠，但因一般卡盘安装误差较大，加工后工件的位置精度较低。欲获得较高的同轴度，则必须采用定心精度高的夹具，如弹性膜片卡盘、液性塑料夹头，经过修磨的三爪卡盘和“软爪”等。

3. 减小和防止套筒变形的工艺措施

套筒零件的结构特点是孔壁一般较薄，加工中常因夹紧力、切削力、内应力和切削热等因素的影响而产生变形。为减小和防止变形，工艺上常采用以下措施。

（1）粗、精加工分开。为减小切削力和切削热对加工精度的影响，应将粗、精加工分开进行，使粗加工产生的变形在精加工过程中得以纠正。

（2）采用可行的工艺措施。为减少夹紧力产生的套筒变形，工艺上可采用以下措施。

① 改变夹紧力的方向，即将径向夹紧改为轴向夹紧。变径向夹紧为轴向夹紧需要按外圆或内孔找正后，在端面或外圆台阶上施加轴向夹紧力。

② 使用过渡套或弹簧套夹紧工件。当需要径向夹紧时，为减小夹紧变形和使变形均匀应尽可能使径向夹紧力沿圆周分布均匀，加工中用过渡套或弹簧套来满足要求。

③ 制造工艺凸边或工艺螺纹。工艺凸边也可提高工件被夹紧部位的刚度，工艺螺纹可使夹紧力均匀，它们都可以减小夹紧变形。

（3）合理安排热处理。为减小热处理的影响，热处理工序应置于粗、精加工之间进行，以便使热处理引起的变形在精加工中予以纠正。套筒零件热处理一般产生较大的变形，所以精加工的工序加工余量应适当放大。

5.3 箱体零件加工

5.3.1 概述

1. 箱体零件的功用与结构特点

（1）功用。箱体零件是机器或部件的基础零件，它将机器或部件中的有关各零件组装在一起，并使其保持正确的相互位置，按照规定的传动关系协调地运动。因此，箱体的加工质量直接影响着机器的性能、精度和使用寿命。

（2）结构特点。箱体零件的种类很多，常见的箱体有：机床主轴箱、机床进给箱、变速箱体、减速箱体、发动机缸体和机座等。图 5-16 是几种常见箱体的结构简图。

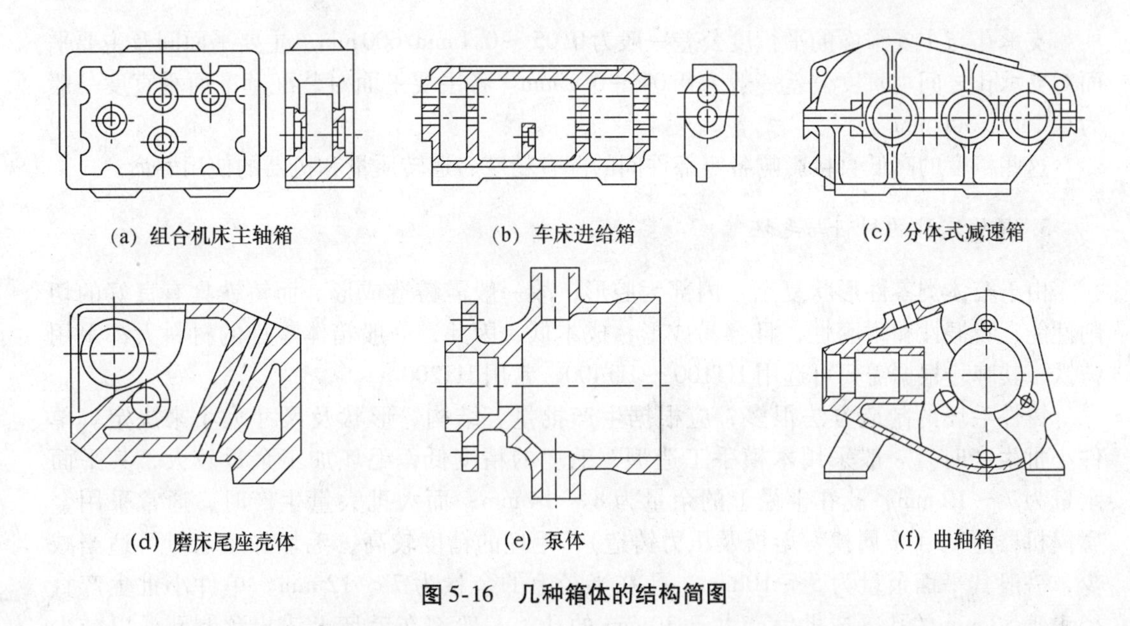

(a) 组合机床主轴箱　　(b) 车床进给箱　　(c) 分体式减速箱

(d) 磨床尾座壳体　　(e) 泵体　　(f) 曲轴箱

图 5-16　几种箱体的结构简图

由 5-16 图可见，箱体的结构形状一般都比较复杂，壁薄且不均匀，内部呈腔形，还具有精度要求较高的孔、孔系及平面，也有许多精度要求较低的紧固孔。因此，一般情况下，箱体的加工表面较多、加工难度高、劳动量大。

2. 箱体零件的主要技术要求

(1) 孔的尺寸、几何形状精度和表面粗糙度。

箱体上的轴承支承孔的尺寸精度、形状精度和表面粗糙度对轴承的配合质量有很大影响，一般都要求较高，否则，将降低轴的回转精度，对传动件（如齿轮）的振动和噪声，以及轴承的使用寿命都有很大影响。一般机床主轴箱的主轴支承孔的尺寸精度为 IT6，表面粗糙度值 *Ra* 为 0. 32 ～0. 63 μm，其余支承孔尺寸精度为 IT6 ～IT8，表面粗糙度 *Ra* 值为 0. 63 ～2. 5 μm。孔的形状精度，凡未作特殊规定的，一般控制在其尺寸公差范围之内。

(2) 主要平面的形状精度和表面粗糙度。

箱体的主要平面是指装配基准面，和加工时的定位基面，它们的精度将直接影响箱体加工时的定位精度、箱体与机座装配后的接触刚度和相互位置精度。所以，要求有较高的平面度和较细的表面粗糙度。一般箱体主要平面的平面度在 0. 03 ～0. 1 mm，*Ra* 值为 0. 63 ～3. 2 μm。

(3) 主要孔、孔与平面、平面与平面间的相互位置精度。

同轴线的孔应有一定的同轴度要求，如果同轴度误差超差，会使轴和轴承装配不正，从而造成主轴径向圆跳动和轴向圆跳动，加剧轴承磨损。同轴线孔的同轴度公差一般为 0. 01 ～0. 04 mm。孔系之间的平行度误差会影响齿轮的啮合质量，因此，各平行孔之间也应有一定的孔距尺寸精度及平行度要求。一般孔距公差为 0. 05 ～0. 12 mm，平行度公差应小于孔距公差，一般在全长上取 0. 04 ～0. 1 mm/300 mm。

支承孔与主要平面的平行度公差一般为0.05～0.1 mm/600 mm。主要平面间及主要平面对支承孔之间垂直度公差一般为0.04～0.1 mm。各主要平面对装配基准面垂直度一般为0.1 mm/300 mm。

这些精度的高低直接影响各零部件间的配合精度、运转质量和机器的使用寿命。

3. 箱体零件的材料与毛坯

由于箱体类零件形状复杂，内部为腔形，故一般需铸造成形。而铸铁具有良好的切削性能、吸振性和耐磨性，且容易成形，成本低，因此，一般箱体零件的材料大都采用铸铁，其牌号根据需要可选用HT100～HT400，常用HT200。

铸件毛坯的制造方法很多，应根据生产批量、结构、形状及尺寸大小来决定。单件小批生产时，一般采用木模手工造型，毛坯的精度低，毛坯加工余量较大，其平面余量为7～12 mm，孔在半径上的余量为8～14 mm；而大批大量生产时，通常采用金属模机器造型（金属模、熔模及压力铸造），毛坯的精度较高，毛坯加工余量可适当减少，一般其平面余量为5～10 mm，孔在半径上的余量为7～12 mm。单件小批生产直径大于50 mm的孔，成批生产大于30 mm的孔，一般都在毛坯上铸出预制孔，以减少加工余量。

在结构比较简单、单件小批生产情况下，为了缩短生产周期，也可采用钢板焊接或装配式结构。在某些特定条件下，也有采用其他材料的，如飞机发动机箱体，为了减轻重量，常用镁铝合金制造。

4. 箱体零件的结构工艺性

箱体的结构形状比较复杂，加工的表面多、要求高，机械加工的工作量大，注意箱体的结构，使其具有较好的结构工艺性，对提高产品质量，降低成本和提高劳动生产率都有重要的意义。以下就几个主要方面讨论箱体的结构工艺性问题。

（1）箱体的基本孔的结构工艺性。

箱体的基本孔可分为通孔、阶梯孔、盲孔和交叉孔等几类。

① 通孔：当孔的长度 L 与孔径 D 之比 $L/D \leqslant 1 \sim 1.5$ 时，工艺性最好。当 $L/D > 5$ 时，称为深孔。深孔的精度要求较高、表面粗糙度要求较细时，加工就比较困难。

② 阶梯孔：阶梯孔的工艺性较通孔差，尤其当两孔的直径相差很大而其中小孔又小时，工艺性就更差。

③ 盲孔：盲孔的工艺性很差，因为加工盲孔时，刀具位置不便观察，通常要用手动进给镗孔，或用特殊结构的铰刀才能铰孔，且内端面的加工特别困难。因此常将箱体的盲孔钻通而改成阶梯孔，以改善其工艺性。

④ 交叉孔：交叉孔的工艺性也较差，如图5-17（a）所示，当刀具加工到交叉口处时，由于不连续切削，容易使孔的轴线偏斜和损坏刀具，而且还不能采用浮动刀具加工。为了改善其工艺性，可将 ϕ70 mm的毛坯孔不铸通，如图5-17（b）所示，并且先加工完 ϕ100 mm孔后再加工 ϕ70 mm孔。

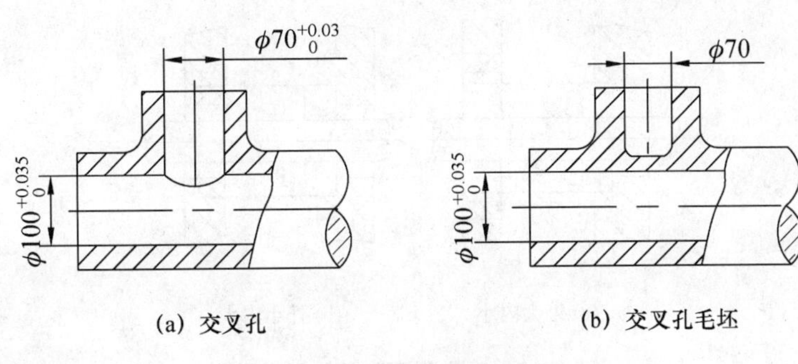

图 5-17　交叉孔的结构工艺性

（2）同轴孔的工艺性。

箱体上同一轴线上各孔的孔径排列方式有 3 种，如图 5-18（a）、（b）、（c）所示。

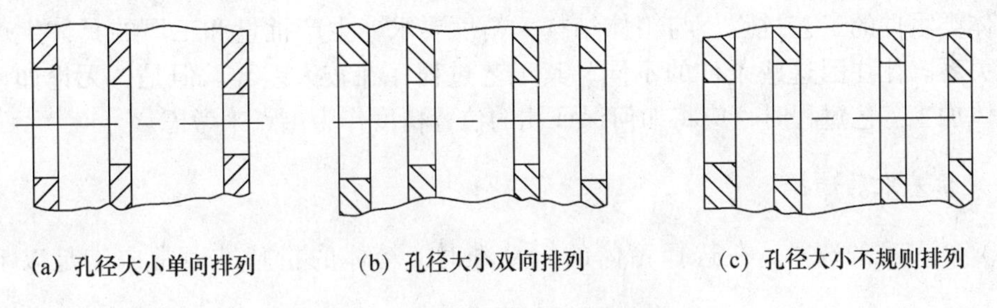

(a) 孔径大小单向排列
(b) 孔径大小双向排列
(c) 孔径大小不规则排列

图 5-18　同轴线上孔径的排列方式

图 5-18（a）为孔径大小向一个方向递减，且相邻两孔直径之差大于孔的毛坯加工余量，这种排列方式便于镗杆和刀具从一端伸入，逐个加工或同时加工同轴线上的几个孔，使各孔得到较高的同轴度。但箱体尺寸不宜过大，以避免镗杆刚性过差。适用于单件和中、小批生产。

图 5-18（b）为孔径大小从两边向中间递减，便于采用组合机床从两边同时加工，使镗杆的悬伸长度大大减短，提高了镗杆的刚度，生产率高，适用于大批量生产。单件生产，可采用调头镗孔，但同轴度较难控制。

图 5-18（c）为孔径大小不规则排列，工艺性差，生产中应尽量避免。因为在这种情况下，刀杆伸入箱体后才能在内腔内装刀和对刀，退刀也不方便，测量孔径时也很麻烦。

（3）箱体外壁上的凸台和内壁的结构工艺性。

箱体外壁上的凸台应尽可能在同一平面上，以便一次走刀加工出来。箱体内壁加工比较困难，如果结构上要求必须加工时，应尽可能使内端面孔径尺寸小于刀具需穿过之孔加工前的直径，如图 5-19（a）所示。否则，如图 5-19（b）所示，加工时需将镗杆伸进箱体后才能装刀；镗杆退出前又需先将刀片卸下，工作很不方便。当内端面尺寸过大时，还需采用专用径向进给装置。

（4）箱体上连接孔的工艺性要求。

箱体上的紧固孔和螺纹孔的尺寸、规格应尽量一致，以减少刀具数量和换刀次数，从而提高效率，降低成本。此外，箱体装配基面的尺寸应尽可能大，形状应力求简单，以利于加工、装配和检验。

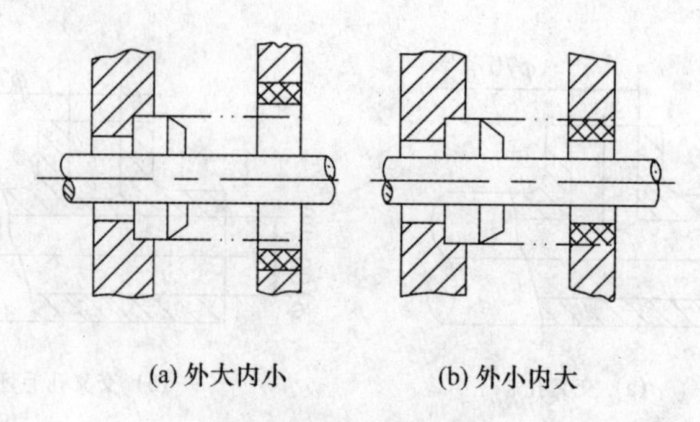

(a) 外大内小　　(b) 外小内大

图 5-19　孔内端面的结构工艺性

5.3.2　箱体类零件加工工艺特点

箱体类零件的工艺过程，与箱体结构，精度要求，生产批量和工厂的具体生产条件有很大关系。往往因这些条件的不同，其工艺过程存在较大差异。但是，无论如何，在制定箱体加工工艺过程时，应将如何保证孔的位置精度作为重点来考虑。

1. 定位基准的选择

（1）粗基准的选择。在选择箱体的粗基准时，箱体的粗基准通常应满足以下几点要求：

① 在保证各加工面均有加工余量的前提下，应使重要孔的加工余量尽量均匀；

② 装入箱体内的旋转零件应与箱体内壁有足够的间隙；

③ 保证箱体必要的外形尺寸及定位夹紧可靠。

为了满足上述要求，箱体类零件一般都选择重要孔为粗基准，这是因为重要孔自身的精度要求最高。中小批量生产时，由于毛坯精度较低，一般采用划线装夹，加工箱体平面时，按划线找正加工，来体现以重要孔为粗基准。大批量生产时由于毛坯精度较高，可以直接在夹具上以主轴孔定位、装夹。

（2）精基准的选择。箱体上孔与孔、孔与平面及平面与平面之间都有较高的尺寸精度和相互位置精度要求，这些要求的保证与精基准的选择有很大关系。为此，通常优先考虑“基准统一”原则，使具有相互位置精度要求的大部分加工表面的大部分工序，尽可能用同一组基准定位，以避免因基准转换过多而带来累积误差，有利于保证箱体各主要表面的相互位置精度；并且，由于多道工序采用同一基准，使所用的夹具具有相似的结构形式，可减少夹具设计与制造工作量，对加速生产准备工作，降低成本也是有益的。在实际生产中箱体精基准一般有两种不同的选择。

① 以装配基面作定位精基准。装配基面指箱体的底面和导向面，它们是箱体主要孔的设计基准，且和其他平面和支承孔有一定的位置关系，选它作精基准，不仅基准重合，而且基准统一，有利于保证各表面相互位置精度和简化各工序夹具设计，而且定位面积大、精度高、稳定可靠。

但这种定位方式也有不足之处。当箱体的中间隔壁上有较高精度的支承孔需要加工时，为提高刀具系统的刚度，应当在箱体内腔的相应部位设置镗杆导向支承套。但由于

此时箱口朝上，箱体底部封闭，则导向支承架只能悬挂着从箱体顶面开口处伸入内腔，这样不但刚性差、定位精度低，而且工件和支承架的装卸也很不方便，即影响加工精度又影响生产率。所以只能用于小批量生产。

② 以“一面两孔”作定位精基准。在大批量生产和加工中间隔壁上有孔的箱体零件时，常以箱体顶面和顶面上两个工艺销定位的方法，如图5-20所示。这时箱口朝下，中间导向支承架可固定在夹具上，刚性好，制造精度高，工件装卸方便，夹具结构简单、紧凑。

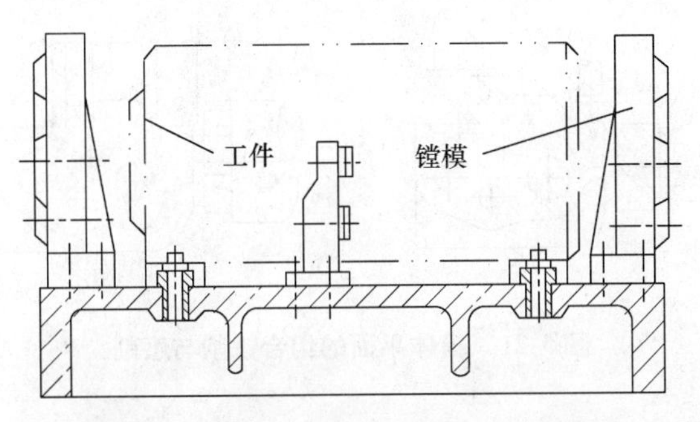

图5-20 用箱体顶面及两销定位的镗模

这种定位方式的缺点是：由于定位基准与设计基准不重合带来了基准不重合误差，定位孔与定位销之间的间隙引起了基准位移和转角误差，因此必须提高箱体顶面的加工精度，并且定位销孔也应有较高的加工精度，此外，因箱口朝下加工过程中无法观察、测量和调刀。但在大批量生产中广泛应用自动控制加工循环的组合机床、定尺寸刀具，加工过程比较稳定，所以这个问题并不十分突出。

从以上分析可知：箱体精基准的选择有两种不同方案，一是以三平面为精基准（主要定位面为装配基面）；另一个是以“一面两孔”作定位精基准。这两种定位方式各有优缺点，实际生产中的选用与生产类型有很大关系。通常从“基准统一”原则出发，中小批生产时，尽可能使定位基准和设计基准重合，即一般选择设计基准作为统一的定位基准；大批大量生产时，优先考虑的是如何稳定加工质量和提高生产效率，不过分的强调“基准重合”问题，一般多用典型的一面两孔作为统一的定位基准，由此而引起基准不重合误差，可采取适当的工艺措施去解决。

2. 主要表面加工方法的选择

箱体的主要加工表面有平面和轴承支承孔两个。

箱体平面的粗加工和半精加工，主要采用刨削和铣削，也可采用车削。刨削的刀具结构简单，机床调整方便，但在加工较大的平面时，因刨削有空行程，且速度低，所以生产效率低，适于单件小批生产。铣削的生产效率一般比刨削高，在成批和大量生产中，多采用铣削。当生产批量较大时，还可采用各种专用的组合铣床对箱体各平面进行多刀、多面同时铣削；尺寸较大的箱体，也可在多轴龙门铣床上进行组合铣削，如图5-21（a）所示，有效地提高了箱体平面加工的生产效率。

箱体平面的精加工，单件小批生产时，除一些高精度的箱体仍需采用手工刮研外，一般多以精刨代替传统的手工刮研。当生产批量大而精度又较高时，多采用磨削。为了提高生产效率和平面间的相互位置精度，可采用专用磨床进行组合磨削，如图 5-21（b）所示。随着科学技术的发展，宽刃精刨和高速精铣的应用也日益广泛。宽刃精刨的生产率较高，在生产中尤其是铸铁件加工中应用广泛。高速精铣的生产率比刮削磨削高 5 ～20 倍，在生产中特别是铝合金箱体的加工中应用广泛。

轴承支承孔的加工方法，见箱体孔系加工部分。

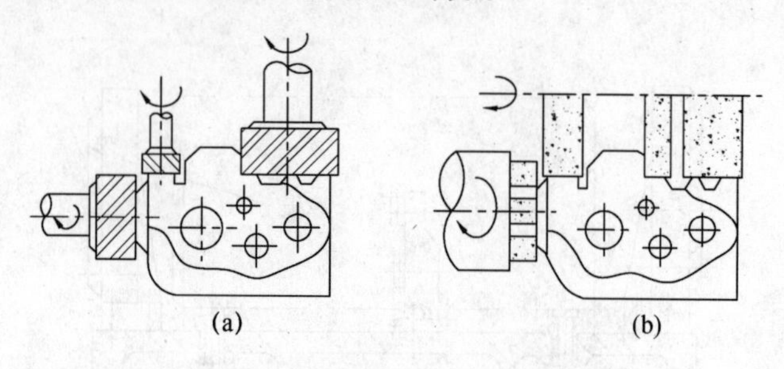

图 5-21　箱体平面的组合铣削与磨削

3. 加工顺序的安排

箱体类零件一般多为整体式箱体，结构较为复杂，技术要求又高，其加工的难度较大，拟定箱体的工艺过程应遵循以下几个原则。

（1）先面后孔的加工顺序。先加工平面，后加工孔，这是箱体加工的一般规律。因为箱体的孔比平面加工要困难得多，先以孔为粗基准加工平面，再以平面为精基准加工孔，不仅为孔的加工提供了稳定可靠的精基准，同时也可以使孔的加工余量较为均匀。并且，由于箱体上的孔大部分分布在箱体的平面上，先加工平面，切除了铸件表面的凹凸不平和夹砂等缺陷，对孔的加工也比较有利，钻孔时，可减少钻头引偏；扩或铰孔时，可防止刀具崩刃；对刀调整也比较方便。

（2）粗、精加工分开。将箱体的主要表面的加工按粗、精加工分阶段进行，这也是一般箱体加工的规律之一。因为箱体的结构形状复杂，主要表面的精度高，粗、精加工分开进行，可以消除由粗加工所造成的内应力、切削力、夹紧力和切削热对加工精度的影响，有利于保证箱体的加工精度；同时还能根据粗、精加工的不同要求来合理地选用设备，有利于提高生产效率。

应当注意的是：随着粗、精加工的分开进行，机床与夹具的需要数量及工件的安装次数相应增加，对单件小批生产来说，往往会使制造成本增加。在这种情况下，常常又将粗、精加工合并在一道工序进行，但应采取相应的工艺措施来保证加工精度。如粗加工后松开工件，然后再用较小的夹紧力将工件夹紧，使工件因夹紧力而产生的弹性变形在精加工之前得以恢复；粗加工后待充分冷却再进行精加工；减少切削用量，增加走刀次数，以减少切削力和切削热的影响。

（3）组合式箱体先组装后镗孔。有的箱体是由几个部分组合而成的。若孔系位置精度要求高，又分布在各组合件上，则应先加工各接合面，再进行组装，然后镗孔，以避免装配误差对孔系精度的影响。

(4) 合理安排热处理。箱体类零件的结构比较复杂，壁厚不匀，铸造时形成了较大的内应力。为了保证其加工后精度的稳定性，在毛坯铸造之后应安排人工时效，以消除其内应力。通常，对普通精度的箱体，一般在毛坯铸造之后安排一次人工时效即可，而对一些高精度的箱体或形状特别复杂的箱体，应在粗加工之后再安排一次人工时效处理，以消除粗加工所造成的内应力，进一步提高箱体加工精度的稳定性。箱体人工时效的方法，除用加热保温的方法外，也可采用振动时效。

5.3.3　箱体的孔系加工

箱体上一系列有相互位置精度要求的孔称为孔系。孔系可分为平行孔系、同轴孔系和交叉孔系，如图 5-22 所示。其中，图 5-22（a）为平行孔系；图 5-22（b）为同轴孔系；图 5-22（c）为交叉孔系。

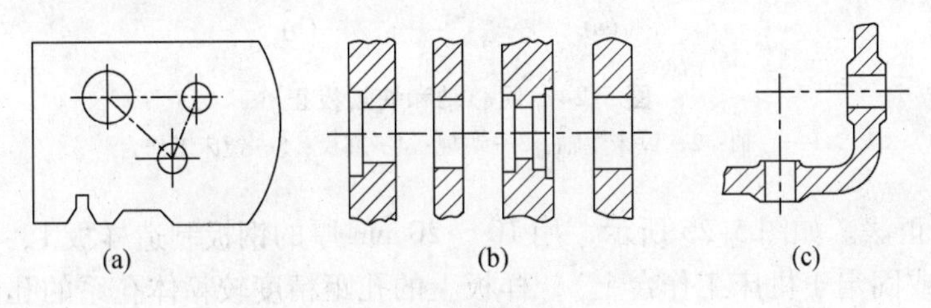

图 5-22　孔系分类

孔系加工是箱体加工的关键。根据箱体零件批量不同和孔系精度要求的不同，孔系加工所用的加工方法也不相同，现分别予以讨论。

1. 平行孔系的加工

所谓平行孔系是指轴线互相平行且孔距具有一定精度要求的孔。下面主要讨论在生产中保证孔距精度的 3 种方法。

(1) 找正法。

找正法是工人在通用机床上利用辅助工具来找正要加工孔的正确位置的加工方法。这种方法加工效率低，一般只适用于单件小批生产。根据找正方法的不同，找正法又可分为以下 4 种。

① 画线找正法。加工前按照零件图在毛坯上画出各孔的位置轮廓线，然后按画线进行加工。加工时按画线找正时间较长，生产率低，而且画线和找正误差大，加工出来的孔距精度也低，一般在 ±0.5 mm 左右。所以，为提高画线找正法的精度，往往结合试切法进行，如图 5-23 所示，先按画线找正镗出一孔，即加工到尺寸 $T_{av}D$，再按线将主轴调至第二孔中心试镗出一个比图样要小的孔 D_1，实测 L_1，若不符合图样要求，则根据测量结果重新调整主轴的位置，再进行试镗、测量、调整，如此反复几次，直至达到要求的孔距尺寸。此法虽比单纯的按线找正所得到的孔距精度高，但孔距精度仍然较低，且操作的难度较大，生产效率低，适用于单件小批生产。

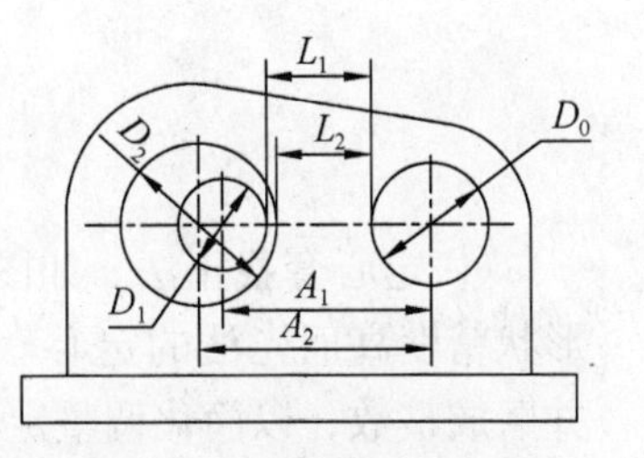

图 5-23　画线试切法

② 心轴和块规找正法。此法如图 5-24 所示，镗第一排孔时将心轴插入主轴孔内（或直接利用镗床主轴），然后根据孔和定位基准的距离，组合一定尺寸的块规来校正主轴位置。校正时用塞尺测定块规与心轴之间的间隙，以免块规与心轴直接接触而损伤块规，如图 5-24（a）所示。镗第二排孔时，分别在机床主轴和已加工孔中插入心轴，采用同样的方法来校正主轴线的位置以保证孔心距的精度，如图 5-24（b）所示。这种找正法的孔心距精度可达 ±0. 03 mm。

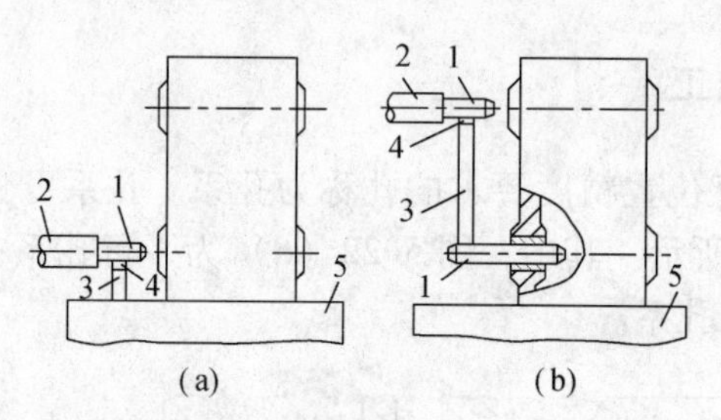

图 5-24　用心轴和块规找正

1—心轴；2—镗床主轴；3—块规；4—塞尺；5—镗床工作台

③ 样板找正法。如图 5-25 所示，用 10 ～20 mm 厚的钢板制造样板 1，装在垂直于各孔的端面上（或固定于机床工作台上），样板上的孔距精度较箱体孔系的孔距精度高（一般为 ±0. 01 ～ ±0. 03 mm）样板上的孔径较工件孔径大，以便于镗杆通过。样板上孔径尺寸精度要求不高，但要有较高的形状精度和较细的表面粗糙度。当样板准确地装到工件上后。在机床主轴上装一千分表，按样板找正机床主轴，找正后，即换镗刀加工，此法加工孔系不易出差错，找正方便，孔距精度可达 ±0. 05 mm。这种样板成本低，仅为镗模成本的 1/7 ～1/9，单件小批的大型箱体加工常用此法。

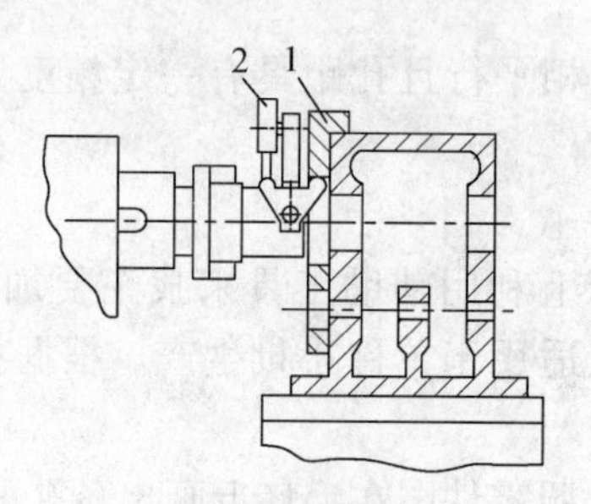

图 5-25　样板找正法

1—样板；2—千分尺

④ 定心套找正法。如图 5-26 所示，先在工件上画线，再按线钻攻螺钉孔，然后装上形状精度高而光洁的定心套（各套虽无尺寸精度要求，但外圆柱面在同一心棒上配磨，并磨成整数，以简化调整定心套位置时的计算工作量），定心套与螺钉间有较大间隙，然后按图样要求的孔心距公差的 1/3 ～1/5 调整全部定心套的位置，并拧紧螺钉，复查后即可上机床按定心套找正镗床主轴位置，卸下定心套，镗出一孔。每加工一个孔找正一次，直至孔系加工完毕。此法工装简单，可重复使用，特别适宜于单件生产下的大型箱体和缺乏坐标镗床条件下加工钻模板的孔系。

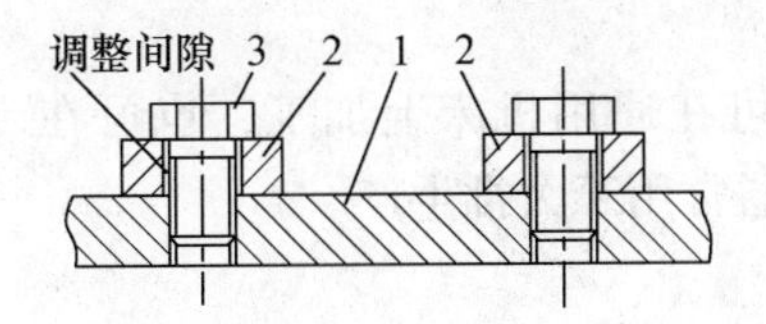

图5-26　定心套找正法

1—箱体；2—定心套；3—螺钉

(2) 镗模法。

镗模法即利用镗模夹具加工孔系，镗孔时，工件装夹在镗模上，镗杆被支承在镗模的导向套里，增加了系统刚性。这样，镗刀便通过模板上的孔将工件上相应的孔加工出来。当用两个或两个以上的支承来引导镗杆时，镗杆与机床主轴必须浮动连接。这时，机床主轴回转精度对孔系加工精度影响很小，因而可以在精度较低的机床上加工出精度较高的孔系，一般孔径尺寸精度为IT7左右，表面粗糙度 Ra 值0.8～1.6 μm，孔与孔的同轴度和平行度，若从一头加工达0.02～0.05 mm，从两头加工可达0.04～0.05 mm，孔距精度一般为±0.05 mm。加工的孔距精度主要取决于镗模精度。图5-27(a)所示为用镗模加工孔系示意图。这种加工方法，一般用于中批生产、大批大量生产。

镗模与机床浮动连接的形式很多，图5-27(b)为常用的一种形式。轴向切削力由镗杆端部的和镗套内部的支承钉来支承，圆周力由镗杆连接销和镗套横槽来传递。浮动连接应能自动调节以补偿角度偏差和位移量，否则失去浮动的效果，影响孔系加工精度。

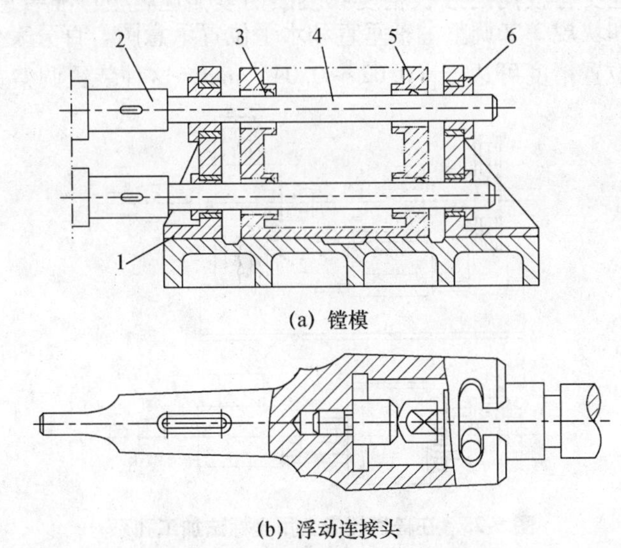

(a) 镗模

(b) 浮动连接头

图5-27　镗模加工孔系

1—镗模；2—浮动连接头；3—镗刀；4—镗杆；5—工件；6—镗杆导套

采用镗模可大大提高机床、夹具、工件、刀具之间的工艺系统刚度和抗振性。所以，可应用带有几把镗刀的长镗杆同时加工箱体上几个孔。此外，还节省调整、找正的辅助时间，并可采用高效率的定位夹紧装置，生产率较高。有时即使在小批生产中，采用镗模加工孔系也是合理的，但这时结构应尽量简单，有条件时，应尽可能采用组合周期短、成本低的组合夹具镗模。

用镗模法加工孔系，既可在通用机床上加工，也可在专用机床或组合机床上加工。镗模制造成本高，周期长，通常用于大批生产。

（3）坐标法。

采用坐标法加工孔系的机床有两类：一类是具有较高坐标位移精度、定位精度及精密测量装置的机床，如坐标镗床、数控铣床、加工中心、数控龙门镗铣床等。这类机床可以很方便地采用坐标法加工精度较高的孔系。另一类是没有精密坐标位移装置及测量装置的普通机床，如普通镗床、落地镗床、铣床等。这类机床如采用坐标法加工孔系则需要改装。

坐标法镗孔是借助于测量装置，调整机床主轴与工件间在水平和垂直方向的相对位置，来保证孔心距精度的一种镗孔方法。在箱体的设计图样上，因孔与孔间有齿轮啮合关系，对孔心距尺寸有严格的公差要求。采用坐标法镗孔之前，必须把各孔心距尺寸及公差换算成以主轴孔中心为原点的相互垂直的坐标尺寸及公差，借助三角几何关系与工艺尺寸链规律即可算出。目前，许多工厂编制了主轴箱传动轴坐标计算程序，用微机很快即可完成该项工作。

坐标法镗孔的孔心距精度取决于坐标的移动精度，实际上就是坐标测量装置的精度，坐标测量装置的主要形式有以下几种。

① 普通刻线尺与游标尺加放大镜测量装置，其位置精度为0.1～0.3 mm。

② 百分表与块规测量装置一般与普通刻线尺测量配合使用，如图5-28所示，在普通镗床上用百分表1和块规2来调整主轴垂直和水平位置示意图。百分表分别装在镗床头架和横向工作台上。位置精度可达±（0.02～0.04）mm，这种装置调整费时，效率低。

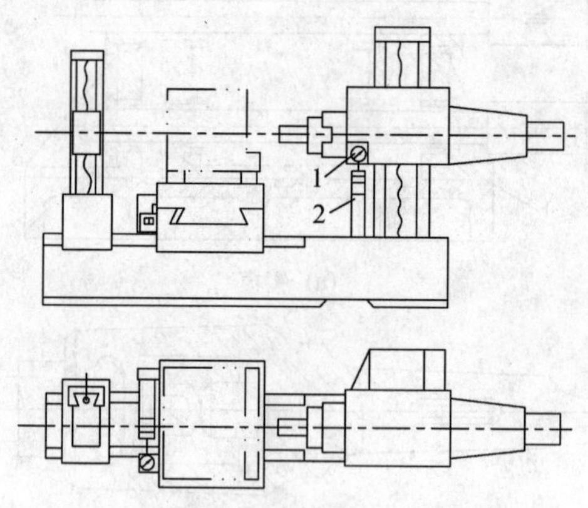

图5-28　在普通镗床上用坐标法加工孔系

1—百分表；2—块规

③ 经济刻度尺与光学读数头测量装置，这是用得最多的一种测量装置。国内一些卧式镗床如T619、T6110、T649、T647已采用了这种装置。该装置操作方便，精度较高，经济刻度尺任意二刻线间误差不超过5 μm，光学读数头的读数精度为0.01 mm。

④ 光栅数字显示装置和感应同步器测量装置，其读数精度高，为0.0025～0.01 mm，我国卧式镗床T610上已采用该装置。

⑤ 高精度测量装置、高精度线位移测量系统，包括精密丝杠、线纹尺、光栅、感应同步器、磁尺、码尺和激光干涉仪等。其中线纹尺位移测量系统结合数字显示后，具有使用方便、读数直观和对线准确的优点。如果将激光干涉仪测量系统设置在机床上，将会获得更高的定位精度。

采用坐标法加工孔系时，要特别注意基准孔和镗孔顺序的选择，否则，坐标尺寸的累积误差会影响孔心距精度。因此，在选择基准孔和镗孔顺序时，应注意以下问题。

① 有孔距精度要求的两孔应连在一起加工，以减少坐标尺寸的累积误差，影响孔距精度。

② 基准孔应位于箱壁的一侧，这样，依次加工各孔时，工作台朝一个方向移动，以避免因工作台往返移动由间隙而造成的误差。

③ 所选的基准孔应有较高的精度和较细的表面粗糙度，以便在加工过程中，需要时可以重新准确地校验坐标原点。

显然，用坐标加工主轴箱的孔系时，应选主轴孔为基准孔，并应按照齿轮啮合关系依次加工其他各孔。

目前，国内外已有越来越多的企业，直接用坐标镗床加工一般机床箱体，大大缩短了生产周期，适应了机床行业多品种，小批量生产的需要。

2. 同轴孔系的加工

同轴孔系加工主要是考虑如何控制同轴度的问题。成批生产中，一般采用镗模加工孔系，其同轴度由镗模保证。单件小批生产，其同轴度用以下几种方法来保证。

（1）利用已加工孔作支承导向。

如图 5-29 所示，当箱体前壁上的孔加工好后，在孔内装一导向套，支承和引导镗杆加工后壁上的孔，以保证两孔的同轴度要求，此法适于加工箱体上较近的孔。

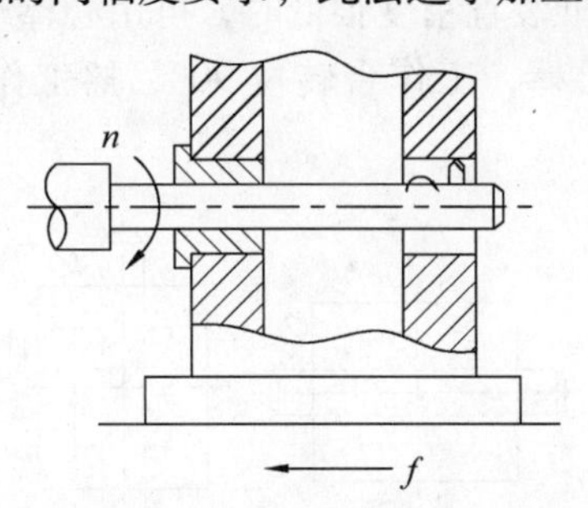

图 5-29　利用已加工孔导向

（2）利用镗床后立柱上的导向套支承镗杆。

这种方法其镗杆系两端支承，刚性好。但此法调整麻烦，镗杆要长，很笨重。故只适于大型箱体的加工。

（3）采用调头镗。

当箱体箱壁相距较远时，可采用调头镗。工件在一次装夹下，镗好一端孔后，将镗床工作台回转 180°，调整工作台位置，使已加工孔与镗床主轴同轴，然后再加工其他的孔。

当箱体上有一较长并与所镗孔轴线有平行度要求的平面时，镗孔前应先用装在镗杆上的百分表对此平面进行校正，如图5-30（a）所示，使其与镗杆轴线平行，校正后加工孔A，A孔加工完后，再将工作台回转180°，并用装在镗杆上的百分表沿此平面重新校正，如图5-30（b）所示，然后再加工B孔，就可保证A、B孔同轴。若箱体上无长的加工好的工艺基面，也可用平行长铁置于工作台上，使其表面与要加工的孔轴线平行后固定。调整方法同上，也可达到两孔同轴的目的。

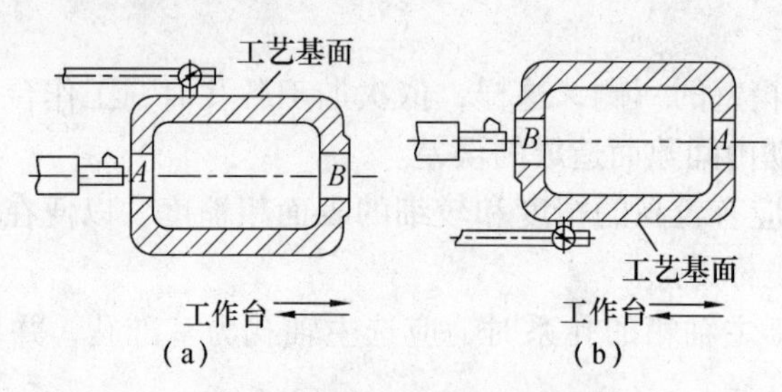

图5-30　调头镗对工件的校正

3. 交叉孔系的加工

交叉孔系的主要技术要求是控制有关孔的垂直度。在普通镗床、铣床上主要靠机床工作台上的90°对准装置，虽结构简单，但对准精度低（T68的出厂精度为0.04/900 mm，相当于8″），每次对准，需凭经验保证挡块接触松紧度一致，否则不能保证对准精度。目前，国内有些镗床（如TM617）采用端面齿定位装置，90°定位精度为5″，有的则用光学瞄准器。

当有些镗床工作台90°对准装置精度很低时，可用心棒与百分表找正来提高其定位精度，即在加工好的孔中插入心棒，工作台转位90°，摇工作台用百分表找正位置，如图5-31所示。

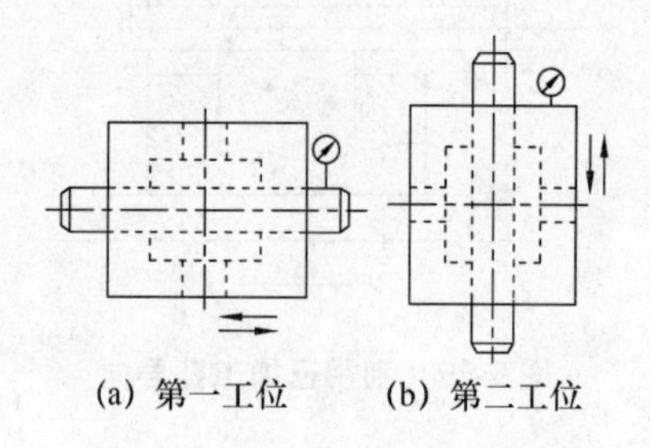

图5-31　找正法加工交叉孔系

5.3.4　箱体类零件加工工艺过程编制实例

如图5-32所示为一减速器箱体，现按中批生产设计其工艺过程。

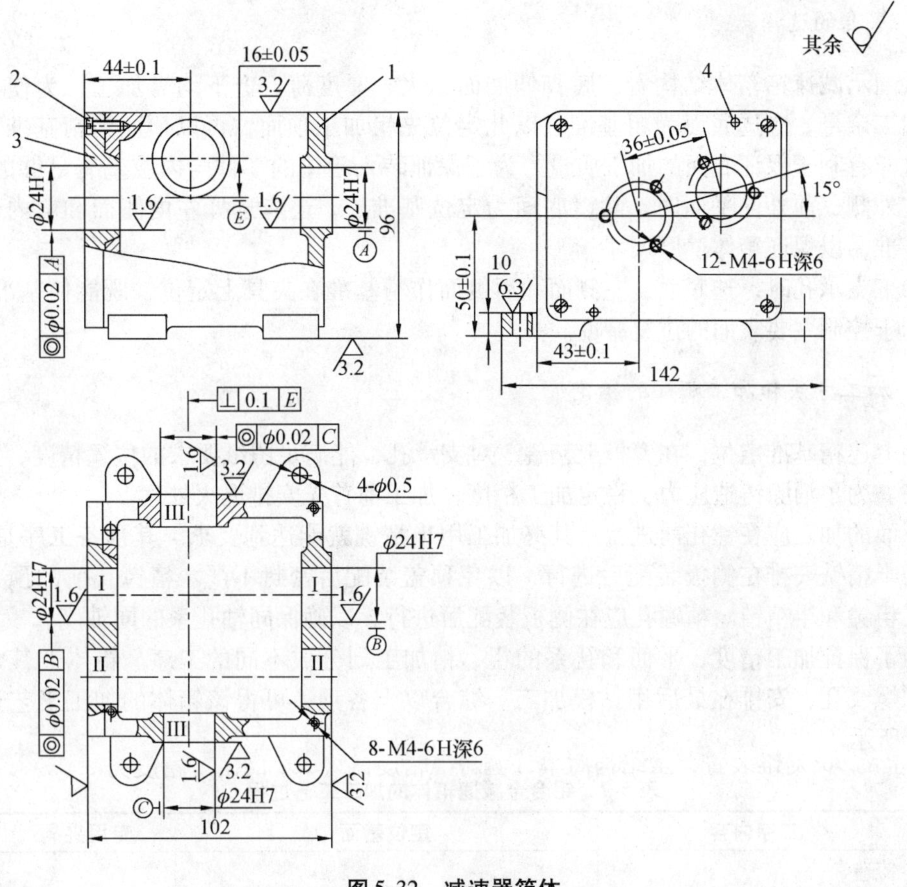

图5-32　减速器箱体

1—箱体；2—螺钉；3—侧板；4—圆柱销

1. 减速器箱体结构及主要技术要求分析

此箱体是减速器的装配基准件，3对支承孔用来支承3根轴，轴Ⅰ—Ⅰ、Ⅱ—Ⅱ、Ⅲ—Ⅲ。为了使装配方便，该箱体设计成组合式结构，侧板3用4个螺钉和2个圆柱销拼装在箱体左侧面上，箱顶用箱盖（未画出）密封。为了满足箱体的使用要求，侧板上的支承孔应与箱体上的对应孔同轴，侧板的顶面应与箱体顶面完全一致。该箱体需加工的主要表面是3对支承孔及底面（装配基准面）、顶面和四周平面。3对支承孔既有平行关系又有垂直关系。孔的尺寸及公差均为$\phi 24H7\ (^{+0.021}_{0})$ mm，表面粗糙度Ra 1.6 μm，每对孔都有同轴度$\phi 0.02$ mm的要求，Ⅲ—Ⅲ轴孔对Ⅱ—Ⅱ轴孔的垂直度为0.1 mm。3对孔的孔距公差都是±0.05 mm。

2. 毛坯的确定

箱体采用铸铝合金ZL101铸造，考虑到中批生产，用金属型铸造可获得较高精度的毛坯。各孔的直径较小，均不铸出。

3. 基准的选择

从图示减速箱箱体结构看，底脚伸展面积大、厚度薄，上下均需加工，为使其有足够的加工余量，应选底面为粗基准，以此定位先粗加工顶面，再以顶面为精基准加工底面，这样有利于保证底面的加工质量。为了保证装入箱体的零件与内腔壁有足够的间隙，加工左外侧、前外侧平面时，除以底面为定位基准外，还应选择左内侧面和前内侧面为定位基准，以保证箱体壁厚尺寸。

加工支承孔时，选底面、左侧面和后侧面作精基准在夹具上定位，既能使基准统一，也有利于控制主要表面的位置精度。

4. 加工方法和加工顺序的确定

用上述精基准定位，在镗模上精镗3对支承孔，能满足图纸要求的位置精度，且生产率较高。为了消除铸造应力，稳定加工精度，加工前首先安排退火处理。

平面的加工应在镗孔前进行。其终加工用半精铣就能达到要求。其预备工序是粗铣。顶面的半精铣安排在侧板装配后进行，以免顶盖装配后密封不严。精镗孔前的预备工序是钻、粗镗和半精镗。精镗孔应在侧板装配后进行，以确保同轴孔系的同轴度。

为了保证加工精度，平面和孔系的粗、精加工划分成不同的工序。箱体上其余的紧固孔和螺纹孔，安排在最后用钻模加工。综合以上各项，可得该箱体的加工工艺过程如表5-7所示。

表5-7 铝合金减速箱体的加工工艺过程

序号	工序内容	定位基面	专用夹具	设备
1	铸造			
2	退火			
3	粗铣顶面	底面		立铣
4	粗铣底面	顶面		立铣
5	粗铣左外侧平面	顶面、左内侧面	粗铣夹具（一）	卧铣
6	粗铣前外侧凸台面	顶面、左内侧面、前内侧面	粗铣夹具（二）	卧铣
7	粗铣右外侧和后外侧凸台面	底面、左外侧面（前外侧面）		卧铣
8	铣底脚上平面	底面、左外侧面		卧铣
9	半精铣底面	顶面		立铣
10	半精铣左右侧面	底面、右外侧凸台面（左外侧面）		卧铣
11	半精铣前后凸台面	底面、左外侧面、后（或前）外侧面		卧铣
12	装配侧板			
13	半精铣顶面	底面		立铣
14	钻、粗镗各支承孔	底面、左外侧面、后外侧凸台面	钻镗模	卧铣
15	半精镗、精镗各支承孔	同上	镗模	卧铣
16	钻、铰其余各孔			台钻
17	清洗			
18	检验			

5.3.5　箱体零件的高效自动化加工

单件小批生产箱体，大多数采用普通机床加工。产品的加工质量主要取决于机床精度和操作者的技术熟练程度。箱体加工部位多、难度大，用普通机床加工，工序分散，占用设备多，生产周期长，生产效率低，成本高。

随着科学技术的不断发展，各种各样的自动化加工设备和手段不断出现，箱体零件的自动化加工可以在数控机床上或自动线的组合机床上进行。数控机床适宜中小批量生产，自动线则适宜大批量生产。

“加工中心”是自动化程度更高的机床，工序的转换、刀具和切削参数选择、各执行部件的运动都由程序控制，自动进行。换刀时间一般只有 3 ～10 s。用“加工中心”来加工箱体，可在一次装夹中加工出多个表面，实现连续多面、多工序加工。“加工中心”不仅生产效率和加工精度更高，而且适用范围广、设备的利用率高。由于较少设计、制造夹具等，使用“加工中心”缩短了新产品的试制周期，也简化了生产管理过程。

目前，箱体大量生产中，广泛采用由组合机床与输送装置组成的自动线进行加工。这不仅使孔系的加工，而且使平面和一些次要孔的加工，以及加工过程中加工面的调换、工件的翻转和工件的输送等辅助动作，都无须工人直接操作，整个过程按照一定的生产节拍自动地、顺序地进行，此形式不仅大大提高了劳动生产率、降低了成本、减轻了工人的劳动强度，而且能稳定地保证工件的加工质量，对操作工人的技术水平也要求较低。我国目前在汽车、拖拉机、柴油机等行业中，较广泛地采用了自动线加工工艺。

5.4　圆柱齿轮加工

5.4.1　概述

1. 齿轮的功用与结构特点

齿轮按规定的速比传递运动和扭矩，是机械传动中最常用的零件之一。因功用的差别，齿轮结构形状各有其特点，但从工艺角度可将齿轮看成是由齿圈和轮体两部分构成。

按照齿圈上轮齿的分布形式，可分为直齿、斜齿、人字齿轮；按照齿圈上轮齿的齿形，可分为渐开线齿轮和摆线齿轮等；按照轮体的结构特点，齿轮大致分为盘形齿轮、套筒齿轮、内齿轮、轴齿轮、扇形齿轮和齿条等，如图 5-33 所示。其中，以渐开线齿形直齿盘形圆柱齿轮应用最广泛。

轮体的结构形状直接影响齿轮加工工艺的制定。盘形齿轮的内孔多为精度较高的圆柱孔或花键孔，其轮缘具有一个或几个齿圈。单齿圈齿轮的结构工艺性最好，可采用任何一种齿形加工方法加工轮齿；双联或三联等多齿圈齿轮如图 5-33（a）、（b）、

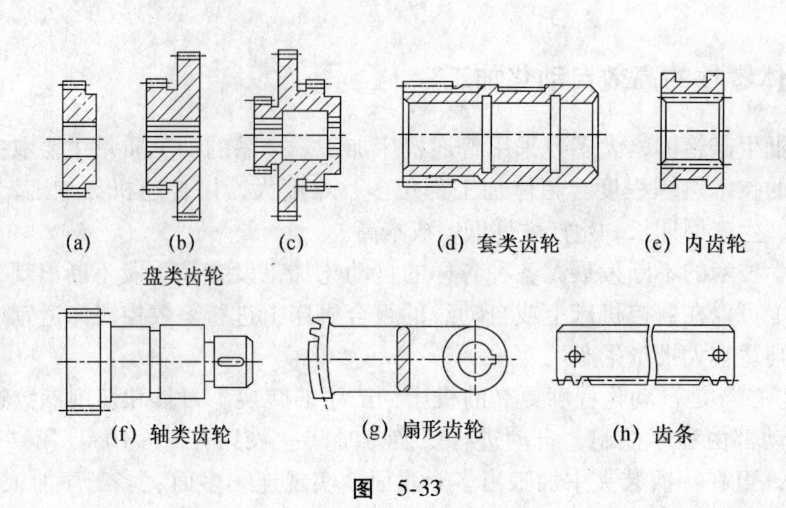

图 5-33

(c) 所示，当其轮缘间的轴向距离较小时，小齿圈齿形的加工方法的选择就受到限制（一般只能选用插齿）。如果小齿圈精度要求较高，需精滚或磨齿加工，而轴向距离在设计上又不允许加大时，可将此多齿圈齿轮做成单齿圈齿轮的组合结构其加工工艺性可得到改善。

2. 齿轮的技术要求

(1) 齿轮精度和齿侧间隙。

齿轮的制造精度对机器的工作性能、承载能力和使用寿命都有很大的影响。根据齿轮的使用情况，为保证其传递运动准确、平稳、齿面接触良好和齿侧间隙适当，对各种齿轮提出了不同的精度要求。国标《渐开线圆柱齿轮精度》GB 10095—88 对法向模数 $m_n \geqslant 1$ mm 的渐开线圆柱齿轮及齿轮副规定了 12 个精度等级，其中 1 级精度最高，12 级精度最低。1 ～2 级属于有待发展的精度等级；3 ～5 级为高精度级；6 ～8 级为中等精度级；9 ～12 级为低精度级。中精度等级中的 7 级又是 12 个精度等级的基础级。所谓基础级是指设计中普遍应用的精度等级，加工中使用滚齿、插齿或剃齿等一般切齿工艺在正常工作条件下所能得到的精度等级。传动齿轮精度一般取 7 ～8 级。新标准按齿轮各项加工误差对传动性能的主要影响，将每个精度等级划分为 3 个公差组（见表 5-8）。

它们分别是评定运动精度、运动平稳性、接触精度的指标。一般情况下，一个齿轮的 3 个公差组应选用相同的精度等级。当使用的某个方面有特殊要求时，也允许各公差组选用不同的精度等级，但在同一公差组内各项公差与极限偏差必须保持相同的精度等级。齿轮精度等级应根据齿轮传动的用途、圆周速度、传递功率等进行选择。

表 5-8　齿轮公差组

公差组	误差特性	对传动性能的主要影响	高要求传动类型
Ⅰ	以齿轮一转为周期的误差	传递运动的准确性	分度传动
Ⅱ	在齿轮一转内，多次周期性重复出现的误差	传动的平稳性、噪声、振动	高速动力传动
Ⅲ	齿向误差	载荷分布的均匀性	重载低速传动

齿轮的制造精度和齿侧间隙主要根据齿轮的使用要求和工作条件来规定，对于分度传动用的齿轮，主要的要求是齿轮运动精度，使得传递的运动准确可靠；对于高速动力传动用的齿轮，必须要求工作平稳，没有冲击和噪声；对于重载低速传动用的齿轮，则要求齿的接触精度好，使啮合齿的接触面积最大，减少齿面磨损；对于换向传动和读数机构的齿轮，齿侧间隙应严格加以控制，必要时还须消除间隙。为了使不同使用要求的齿轮传动有合适的齿侧间隙（非工作齿面间），以贮存润滑油，国家标准规定了中心距极限偏差 $\pm f_a$ 和 14 种齿厚极限偏差，字母代号用 C，D，E，F，G，H，J，K，L，M，N，P，R，S 等表示，齿厚的上、下偏差分别用两个字母表示。

（2）齿坯精度。

齿坯的内孔（或带轴齿轮的轴颈）、顶圆和端面通常用作齿轮加工、测量和装配的基准，故齿坯的精度及表面质量对能否达到齿轮的使用要求有直接的影响。

齿坯内孔（轴颈）的精度。齿轮内孔（轴颈）是加工、测量和安装齿轮的主要基准，如果孔（轴颈）的精度太低，会使齿轮产生几何偏心，影响齿轮精度，因此必须对不同精度等级齿轮的内孔（轴颈）规定相应的尺寸公差和表面粗糙度，见表 5-9。表 5-10 为齿轮各面的表面粗糙度推荐值。

表 5-9　齿坯公差

齿轮精度等级		4	5	6	7	8	9	10	11	12
孔	尺寸公差	IT4	IT5	IT6	IT7		IT8		IT8	
轴	尺寸公差	IT4	IT5		IT6		IT7		IT8	
顶圆	尺寸公差	IT7		IT8			IT9		IT11	
基准面的径向和端面圆跳动 /mm	分度圆直径≤125 mm	7	11		18		28			
	分度圆直径＞125～400 mm	9	14		22		36			
	分度圆直径＞400～800 mm	12	20		32		50			

表 5-10　齿轮各面的表面粗糙度推荐值　　单位：mm

粗糙度 *Ra*	齿轮精度等级				
	IT5	IT6	IT7	IT8	IT9
齿轮齿面	0. 32～0. 63	0. 63～1. 25	1. 25～2. 5	5（2. 5）	5～10
齿轮基准孔	0. 32～0. 63	1. 25	1. 25～2. 5		5
齿轮基准轴颈	0. 32	0. 63	1. 25	2. 5	
齿轮基准端面	1. 25～2. 5	2. 5～5		5	
齿轮顶圆	1. 25～2. 5	5			

（3）齿顶圆柱面的精度要求。

根据齿轮加工、检测及使用情况的不同，齿轮顶圆柱面有不同的精度要求。齿轮顶圆若为测量基准，用以测量齿厚偏差，则齿顶圆的直径误差和径向跳动过大，都会增加齿厚测量误差，此时要规定齿顶的尺寸公差和径向圆跳动（见表5-9）。顶圆公差常采用基本偏差 h。

齿轮的顶圆若作为切齿时的找正基准，则顶圆的径向圆跳动过大，引起齿轮内孔中心与机床工作台回转中心不同轴，切齿时产生较大的几何偏心，此时，应对顶圆的径向跳动公差提出要求。因顶圆不作为测量基准，顶圆直径的公差可大一些，一般为IT11，但不得大于 $0.01m_n$（m_n 为法向模数）。

（4）齿轮端面精度。

齿轮端面常用作齿形加工时的轴向定位基准面，它与基准孔（轴颈）轴线的垂直度误差会造成齿坯安装倾斜，从而导致齿向误差，所以必须对齿轮基准面的端面圆跳动提出要求，见表5-9。

3. 齿轮的材料与毛坯

（1）齿轮的材料及热处理。选择齿轮材料主要应考虑齿轮的工作条件，一般生产中常用的材料如下。

① 中碳结构钢。常用45钢，这种钢经过调质或表面淬火热处理后，其综合机械性能较好，但切削性能较差，齿面粗糙度较粗，主要适用于低速、轻载或中载的一些不重要的齿轮。

② 中碳合金结构钢（如40Cr）。这种钢经过调质或表面淬火热处理后，其综合机械性能较45钢好，且热处理变形小，适用于运动速度较高、承受载荷较大及运动精度较高的齿轮。某些高速齿轮，为提高齿面的耐磨性，减少热处理后的变形，不再进行磨齿，可选用氮化钢（如38CrMoAIA）进行氮化处理。

③ 渗碳钢（如20Cr和20CrMnTi等）。这种钢可渗碳或碳氮共渗，经过渗碳淬火后，齿面硬度可达到HRC58～63，而芯部又有较高的韧性，既耐磨又能承受冲击载荷，适用于高速、中载或有冲击载荷的齿轮。渗碳工艺比较复杂，热处理后齿轮变形较大，对高精度齿轮尚需进行磨齿，耗费较大。因此，有些齿轮可采用碳氮共渗，此法比渗碳变形小，但渗层较薄，承载能力不及渗碳齿轮。

④ 铸铁及其他非金属材料。如夹布胶木与尼龙等这些材料强度低，容易加工，适用于一些轻载下的齿轮传动。

（2）齿轮毛坯。齿轮毛坯的选择决定于齿轮的材料、结构形状、尺寸大小、使用条件以及生产批量等多种因素。

对于钢质齿轮，除了尺寸较小且不太重要的齿轮直接采用轧制棒料外，一般均采用锻造毛坯。生产批量较小或尺寸较大（直径大于400～600 mm）的齿轮采用自由锻造；生产批量较大的中小齿轮采用模锻。

对于直径很大且结构比较复杂、不便锻造的齿轮，可采用铸钢毛坯。为了减少机械加工量，对大尺寸、低精度的齿轮，可以直接铸出轮齿；而对小尺寸、形状复杂的齿轮可采用精密铸造、压力铸造、粉末冶金、热轧和冷挤等新工艺，制造出的齿坯精度高，无须加工或加工量很小。铸钢齿轮的晶粒较粗，机械性能和加工性能较差，故加工前应先经过正火处理，消除内应力和硬度的不均匀性，使加工性能得到

改善。

5.4.2　圆柱齿轮的加工工艺过程

如图 5-34 所示为成批生产，材料为 40Cr，精度为 7 级的双联圆柱齿轮；如图 5-35 所示为小批量生产，高精度，材料为 40Cr，精度为 6-5-5 的单齿圈圆柱齿轮。表 5-11 和表 5-12 分别为对应齿轮的加工工艺过程。

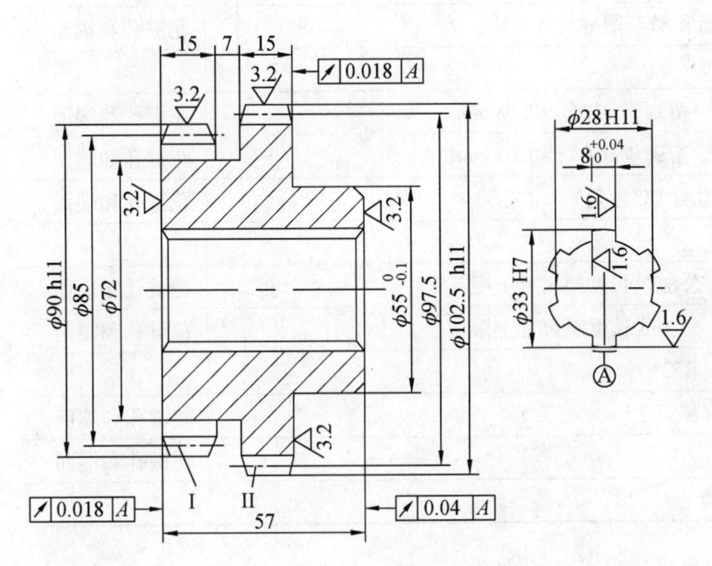

其余 6.3

齿号	I	II
模数	2.5	2.5
齿数	34	39
精度等级	7KL	7JL
公法线平均长度	$26.88^{0}_{-0.05}$	$34.46^{0}_{-0.05}$
公法线长度变动量	0.03	0.03
齿圈径向跳动公差	0.05	0.05
齿向公差	0.011	0.11

技术条件：
1.材料：40Cr
2.齿部热处理：G52

图 5-34　双联齿轮

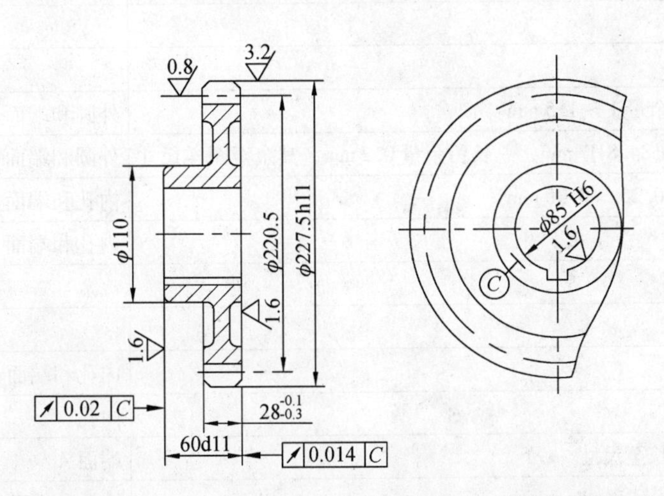

其余 6.3

模数	3.5
齿数	63
压力角	20°
精度等级	655
基节极限偏差	±0.0065
周节累计公差	0.045
公法线平均长度	$80.58^{-0.11}_{-0.22}$
跨齿数	8
齿向公差	0.007
齿形公差	0.007

材料：40Cr
齿部：50HRC

图 5-35　高精度齿轮

表 5-11　双联齿轮加工工艺过程

序号	工序名称	工序内容	定位基准
1	锻造	锻造毛坯	
2	热处理	正火	
3	粗车	粗车外圆和端面（留余量 1～1.5 mm），钻、镗花键底孔到尺寸 ϕ28H11 mm	外圆和端面
4	拉削	拉花键孔	ϕ28H11 和端面
5	精车	精车外圆、端面和槽至图样尺寸要求	花键孔和端面
6	检验	检验齿坯各精度	
7	滚齿	滚齿（$Z=39$），留剃量 0.06～0.08 mm	花键孔和端面
8	插齿	插齿（$Z=34$），留剃量 0.03～0.05 mm	花键孔和端面
9	倒角	倒角（Ⅰ、Ⅱ齿圈 12°牙角）	花键孔和端面
10	去毛刺	钳工去毛刺	
11	剃大齿轮	剃齿（$Z=39$）公法线长度至尺寸上限	花键孔和端面
12	剃小齿轮	剃齿（$Z=34$）公法线长度至尺寸上限	花键孔和端面
13	热处理	齿部高频淬火：G52	
14	推孔	修整花键底孔	花键孔和端面
15	珩	珩齿	花键孔和端面
16	检验	按图纸要求检验	

表 5-12　高精度齿轮加工工艺过程

序号	工序名称	工序内容	定位基准
1	锻造	锻造毛坯	
2	热处理	正火	
3	粗车	粗车外圆和端面留余量 1～1.5 mm	外圆和端面
4	精车	精车各部，内孔至 ϕ84.8H7 mm，总长留余量 0.2 mm，其余至图样尺寸	外圆和端面
5	滚齿	滚齿（齿厚留余量 0.25～0.35 mm）	内孔和端面 *A*
6	倒角	倒角	内孔和端面 *A*
7	去毛刺	钳工去毛刺	
8	热处理	齿部高频淬火：G52	
9	插	插键槽	内孔和端面 *A*
10	磨大端	靠磨大端面 *A*	内孔
11	磨小端	平面磨削 *B* 面，总长至尺寸	端面 *A*
12	磨孔	磨内孔 ϕ85H6 mm 至尺寸	内孔和端面 *A*
13	磨齿	磨齿	
14	检验	按图纸要求最终检验	内孔和端面 *A*

5.4.3　圆柱齿轮加工工艺分析

由于各种齿轮的结构、精度要求以及生产批量等均不相同，故其加工工艺过程也不相同。从表 5-11 和表 5-12 所列的工艺过程中可以看出，对于精度要求较高的齿轮，其工艺路线可大致归纳如下：毛坯制造及热处理—齿坯加工—齿形加工—齿端加工—齿轮热处理—精基准修正—齿形精加工—终结检验。

下面就齿轮加工的主要工艺问题分别加以分析。

1. 定位基准选择

为保证齿轮的加工质量，齿形加工时应根据“基准重合”原则，选择齿轮的设计基准、装配基准和测量基准为定位基准，而且尽可能在整个加工过程中保持基准的统一。

带孔齿轮，一般选择内孔和一个端面定位，基准端面相对于内孔的端面跳动应符合标准规定。当批量较小不采用专用心轴定位装夹时，也可选择以外圆找正装夹，但外圆相对于内孔的径跳应有严格的要求。

直径较小的轴齿轮，一般选择轴线定位，顶尖装夹，但对于直径或模数较大的轴齿轮，由于自重和切削力较大，不宜再选择顶尖装夹，而多选择轴颈和一端面跳动较小的端面定位。

如图 5-36 所示，即依靠齿坯内孔与夹具心轴之间的配合决定中心位置，以一个端面作为轴向定位基准，并通过相对的另一端面压紧齿轮坯。这种装夹方法，使定位、测量和装配的基准重合，定位精度高，不需要找正，生产率高，但需要专用心轴夹具，故适于成批及大批量生产。

如图 5-37 所示，即将齿坯套在夹具心轴上，内孔和心轴配合间隙较大，需要用千分表找正外圆决定中心位置，再进行压紧，这种方法与以内孔定位相比，需要找正，生产率低，对齿坯外圆与内孔的同轴度要求高，但对夹具要求不高，故适用于单件小批生产。

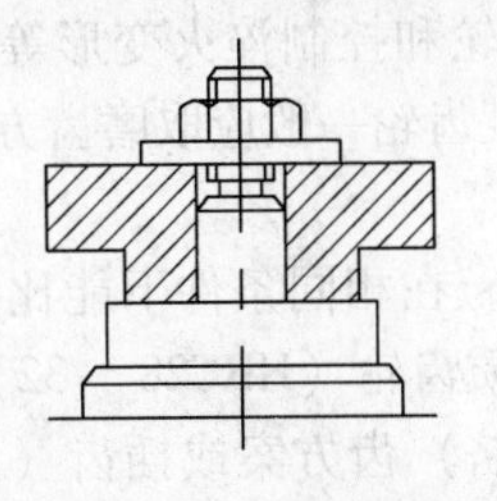

图 5-36　内孔和端面定位

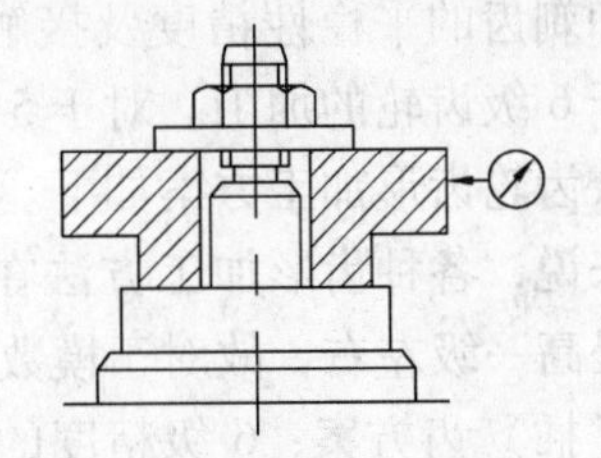

图 5-37　以外圆和端面定位

2. 齿坯的加工

对于轴齿轮的齿坯，其加工工艺和一般轴类零件基本相同，对于盘、套类齿轮的齿坯，其加工工艺和一般盘、套类零件基本相同。

中、小批生产时，孔的端面和外圆的粗、精加工都在普通车床或转塔车床等通用机床上进行，先加工好一端，再加工另一端，并尽量在一次安装中加工出主要的齿坯表面，以保证它们之间的位置精度。

在成批生产中，常采用车—拉—车的工艺方案。拉孔生产率高，孔的尺寸精度稳定，拉刀寿命长，一把拉刀可拉削同一孔径的各种盘形零件。拉孔后，再以孔定位，粗、精加工端面和外圆。

大批大量生产时，采用钻—拉—多刀车的工艺方案。即毛坯经正火（或调质）后以外圆及端面定位在钻床上钻孔，然后在拉床上拉孔，再在多刀半自动车床上以内孔定位，粗、精加工外圆和端面，此方案生产率高。

3. 齿形的加工

齿形加工方案的选择，主要取决于齿轮的精度等级、生产批量和齿轮的热处理方法等。具体确定齿形加工方案时，主要视齿形精度要求而异。

常见的中模数齿轮一般选择如下几种加工方案。

（1）滚齿（或插齿）—齿端加工—渗碳淬火—修正基准—磨齿。适用于较小批量，精度为3～6级淬硬齿轮。

（2）滚齿（或插齿）—齿端加工—剃齿—表面淬火—修正基准—珩齿。适用于较大批量，并且精度要求6～8级的淬硬齿轮。

（3）滚齿（插齿）—剃齿（冷挤）。适用于较大批量，精度要求中等，并且不淬硬的齿轮。

（4）对8级精度以下的齿轮，用滚齿或插齿就能满足要求。当需要淬火时，在淬火前应将精度提高一级或在淬火后珩齿，即滚齿（或插齿）—齿端加工—热处理（淬火）—修正内孔。或滚齿（或插齿）—齿端加工—热处理（淬火）—修正基准—珩齿。

以上仅是比较典型的4种方案，实际生产中，由于生产条件和工艺水平的不同，仍会有一定的变化。例如，冷挤齿工艺较稳定时可取代剃齿用硬质合金滚刀精滚代替磨齿；或在磨齿前用精滚纠正淬火后较大的变形，减少磨齿加工余量以提高磨齿效率等。再如剃、珩齿方案，虽然主要用于7级精度的齿轮，但有的工厂通过压缩齿坯公差，提高滚齿运动精度和剃齿的平稳性精度及接触精度，适当修磨珩轮和控制淬火变形等措施后，可稳定地用于6级齿轮的加工。对于5级精度以上的高精度齿轮一般应取磨齿方案。

小模数齿轮齿形加工方案如下。

一般来说，各种齿形加工方法在加工小模数齿轮时，在相同条件下能比加工中模数齿轮精度提高一级左右，故对于模数为0.3～1 mm的调质齿轮（HRC28～32），7级精度的常用滚（插）齿方案；6级精度的常用滚齿—剃（冷挤）齿方案或插齿（双联齿轮或内齿轮）的方案；5级精度的用滚齿—剃齿的方案。

对于模数为0.2～1 mm的淬火齿轮（HRC >32），5～7级精度的一般都采用滚（插）齿—淬火—修正基面—磨齿的方案；当 $m<0.5$ mm时，磨前不作预加工，6～7级精度的齿轮还可采用滚（插）齿—淬火—研（珩）齿的方案，但 $m>0.3$ mm才能研齿，$m>0.5$ mm才能珩齿。

4. 齿端加工

齿轮的齿端加工方式有倒圆、倒尖、倒棱和去毛刺。经过倒圆、倒尖和倒棱后的齿

端形状，如图 5-38 所示。倒圆和倒尖后的齿轮，沿轴向移动时容易进入啮合。齿端锐边经渗碳淬火后很脆，齿轮传动时易崩裂，对工作不利，倒棱可除去齿端的锐边。齿端加工常在专用机床上进行。图 5-39 为用指状铣刀进行齿端倒圆的示意图。

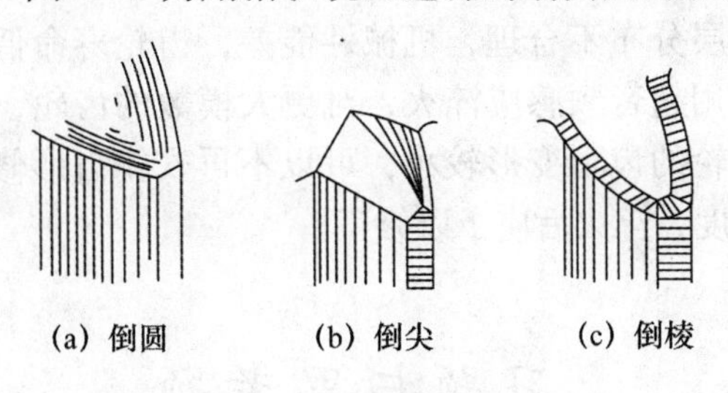

(a) 倒圆　　(b) 倒尖　　(c) 倒棱

图 5-38　齿端加工形式

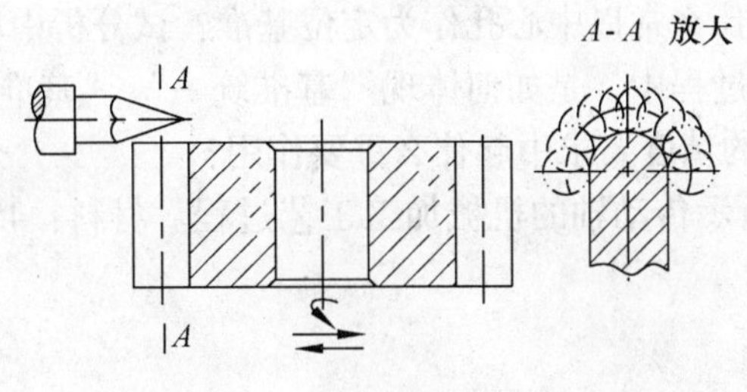

图 5-39　齿端倒圆加工示意图

5. 精基准的修正

齿轮淬火后基准孔常发生变形，孔径可缩小 0.01 ～0.05 mm，为确保齿形精加工质量，必须对基准孔予以修正。修正的方法常采用推孔或磨孔。推孔生产率高，常用于成批及大批量以外径定心的花键孔及未淬硬的圆柱孔齿轮；磨孔生产率低，但加工精度高，特别对于淬硬孔或孔径较大、齿宽较薄的齿轮，则可采用磨孔或金刚镗孔。磨孔时应以齿轮分度圆定心（如图 5-40 所示），这样可使磨孔后齿圈径向跳动较小，对以后进行磨齿或珩齿都比较有利。采用磨孔（或镗孔）修正基准孔时，齿坯加工阶段的内孔应留加工余量。采用推孔修正时，一般可不留加工余量。

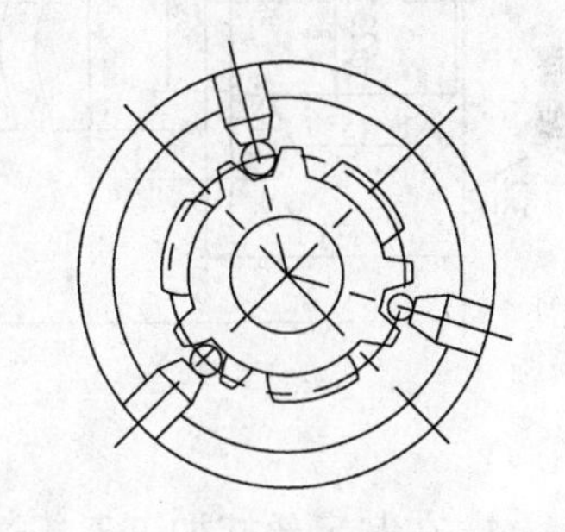

图 5-40　齿轮分度圆定心示意图

6. 热处理工序的安排

(1) 齿坯的热处理。在齿坯粗加工前后常安排预先热处理，其主要目的是改善材料的加工性能，减少锻造引起的内应力，为以后淬火时减少变形做好组织准备。齿坯的热处理有正火和调质。经过正火的齿轮，淬火后变形虽然较调质齿轮大些，但加工性能较好，拉孔和切齿（滚齿或插齿）工序中刀具磨损较慢，加工表面的粗糙度较细，因而生产中应用最多。齿坯正火一般都安排在粗加工之前，调质则多安排在齿坯粗加工之后。

(2) 齿面的热处理。齿轮的齿形切出后，为提高齿面的硬度及耐磨性，根据材料与技术要求的不同，常安排渗碳或表面淬火等热处理工序。经渗碳淬火的齿轮，齿面硬度高耐磨性好，使用寿命长，但齿轮变形较大，精度要求高时需再进行磨齿加工。表面淬火常采用高频淬火，对于模数小的齿轮，齿部可以淬透，效果较好。当模数稍大时，分度圆以下淬不硬，硬化层分布不合理，机械性能差，齿轮寿命低。因此，对于模数 m = 3 ～6 mm 的齿轮，宜采用超音频感应淬火，对更大模数的齿轮，宜采用单齿沿齿沟中频感应淬火。表面淬火齿轮的齿形变形较小，可以不再安排齿形修正工序，但其基准孔或基准轴颈会丧失原有精度，淬火后应予以修正。

习题与思考题

1. 主轴加工中，为什么常以中心孔作为定位基准？试分析中心孔对加工质量的影响。

2. 在主轴加工工艺过程中，是如何体现“基准统一”、“基准重合”、“互为基准”原则的？它们在保证主轴的精度要求中起什么重要作用？

3. 试编写图 5-41 所示传动轴的机械加工工艺过程。材料：45，热处理：调质，生产类型：单件小批量生产。

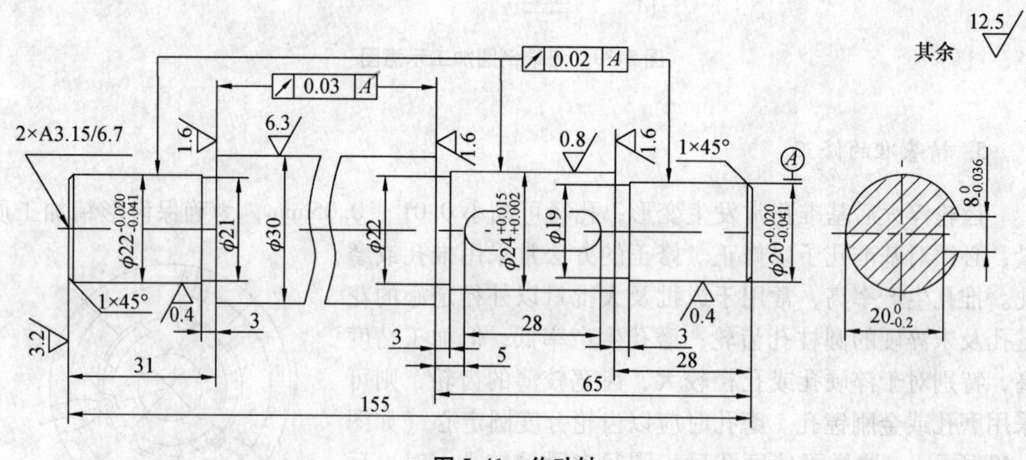

图 5-41 传动轴

4. 在制定丝杠加工工艺过程中主要考虑哪些问题？如何采取措施解决这些问题？

5. 套类零件的毛坯常选用哪些材料？毛坯的选择有哪些特点？

6. 加工薄壁套类零件工艺上有哪些技术难点？如何解决？

7. 试分析短套、长套的装夹方式有哪些不同。

8. 试编写图 5-42 所示的锁紧套的机械加工工艺过程。材料：ZQS6-6-3，生产类型：中批生产。

9. 箱体零件的加工工艺过程制定，应遵循什么原则？为什么？

10. 箱体孔系加工有哪些方法？各有何特点？

11. 试举例说明齿轮的设计基准、定位基准、测量基准、装配基准。试分析影响齿轮加工误差的因素是什么。

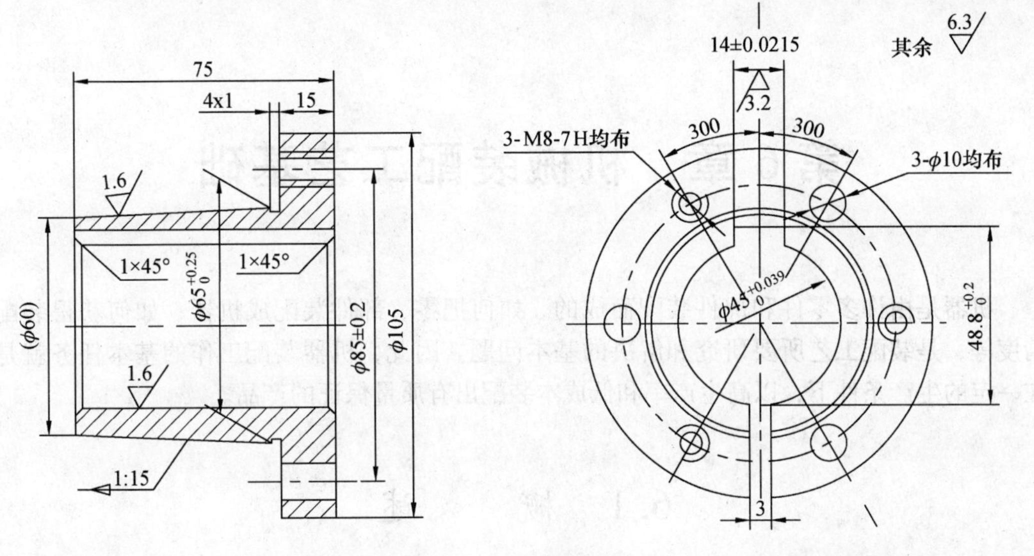

图 5-42　锁紧套

12. 齿轮的典型加工工艺过程由哪几个加工阶段组成？其中毛坯热处理与齿面热处理各起什么作用，工艺过程中如何安排？

13. 编写图 5-43 所示双联齿轮的机械加工工艺过程。生产类型：小批，毛坯材料：40Cr，热处理：齿部 G52。

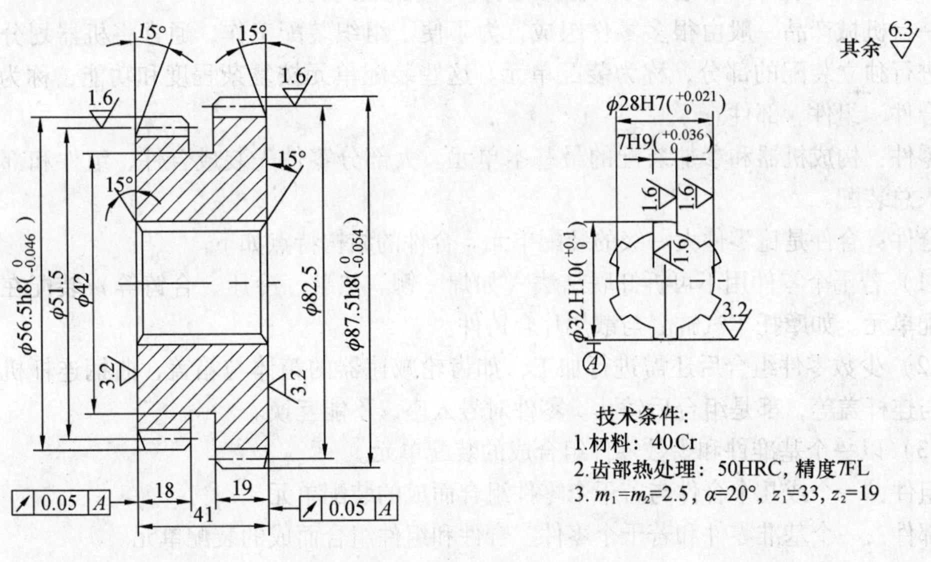

图 5-43　双联齿轮

第6章　机械装配工艺基础

机器是由许多零件和部件装配而成的。如何把零、部件装配成机器，如何获得装配精度等，是装配工艺所要研究和解决的基本问题。因此，机器装配工作的基本任务就是在一定的生产条件下，以高生产率和低成本装配出有质量保证的产品。

6.1　概　　述

6.1.1　装配的概念

所谓装配就是按规定的技术要求和精度，将构成机器的零件结合成组件、部件或产品的工艺过程。把零件装配成组件，或把零件和组件装配成部件，以及把零件、组件和部件，装配成最终产品的过程分别称为组装、部装和总装。

一台机械产品一般由很多零件组成，为了便于组织装配工作，通常将机器划分为若干能进行独立装配的部分，称为装配单元。这些装配单元按复杂程度和功能，称为：零件、合件、组件、部件。

零件：构成机器和参加装配的最基本单元。大部分零件先装成合件、组件和部件后再进入总装配。

合件：合件是比零件大一级的装配单元。合件的结构特点如下。

（1）若干个零件用不可拆卸联结法（如焊、铆、热装、冷压、合铸等）装配在一起的装配单元。如摩托车汽缸套与散热片合铸件。

（2）少数零件组合后还需进行加工，如齿轮减速器的箱体与箱盖，曲柄连杆机构的连杆与连杆盖等，都是组合后镗孔。零件对号入座，不能互换。

（3）以一个基准件和少数零件组合成的装配单元。

组件：一个或几个合件与若干个零件组合而成的装配单元。

部件：一个基准零件和若干个零件、合件和组件组合而成的装配单元。

装配工作对机械产品质量影响很大，若装配不当，即使所有零件都为合格品，也不一定能装配出合格的高质量的机械；反之，当零件制造精度并不高时，只要采取适当的装配工艺方法，也能使机械达到规定的质量要求。可见，装配质量对保证机械产品质量起着至关重要的作用。因此，制定合理的装配工艺规程，采用先进的装配工艺，不仅是提高和保证产品装配质量的重要手段，也是提高装配劳动生产率、降低制造成本的有力措施。

6.1.2　装配工作的基本内容

机器装配过程是整个机器制造过程的最后一个阶段，机器的质量最终是通过装配质量来保证的，所以，装配前后及装配过程中，工作内容较多，包括装配前的准备、装配、调整、检验、试验等。具体工作包括如下几点。

1. 清洗

进入装配的零件其表面所黏附的切屑、油脂和灰尘等均会严重影响总装配质量和机器的使用寿命，所以，必须进行清洗。清洗工作的要点是选择好清洗液及其工作参数。常用的清洗液有煤油、机油、汽油、碱液和各种化学清洗液。常用的清洗方法有擦洗、浸洗、喷洗及超声波清洗等。清洗后的工件通常具有一定的防锈能力。

2. 连接

装配工作的完成要依靠大量的连接工作，有的地方还应进行密封件的装配。常用的零件连接及密封方式如下。

(1) 可拆连接。可拆连接是指相互连接的零件在拆卸时不受损坏，而且拆卸后还能更新装配使用，如螺纹连接、链连接和销钉连接，其中螺纹连接应用最为广泛。

(2) 不可拆卸连接。不可拆卸连接是指相互连接的零件，在使用过程中不能拆卸，如焊接、铆接及过盈连接等，其中过盈连接的装配方法主要有以下 3 种。

① 压装法。将过盈配合的两个零件压入到配合位置的装配过程。分手工锤击压装和压力机压装。锤击压装一般多用于单件小批生产的销、键、短轴及滚动轴承轴套等的过盈配合连接，压力机压装的导向性好，压装质量和效率较高，一般多用于批量生产的各种盘类零件内的衬套、轴、轴承等过盈配合连接。

② 温差法。温差法是利用热胀冷缩的原理进行装配的，主要有热装和冷装两种。热装是指过盈配合的两个零件，装配时先将包容件加热胀大，再将被包容件装配到配合位置的过程。冷装就是指过盈配合的两个零件，装配时先将被包容件用冷却剂冷却，使其尺寸收缩，再装入包容件中使其达到配合位置的过程。

③ 液压套装。液压套装是利用高压油使包容件胀大和将被包容件压入的方法。这种方法适合于过盈量较大的大中型零件连接，具有不可拆性。

(3) 密封件装配。

① 油封装配。油封广泛用于低压润滑系统和旋转密封结构中。油封安装后，要有一定的过盈量，以形成合理的密封性，过盈量过小，会降低密封性能，过大则会降低油封的使用寿命。

② 成形填料密封装配。成形填料密封一般是靠内部的流体压力将填料压向活动的轴（或杆）和填料室壁实现密封的。常用的成形填料有唇形和挤压形。

3. 校正、调整与配作

在机器装配过程中，特别是单件小批生产时，完全靠互换法保证装配精度往往是不经济甚至是不可能的，因此需要一些校正、调整与配作来保证装配精度。

校正是指各零件、部件间相互位置的校正、校平及有关的调整工作。校正工作常用的量具和工具有：平尺、角尺、水平仪等。也可采用有关的仪器仪表来校正。

调整是指保证零部件相互位置的具体调节工作，如轴承间隙。导轨副的间隙及齿轮齿条的啮合间隙的调整等。

配作通常是指用已加工的零件为基准加工与其相配或相联的零部件，如配钻、配铰、配刮、配磨等。这是装配中附加的钳工工作，一般要与校正调整工作结合起来进行。

4. 平衡

对转速高、运动平稳性又有较高要求的转动件，必须进行平衡。像飞轮、带轮一类直径大而轴向长度短的零件只需进行静平衡，轴向长度较长的零件则需进行动平衡。平衡要求高时，还必须在总装后用工作转速进行部件或整机平衡。平衡可采用增减重量或改变在平衡槽中的平衡块的数量或位置的方法来达到。

5. 刮削

刮削可以提高工件的尺寸和形状精度、降低表面粗糙度及提高接触刚度。它需要熟练的技巧，劳动强度大，但方便灵活，在装配和修理中仍是一种重要的工艺方法。例如机床导轨面、密封面轴承或轴瓦、涡轮齿面等处也较多采用刮削。刮削质量一般用作涂色检验，也可用相配零件互研来检验。

6. 产品检验

产品检验，一方面包括产品装配过程中对部分零部件的尺寸检验和装配过程中对重要配合间隙的检验，以便于保证装配总质量。另一方面，机械产品装配完成以后，还应根据有关技术文件和质量标准进行全面的验收和试验。

另外，总装后的油漆及包装等工作也应足够重视，按有关规定及规范进行。

6.1.3 装配精度

1. 装配精度

机械产品的质量，是以其工作性能、使用效果和寿命等综合指标评定的。它主要取决于设计的正确性，零件的加工质量（包括材料和热处理质量）和装配精度。优良的装配工艺可以保证装配精度，是保证整机、部件和组件良好工作性能极重要的方面。但装配精度又与产品设计和零件质量有关。没有正确的设计就不能或很难达到装配精度要求，没有合格的零件也难达到规定的装配精度。

在产品设计中，为了保证产品的质量和制造的经济性，必须正确规定机器、部件和组件的装配精度。一般装配精度可以根据国家、部颁、行业标准或其他有关资料予以确定；对重要产品，装配精度要经过分析计算和试验后方能确定；对于没有标准可循的产品，可以根据消费者的使用要求，通过类比法确定装配精度。

装配精度主要包括零部件之间的距离精度、相互位置精度、各运动部件的相对运动精度、配合表面之间的配合精度和接触质量。

（1）距离精度。

距离精度是指相关零件、部件间距离尺寸的准确程度，包括间隙、配合质量、尺寸要求等。

（2）相互位置精度。

相互位置精度是指相关零件间的平行度、垂直度和同轴度以及倾斜度、对称度等方面的要求。

（3）相对运动精度。

相对运动精度是指产品中相对运动的零部件间在运动方向上的平行度和垂直度以及运动位置上的精度，一般包括 3 个方面。

① 直线运动精度：如车床、磨床工作台在床身导轨上的运动精度。

② 回转运动精度：如机床主轴的回转精度，各回转机构转动角度的准确性。

③ 传动精度：如螺纹磨床上丝杠和工件之间、滚齿机滚刀和工件之间，应保持严格的传动速比关系。

（4）配合表面之间的配合精度和接触精度。

配合精度是指配合表面间达到规定配合间隙或过盈的程度。它影响着零、部件间的配合性质。

接触精度是指配合表面或连接表面之间达到规定的接触面积和接触点分布状况的程度。主要影响相配零件接触变形的大小，从而也影响到配合性质的稳定性和能否长期保持相对运动精度。

在机械产品的装配工作中如何保证和提高装配精度，达到经济高效的目的，是装配工艺要研究的核心。

2. 装配精度与零件精度的关系

零件的加工精度直接影响到装配精度。进入装配的合格零件，总是存在一定的加工误差，当相关零件装配在一起时，这些误差就产生累积。若累积误差不超出装配精度要求，此时装配就只是简单的连接过程。若累积误差超过规定范围，就会给装配带来困难。但并非装配精度越高就一定要求零件的精度越高。

对于大批量生产，为了简化装配工作，便于流水作业，通常采用控制零件的加工误差来保证装配精度。但是，这种办法增加了零件的制造成本。当装配精度要求很高，零件加工精度无法满足装配要求，或者提高零件加工精度不经济时，则必须考虑采用合适的装配工艺方法，达到既不提高零件加工精度又能满足装配精度的目的。

例如：如图 6-1 所示，在普通车床主轴和尾座的装配中，要保证主轴和尾座轴线的等高精度 A_0。与之相关的零件尺寸为主轴中心线至主轴箱的安装基准之间的距离 A_1、尾座套筒孔中心至尾座体的装配基准之间的距离 A_3、底板厚度 A_2。因精度要求很高，如果仅靠提高 A_1、A_2、A_3 的尺寸精度来保证是很不经济的，甚至在技术上也是困难的。这时比较合理的办法是首先按经济加工精度来确定各零部件的精度要求，然后对底板厚度 A_2 进

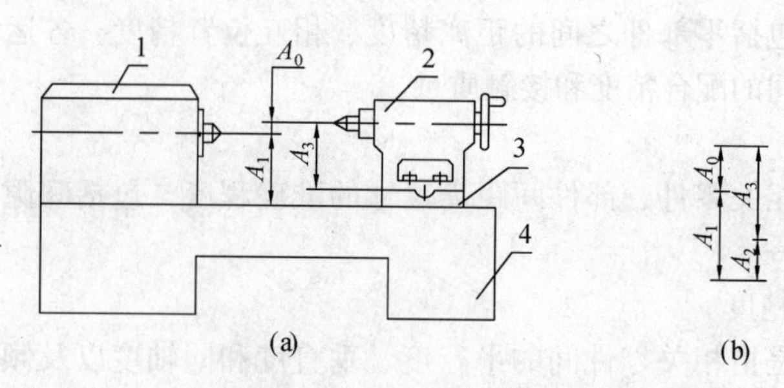

图 6-1 车床主轴与尾座套筒中心线不等高简图

1—箱；2—尾座；3—底板；4—床身

行适当的修配来保证装配精度。

由此可见，零件加工精度是保证装配精度要求的基础。但装配精度不完全由零件精度来决定，它是由零件的加工精度和合理的装配方法共同来保证的。如何正确处理好两者之间的关系是产品设计和制造中的一个重要课题。也是本章要研究的核心问题。

6.1.4 装配的组织形式

装配的组织形式与被装配产品的特点（如重量、尺寸、结构复杂性等）、生产批量和现有生产条件（工作场地、设备、现有工人生产技术水平）等因素有关，不同的组织形式将影响装配效率和装配的工艺过程。按产品在装配时是否移动，装配的组织形式分为固定式装配和移动式装配两类。

1. 固定式装配

固定式装配是指在一个工作地点完成装配工作的全部过程。这种组织形式对工人技术水平要求较高，使用专用工装较少，装配生产周期较长。

固定式装配又根据装配地点的集中程度与装配工人是否流动，分为以下 3 种。

(1) 集中固定式装配。

按集中原则进行的固定式装配，全部装配工作由一组工人在一个工作地点完成。装配过程有各种不同的工作，因此对工人技术水平要求较高，占用生产面积较大，装配周期也较长。这种装配组织形式适于单件小批量或高精度产品的生产，如大型柴油机、试制产品等的装配工作。

(2) 分散固定式装配。

按分散原则进行的固定式装配，把装配过程分为部件装配和总装配，各个部件分别由几组工人同时进行装配，而总装配则由另一组工人完成。这种组织形式的特点是工作分散，允许有较多工人同时进行装配工作，使用的专用工具较多，装配工人能得到合理分工，易于实现专业化，技术水平和熟练程度容易提高，可缩短装配周期、提高生产率。

(3) 流水式固定装配。

当生产批量大时，将产品分散在几个装配地点，装配过程可分成更细的装配工序，装配时产品不动，分别由几组工人到不同地点完成自己的装配工作。这时工人只完成一个工序的同样工作，并可从一个装配台转移到另一个装配台，这种产品固定在一个装配

位置而工人流动的装配形式称为“流水式固定装配”，或称“固定装配台装配流水线”。装配台安排在一条线上，装配所需的零件不断地运送到各个装配台，装配台数目由装配工序数来决定。

固定装配台的装配流水线，是固定式装配的高级形式。装配过程各个工序都采用了必要的工装夹具，工人又实现了专业化工作，产品装配时间和工人劳动量都有所减少，生产率得以显著提高。这种装配方式在大功率柴油机的成批生产中已广泛采用。

2. 移动式装配

移动式装配是指所装配的产品不断地从一个装配地点移到下一个装配地点，工人则在某一固定地点完成固定工序内容，在每一装配地点都配备有专用的设备和工装夹具。这种装配方式称为装配流水线。移动式装配又可分为自由移动式装配和强制移动式装配两种形式。

（1）自由移动式装配。

自由移动式装配所有工序都按各个装配地点分散，装配中产品用手推或用传送带、起重机移动，产品传送无节拍，对工人技术水平要求较低。这种装配方式主要在成批生产中被广泛采用，如中型机床、柴油机批量生产。

（2）强制移动式装配。

强制移动式装配也是工序分散在不同装配地点，装配过程中产品由传送带或小车强制地移动，产品直接在传送带上进行装配。它是装配流水线的一种主要形式。强制移动式装配在生产中又分为连续移动式装配和间歇移动式装配。连续移动式装配的产品按一定速度连续移动，工人随传送带边走边干。间歇移动式装配，传送带按装配节拍的时间间隔定时移动。强制移动装配生产率高，适于大批量生产方式。但装配工作紧张、单调、操作工人易疲劳。实现装配工作自动化可解决这一问题。

6.2　装配尺寸链

6.2.1　装配尺寸链的基本概念及其特征

1. 装配尺寸链基本概念

在机械装配中，所用的尺寸链称为装配尺寸链。它是产品或部件在装配过程中，由相关零件的尺寸或位置关系所组成的封闭的尺寸系统。由一个封闭环和若干个与封闭环关系密切的组成环构成，呈一封闭图形。封闭环是装配后的精度或技术要求，不具有独立性，由零部件装配完毕形成，是一个结果尺寸或位置关系。对装配精度或技术要求发生直接影响的那些零件尺寸和位置关系，是装配尺寸链的组成环。组成环又分增环和减环。

装配尺寸链是尺寸链的一种。它与一般尺寸链相比，除有共同的特性外，还具有典型的特点。

(1) 装配尺寸链的封闭环一定是机器产品或部件的某项装配精度，因此，装配尺寸链的封闭环是十分明显的。

(2) 装配精度只有机械产品装配后才能测量。因此，封闭环只有在装配后才能形成，不具有独立性。

(3) 装配尺寸链中的各组成环不是仅在一个零件上的尺寸，而是在几个零件或部件之间与装配精度有关的尺寸。

(4) 装配尺寸链的形式较多，除常见的线性尺寸链外，还有角度尺寸链、平面尺寸链和空间尺寸链等。在实际生产中，线性尺寸链应用最广。

2. 装配尺寸链的建立

当运用装配尺寸链的原理去分析和解决装配精度问题时，首先要正确地建立起装配尺寸链，即正确地确定封闭环，并根据封闭环的要求查明各组成环。然后确定保证装配精度的方法并进行必要的计算。

(1) 查找封闭环和组成环。

如前所述，装配尺寸链的封闭环为产品或部件的装配精度。而凡是对该装配精度有影响的零部件的有关尺寸或相互位置要求均为此装配尺寸链的组成环。

查找组成环的一般方法是：从封闭环任意一端开始，沿着装配精度要求的位置方向，以相邻件装配基准间的联系为线索，将与装配精度有关的各零件尺寸依次首尾相连，直至与封闭环另一端相连为止。这样，各有关零件上直线连接相邻零件装配基准间的尺寸或位置关系，即为装配尺寸链中的组成环。组成环的增减性判断，与零件的工艺尺寸链组成环增减性判断完全一致。

建立装配尺寸链就是准确地找出封闭环和组成环，并画出尺寸链简图。

图 6-2 所示为车床主轴与尾座套筒中心线等高示意图，在机床检验标准中规定，在垂直方向上的误差为 0～0.06 mm，且只允许尾座高，这就是封闭环。分别由封闭环两端那两个零件，即主轴中心线和尾座套筒孔的中心线起，由近及远，沿着垂直方向可以找到 3 个尺寸，A_1、A_2 和 A_3 直接影响装配精度，为组成环。其中 A_1 是主轴中心线至主轴箱的安装基准之间的距离，A_2 是尾座体的安装基准至尾座垫板的安装基准之间的距离，A_3 是尾座套筒孔中心至尾座体的装配基准之间的距离。A_1 和 A_2 都以导轨平面为共同的安装基准，尺寸封闭。图 6-2 (b) 为尺寸链简图。

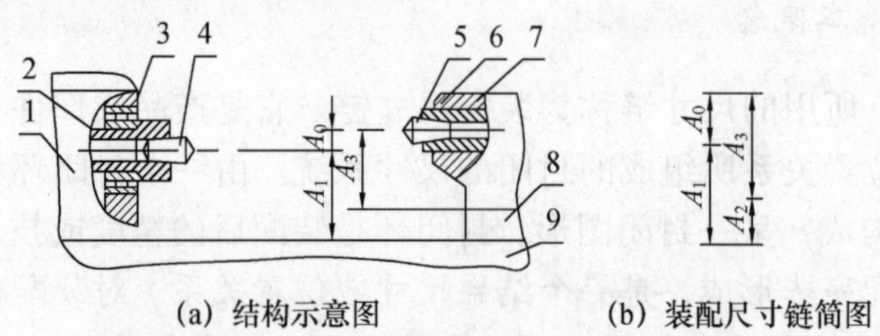

(a) 结构示意图　　(b) 装配尺寸链简图

图 6-2　车床主轴、尾座主轴等高结构示意图

1—主轴箱；2—主轴；3—轴承；4—前顶尖；5—后顶尖；6—尾座套筒；7—尾座体；8—尾座底板；9—车身

（2）创建装配尺寸链应坚持的原则。

① 装配尺寸链的简化原则。机械产品的结构通常都比较复杂，对某项装配精度有影响的因素很多，在查找装配尺寸时，在保证装配要求的前提下，可略去那些影响较小的因素，从而简化装配尺寸链。

如图 6-2 所示，在调整车床主轴与尾座中心线等高时，影响该项装配精度的因素除 A_1、A_2 和 A_3 这 3 个尺寸外，还有其他因素，如主轴滚动轴承外圈与内孔的同轴度误差；尾座套筒锥孔与外圆的同轴度误差；尾座套筒与尾座孔配合间隙引起的向下偏移量；床身上安装床头箱和尾座的平导轨间的尺寸及形位误差等。由于以上影响因素的误差数值相对于 A_1、A_2 和 A_3 的误差是较小的，故装配尺寸链可简化。但在精密装配中，应计入对装配精度有影响的所有因素，不可随意简化。

② 尺寸链组成的最短路线原则。由尺寸链的基本理论可知，在装配要求给定的条件下，组成环数目越少，则各组成环所分配到的公差值就越大，零件的加工就越容易和经济。所以，建立装配尺寸链的原则是组成环数目越少越好。这就是装配尺寸链的最短路线（环数最少）原则。

③ 一个封闭环一个尺寸链原则。当同一装配结构在不同位置方向有装配精度要求时，应按不同方向分别建立装配尺寸链。例如常见的蜗杆副结构，为保证正常啮合，蜗杆副中心距、轴线垂直度以及蜗杆轴线与蜗轮中心平面的重合度均有一定的精度要求，这是 3 个不同位置方向的装配精度，因而需要在 3 个不同方向分别建立尺寸链。

6.2.2　装配尺寸链的计算

尺寸链的计算方法有两种：极值法和概率法。

1. 极值法

极值法是在各组成环误差处于极端情况下，来确定封闭环与组成环的关系的一种方法。即各项尺寸要么是最大极限尺寸，要么是最小极限尺寸。其优点是简单可靠，但这种出发点与批量生产中工件尺寸的分布情况显然不符，因此造成组成环公差很小，制造困难。在封闭环要求高，组成环数目多时，尤其是这样。

极值法的基本公式：$T_0 \geqslant \sum_{i=1}^{m} T_i$

极值法用于装配尺寸链计算时，常有下列 3 种方式。

（1）用于验算设计图样中某项精度指标是否能够达到要求，即装配尺寸链中的各组成环的基本尺寸和公差定得正确与否。这项工作在制定装配工艺规程时也是必须进行的。

（2）就是已知封闭环，求解组成环。用于产品设计阶段，根据装配精度指标来计算和分配各组成环的基本尺寸和公差。

（3）先确定特定的组成环，求解其他组成环。将一些难加工的和不宜改变其公差的组成环的公差先确定下来，其公差值应符合国家标准，并按“入体原则”标注。然后将一个比较容易加工或容易装拆的组成环作为试凑对象，这个环称为“协调环”，如修配法中的修配环，调整法中的调整环，详见后续内容。

2. 概率法

在实际生产中加工一批零件时，尺寸处于公差中心附近的零件属多数，接近极限尺寸的是极少数。在装配中，碰到极限尺寸零件的机会不多，而在同一装配中的零件恰恰都是极限尺寸的机会就更为少见。所以应从统计角度出发，把各个参与装配的零件尺寸当做随机变量，用概率法解算装配尺寸链才是合理的、科学的。

概率法的基本算式：$T_0 \geqslant \sqrt{\sum_{i=1}^{m} T_i^2}$ 。

用概率法的优点在于放大了组成环的公差，而仍能保证达到装配精度要求，大大降低了加工成本。尚需说明的是：由于应用概率法时需要考虑各环的分布中心，算起来比较烦琐。因此在实际计算时常将各环改写成平均尺寸，公差按双向等偏差标注。计算完毕后，再按“入体原则”标注。

3. 装配工艺方法与计算方法的组合

机器装配中所采用的装配工艺方法及解算装配尺寸链所采用的计算方法必须密切配合，才能得到满意的装配效果。装配工艺方法与计算方法常用的匹配有以下几种。

（1）采用完全互换法时，应用极值法计算。完全互换又属大批量生产或环数较多时，可改用概率法计算。

（2）采用不完全互换法时，可用概率法计算。

（3）采用分组装配法时，一般都按极值法计算。

（4）采用修配法时，一般批量小，应按极值法计算。

（5）采用调整法时，一般用极值法计算。大批量生产时，可用概率法计算。

6.3 保证装配精度的方法

如前所述，机械产品的精度要求，最终是由装配来实现的，根据产品的结构特点、性能要求、生产纲领和生产条件，可采用相应的装配方法来保证装配精度要求，常用的装配方法归纳为：互换法、选择装配法、修配法和调整装配法四大类。

6.3.1 互换法

用控制零件的加工误差来保证装配精度的方法称为互换法。按其程度不同，分为完全互换法与不完全互换法两种。

1. 完全互换法

完全互换法就是机器在装配过程中每个待装配零件不需挑选、修配和调整，装配后就能达到装配精度要求的一种装配方法。装配工作较为简单，生产率高，有利于组织生产协作和流水作业，且对工人技术要求较低，也有利于机器的维修。

在一般情况下，完全互换法的装配尺寸链按极值法计算，即各组成环的公差之和等于或小于封闭环的公差。

$$T_0 \geqslant T_1 + T_2 + \cdots + T_m \tag{6-1}$$

式中　T_0——装配允许公差；

T_m——某组成环的制造公差；

m——组成环数。

当需要确定组成环时，可按“等公差”原则先求出各组成环的平均公差，再根据生产经验，考虑各组成环尺寸的大小和加工难易程度进行适当调整。

如尺寸大、加工困难的组成环应给以较大公差；反之，尺寸小、加工容易的组成环就给以较小公差；而组成环是标准件，其尺寸（如轴承尺寸等）则仍按标准确定；当组成环是几个尺寸链中的公共环时，其公差值由要求最严的尺寸链确定。调整后，仍需要满足式（6-1）。

确定各组成环的公差后，按“入体原则”确定极限偏差，即组成环为包容面时，取下偏差为零；组成环为被包容面时，取上偏差为零；若组成环是普通长度尺寸，其偏差按对称分布。按上述原则确定极限偏差，有利于组成环的加工。

但是，当各组成环都按上述原则确定偏差时，按公式计算的封闭环极限偏差常不符合封闭环的要求值。因此，就需选取一个组成环，它的极限偏差不是事先定好的，而是经过尺寸链计算确定的，以便与其他组成环相协调，最后满足封闭环极限偏差的要求，这个组成环称为协调环。一般协调环不能选取标准件或几个尺寸链的公共组成环。完全互换装配法的尺寸链计算与零件工艺尺寸链计算方法相同。

因此，只要制造公差能满足机械加工的经济精度要求时，不论何种生产类型，均应优先采用完全互换法。

（1）验算零件的设计尺寸能否满足完全互换法的要求。

【例6.1】　如图6-3（a）所示为车床尾座套筒装配图。装配后，要求螺纹可在轴向游动，但其游动距离不大于0.5 mm。图中所注尺寸为零件的设计尺寸，现需校核其能否用完全互换法进行装配。

解　根据装配结构图可画出装配尺寸链简图，如图6-3（b）所示。其中，A_0为封闭环，$\vec{A}_1$增环，$\vec{A}_2$为减环。

封闭环的基本尺寸为：

$A_0 = \vec{A}_1 - \vec{A}_2 - \vec{A}_3 = 60 - 57 - 3 = 0$

封闭环的极限尺寸为：

$A_{0\max} = \vec{A}_{1\max} - \vec{A}_{2\min} - \vec{A}_{3\min} = 60.2 - 56.8 - 2.9 = 0.5\,\text{mm}$

$A_{0\min} = \vec{A}_{1\min} - \vec{A}_{2\max} - \vec{A}_{3\max} = 0$

验算的结果说明封闭环的公差刚好等于装配精度要求，可以采用完全互换法装配。

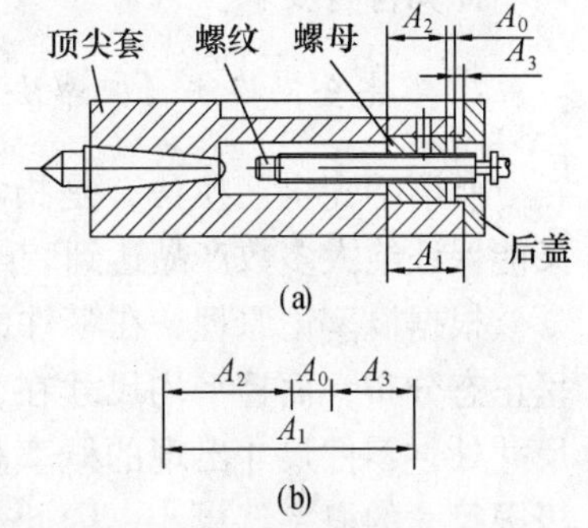

图6-3　车床尾座套筒装配图

（2）采用完全互换法装配时，零件设计尺寸的确定。

【例6.2】　如图6-4所示的齿轮箱装配图，根据使用要求，间隙A_0应在1～

1.75 mm范围内（即 $A_{0max}=1.75$ mm，$A_{0min}=1$ mm），试确定零件的公差及尺寸范围。

解 ① 求封闭环公差。

根据图示画出尺寸链简图，如图 6-4（b）所示。A_0 为封闭环，$\vec{A}_1$、$\vec{A}_2$ 为增环，$\vec{A}_3$、$\vec{A}_4$、$\vec{A}_5$ 为减环，总环数 $n=6$。

封闭环基本尺寸：$A_0 = 70 + 20 - (5 + 80 + 5) = 0$

封闭环上、下偏差：$ES_0 = 1.75 - 0 = +1.75$ mm

$EI_0 = 1.00 - 0 = +1.00$ mm

封闭环公差：$T_0 = ES_0 - EI_0 = 1.75 - 1.00 = 0.75$ mm

② 已知封闭环公差，用平均公差法求解各组成环公差。

平均公差：$T_{av} = \dfrac{T_0}{n-1} = \dfrac{0.75}{6-1} = 0.15$（mm）

分配组成环公差：根据零件尺寸大小、加工和度量的难易程度，重新分配组成环公差如下。

$$T_1 = 0.25\text{ mm},\ T_2 = 0.14\text{ mm},\ T_3 = T_5 = 0.08\text{ mm},\ T_4 = 0.20\text{ mm}$$

验算：$T_0 = T_1 + T_2 + T_3 + T_4 + T_5 = 0.25 + 0.14 + 0.08 + 0.20 + 0.08 = 0.75$（mm）

取 $\vec{A}_1$ 作协调环，按“入体原则”确定其他组成环的公差带位置如下：

$$\vec{A}_2 = 20^{+0.14}_{0}\text{ mm},\ \vec{A}_3 = \vec{A}_5 = 5^{\ 0}_{-0.08}\text{ mm},\ \vec{A}_4 = 80^{\ 0}_{-0.20}\text{ mm}$$

计算协调环的上、下偏差：

由式 $ES_0 = ES_1 + ES_2 - (EI_3 + EI_4 + EI_5)$

得 $ES_1 = 1.75 - 0.14 - 0.08 - 0.2 - 0.08 = 1.25$（mm）

由式 $EI_0 = EI_1 + EI_2 - (ES_3 + ES_4 + ES_5)$

得 $EI_1 = 1.00 - 0 + 0 + 0 + 0 = 1.00$（mm）

故：$\vec{A}_1 = 70^{+1.25}_{+1.00}$ mm　即 $\vec{A}_1 = 71^{+0.25}_{0}$ mm

验算：$A_{0max} = 1.75 = 71.25 + 20.14 - (4.92 + 79.80 + 4.92) = 1.75$（mm）

$A_{0min} = 1.00 = 71 + 20 - (5 + 80 + 5) = 1.00$（mm）

$T_0 = 0.75 = 0.25 + 0.14 + 0.08 + 0.20 + 0.08 = 0.75$（mm）

计算符合要求。

2. 不完全互换法（概率法）

所谓不完全互换法，是指将各相关零件的制造公差适当放大，使加工容易而经济，又能保证绝大多数产品达到装配要求的一种方法。

根据概率论原理，在零件的生产数量足够大时，加工后的零件尺寸一般在公差带上呈正态分布，而且平均尺寸在公差带中心附近出现的概率最大，在接近最大、最小极限尺寸处，零件尺寸出现的概率很小。在一个产品的装配中，各相关零件的尺寸恰巧都是极限尺寸的概率就更小。因此，利用这个规律，可将装配中可能出现的废品控制在最低限度。

概率法基本公式：

$$T_0 \geqslant \sqrt{\sum_{i=1}^{m} T_i^2} = \sqrt{T_1^2 + T_2^2 + \cdots + T_m^2} \tag{6-2}$$

式（6-2）表明，封闭环公差等于各组成环公差平方和的平方根。若各组成环的公差相等，即 $T_i = T_{iav}$ 时，可得各组成环平均公差：

$$T_{iav} = \frac{T_0}{\sqrt{n-1}} = \frac{\sqrt{n-1}}{n-1} \cdot T_0 \tag{6-3}$$

可见，当装配公差 T_0 一定时，与完全互换法（极值法）相比，概率法可将各相关零件的平均制造公差 T_{iav} 增大 $\sqrt{n-1}$ 倍，零件的加工也就容易了许多。而且组成环的环数越多，扩大的倍数越大。但从概率理论来看，由于取 $T_i = 6\sigma$，若组成环中各增环靠近最大极限尺寸，减环靠近最小极限尺寸，或各增环靠近最小极限尺寸，而减环靠近最大极限尺寸时，有可能产生 0.27% 的废品，但出现这种极端情况的可能性极小。

【例 6.3】　图 6-4 所示为齿轮箱装配，当按大批量生产时，用不完全互换法装配，试确定各组成环的公差及尺寸。

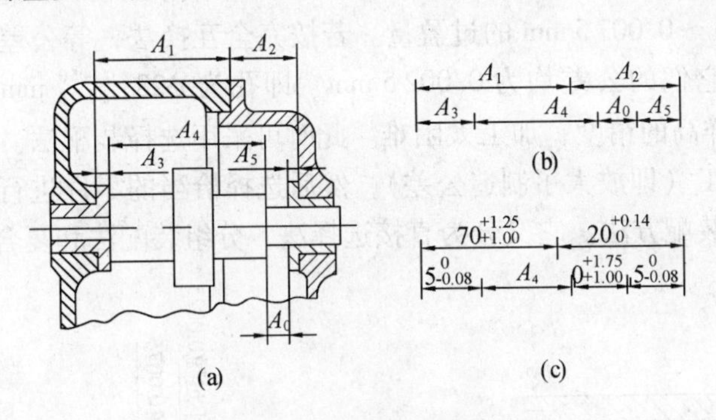

图 6-4　齿轮箱装配图

解　绘制装配尺寸链简图，如图 6-4（b）所示。

计算各环平均公差，由式（6-3）得：

$$T_{iav} = \frac{0.75}{6-1} = 0.15\ \text{mm}$$

分配各组成环公差。若选 A_1 为协调环，并参考平均公差，可取

$$\vec{A}_2 = 20^{+0.3}_{0}\ \text{mm},\ \vec{A}_3 = \vec{A}_5 = 5^{\ 0}_{-0.15}\ \text{mm},\ \vec{A}_4 = 80^{\ 0}_{-0.4}\ \text{mm}$$

计算协调环的公差。由式（6-2）有：

$$0.75 = \sqrt{T_1^2 + 0.3^2 + 0.15^2 + 0.4^2 + 0.15^2}$$

$$T_1^2 = 0.75^2 - 0.3^2 - 0.15^2 - 0.4^2 - 0.15^2$$

所以　　$T_1 \approx 0.517\ \text{mm}$

协调环的平均尺寸：协调环的平均尺寸等于增环平均尺寸之和减去减环平均尺寸之和。

已知 $A_0 = 0^{+1.75}_{+1.00}\ \text{mm}$，

所以 $A_{0av} = A_{1av} + A_{2av} - (A_{3av} + A_{4av} + A_{5av})$

即：$0.375 = A_{1av} + 20.15 - (4.915 + 79.8 + 4.915)$

得　$A_{1av} = 68.855\ \text{mm}$

协调环的尺寸和公差：

$$A_1 = A_{1av} \pm \frac{T_1}{2} = 68.855 \pm \frac{0.517}{2} = (68.855 \pm 0.2585)\ \text{mm}$$

即 $A_1 = 69^{+0.114}_{-0.403}$ mm

各组成环为：

$$A_1 = 69^{+0.114}_{-0.403}\ \text{mm},\ \vec{A}_2 = 20^{+0.3}_{0}\ \text{mm},\ \vec{A}_3 = \vec{A}_5 = 5^{0}_{-0.15}\ \text{mm},\ \vec{A}_4 = 80^{0}_{-0.4}\ \text{mm}$$

综上所述，概率法适用于组成环数较多，且封闭环精度要求较高，零件加工困难而又不经济时。但概率法要求零件尺寸按正态分布，所以，只适用于大批量生产。

6.3.2 选择装配法

在批量生产中，若封闭环精度很高，且组成环数较少时，即使采用概率法装配，零件的公差仍过于严格，甚至无法加工。例如图 6-5 所示汽车发动机的活塞销与活塞孔的配合，要求有 0.0025～0.0075 mm 的过盈量。若按完全互换法，等公差分配活塞销和活塞孔的直径公差时，它们的公差均为 0.0025 mm，即孔为 $\phi28^{-0.0050}_{-0.0075}$ mm，活塞销的直径为 $\phi28^{0}_{-0.0025}$ mm。这样高的精度，加工太困难。此时可采用选择装配法。选择装配法是指将零件按经济精度加工（即放大了制造公差），然后选择恰当的零件进行装配，以保证规定的装配精度要求的装配方法。它又分为直接选择法、分组装配法和复合选配法 3 种。

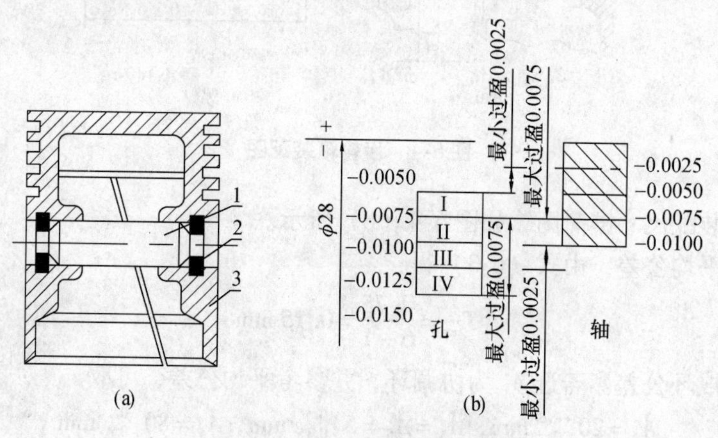

图 6-5 活塞销与活塞孔的配合

1—活塞销；2—挡圈；3—活塞

1. 直接选择法

在装配前，由工人在许多待装配的零件中，通过测量选出一套能保证产品精度要求的零件，然后进行装配。直接选择法装配时间长，装配工序的时间不易确定，因而不宜组织装配流水线生产；装配的质量与工人的技术水平有关；零件不易全部配套而形成废品，且废品率不易控制，易损零件备件也不便解决。

2. 分组装配法

在大批大量生产中，那些精度要求特别高，同时又不便于采用调整装置的机器结构，

若用完全互换法装配，则组成环的公差过小，加工很困难或很不经济，当组成环不多时可采用分组装配法。

分组装配法是先将组成环的公差相对于互换装配法所求之值增大若干倍，使各组成环的公差达到经济加工精度，加工完成后要对组成环的实际尺寸逐一进行测量并按尺寸大小分组，装配时零件按对应组号配对装配，即组内互换、组与组之间不互换。这样，既扩大了零件的制造公差，又能达到很高的装配精度。

【例 6.4】　采用分组装配法装配图 6-5 所示的活塞孔与活塞销。

解　将活塞孔与活塞销的公差同向放大 4 倍，由 0.0025 mm 放大到 0.01 mm，即活塞销直径为 $\phi28_{-0.01}^{0}$ mm，活塞孔直径为 $\phi28_{-0.015}^{-0.005}$ mm。这样，活塞销用无心外圆磨床加工，活塞孔用金刚镗床加工。

加工好后，用精密量具逐一测量其实际尺寸，按尺寸大小，以原公差 0.0025 mm 为间距分成 4 组，涂上不同的颜色，以便进行分组装配。装配时让具有相同颜色的销孔与销子相配，即大销子配大销孔，小销子配小销孔，使之达到产品图样规定的装配精度要求活塞销与活塞孔的分组尺寸如表 6-1 所示。

表 6-1　活塞销与活塞孔的分组尺寸　　单位：mm

组别	标志颜色	销孔直径 $\phi28_{-0.015}^{-0.005}$	活塞销直径 $\phi28_{-0.01}^{0}$	配合情况	
				最小过盈	最大过盈
Ⅰ	白	$\phi28_{-0.0025}^{0}$	$\phi28_{-0.0075}^{-0.0050}$	0.0025	0.0075
Ⅱ	绿	$\phi28_{-0.0050}^{-0.0025}$	$\phi28_{-0.0100}^{-0.0075}$	0.0025	0.0075
Ⅲ	黄	$\phi28_{-0.0075}^{-0.0050}$	$\phi28_{-0.0125}^{-0.0100}$	0.0025	0.0075
Ⅳ	红	$\phi28_{-0.0100}^{-0.0075}$	$\phi28_{-0.0150}^{-0.0125}$	0.0025	0.0075

从此例可以看出，分组装配法既扩大了零件的制造公差，又保证了较高的配合要求。

采用分组互换装配法时应注意以下几点。

(1) 所有组成环的制造公差、分组公差、分组数都应相同。

(2) 各组成环的尺寸分布曲线具有完全相同的对称分布规律，如若不然，将导致各尺寸组相配零件数不等而不能完全配套，造成浪费。当然，这种偏态分布的情况在生产上往往是难以避免的，只能在聚集了相当数量的不配套零件后，专门加工一批零件来配套。

(3) 分组后零件表面粗糙度及形位公差不能扩大，仍按原设计要求制造。

(4) 分组数不宜过多，一般以分成 2～4 组为宜（另一说分成 3～5 组）。否则会因零件测量、分类和存贮工作量的增大而使生产组织工作变得复杂。

分组装配法的主要优点是：零件的制造精度不很高，但却可获得很高的装配精度；组内零件可以互换，装配效率高。

不足之处是：额外增加了零件测量、分组和存贮工作量。分组装配法适于在大批大量生产中装配那些组成环数少而装配精度又要求特别高的机器结构。

3. 复合装配法

它是上述两种方法的综合。先对零件进行测量分组，在装配时再在相应的组内进行直接选择装配，以减少直接选择的时间和解决高精度装配质量的要求。

6.3.3 修配法

在装配精度要求较高而组成环较多的部件及机器中，若按互换法装配，会造成零件精度太高而无法加工，这时，常用修配法来解决问题。修配法的实质是：装配尺寸链的组成环均按经济加工精度规定其公差，由此而产生的累积误差用修配某一组成环的基本尺寸来解决，从而保证其装配精度。这种装配方法称为修配法，预先选定的需修配的零件尺寸（组成环）称为修配环。

修配法的优点是能利用较低的制造精度来获得很高的装配精度。其缺点是修配工作量大，且多为手工劳动，要求较高的操作技术。此法只适用于单件小批量生产类型。

用修配法解装配尺寸链，主要是正确确定修配环及其制造尺寸，以使修配量最小，从而尽量提高装配生产率和降低成本。

1. 修配环的选择原则及注意的问题

（1）便于装拆。

（2）形状简单，修配面积小，便于修配。

（3）一般不应取公共环，公共环是指那些同属于几个尺寸链的组成环，其变化会牵连几个尺寸链中封闭环的变化。可能出现修配后无法同时保证多个尺寸链对公共环的要求。

（4）在确定修配环的尺寸和公差时，必须使它有足够的修配余量。

2. 修配环修配余量的确定

根据完全互换法的理论要求，在理想状态下，封闭环公差等于各组成环公差之和。即：

$$T_0 = \sum_{i=1}^{n-1} T_i$$

为了降低加工难度和生产成本，放大各组成环的公差。放大后各组成环的公差之和：

$$T'_0 = \sum_{i=1}^{n-1} T'_i$$

$$T'_0 > T_0$$

要想满足装配精度要求，就必须用修配环修配掉（$T'_0 - T_0$）mm 的多余材料，所以，修配环的最大修配余量为：$F_{\max} = T'_0 - T_0$。

需要注意的是：修配环的最大修配量，还随修配环的（增、减）性质变化而变化；组成环尺寸偏差的标注方法不同，最大修配量的计算也不同。

【例 6.5】 如图 6-6 所示的键与键槽的配合，按技术要求应保证其间隙不超过

0.05 mm，键槽宽 A_1 和键宽 A_2 的基本尺寸相等，均为 30 mm。试确定其装配方法及零件加工精度。

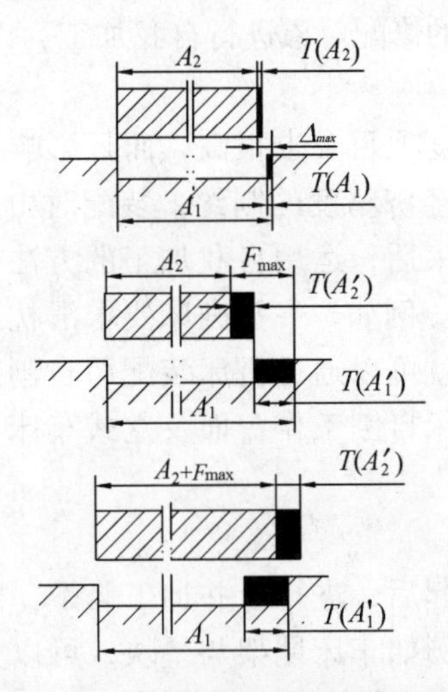

图 6-6　键与键槽配合精度示意图

解　若按完全互换法装配，键与键槽的平均公差为：

$$T_{av} = \frac{T_0}{n-1} = \frac{0.05}{3-1} = 0.025 \ \text{(mm)}$$

在现有条件下，按 0.025 mm 的公差加工键和键槽不经济。所以，不能选择完全互换法装配。

假设用修配法装配，将公差放大到经济加工精度。取 $T'_{A_1} = 0.2$ mm，$T'_{A_2} = 0.1$ mm，则装配后的最大间隙：

$$T'_0 = T'_{A_1} + T'_{A_2} = 0.2 + 0.1 = 0.3 \ \text{(mm)}$$

超出了装配精度要求 6 倍。为了满足装配精度要求，选择容易修配的键作修配环，并在基本尺寸上增加一个最大修配量：

$$F_{max} = T'_0 - T_0 = 0.3 - 0.05 = 0.25 \ \text{(mm)}$$

所以 $A'_2 = A_2 + F_{max} = 30 + 0.25 = 30.25$（mm）

所以按入体原则标注：$A'_1 = 30^{\ 0}_{-0.2}$ mm，$A'_2 = 30.25^{\ 0}_{-0.1}$ mm

由此可见，用修配法装配键与键槽既能使零件处于经济加工精度，又能保证较高的装配精度要求，既经济又合理。

3. 修配法装配的 3 种形式

(1) 按件修配法。

预先选择某一零件作为修配环，使其留有足够的修配量，装配时采用去除金属材料的办法改变其尺寸，以达到装配要求的方法称为按件修配法。例如，为保证车床主轴顶尖与尾架顶尖的等高要求，确定尾架垫块为修配对象，预留修配量，装配时通过刮研尾架垫块平面来达到等高要求。

(2) 就地加工修配法。

这种装配方法主要用于机床制造业中。在机床装配初步完成后，运用机床自身具有的加工能力，对该机床上预定的修配对象进行自我加工，以达到某一项或几项装配要求，称为就地加工修配法。

机床制造中，有些装配精度项目要求很高，而且影响这些精度项目的零件数量又往往较多，零件的制造公差受到经济精度的制约，装配时由于误差的累积，装配精度就极难保证。因此，在零件装配结束后，运用自我加工的方法，消除装配累积误差，达到装配要求，就有十分重要的意义。例如，牛头刨床要求滑枕运动方向与工作台面平行，影响这一精度要求的零件很多，就可以通过机床装配后自刨工作台来达到要求。其他如平面磨床自磨工作台面，龙门刨床自刨工作台面及立式车床自车转盘平面、外圆等均是采用这种方法。

(3) 合并加工修配法。

两个或多个零件装配在一起后，进行合并加工修配，以减少累积误差，减少修配工作量，称为合并加工修配法。例如车床尾架与垫块，可以先进行组装，然后再对尾架套筒孔进行最后的镗孔，于是本来由尾座和垫块两个高度尺寸进入装配尺寸链，变成合件的一个尺寸进入装配尺寸链，从而减小了刮削余量。其他如车床溜板箱中开合螺母部分的装配；万能铣床上为保证工作台面与回转盘底面的平行度，而采用工作台和回转盘的组装加工等，均是合并加工修配法。

合并加工修配法在装配中使用时，要求零件对号入座，给组织生产带来一定的麻烦，因此，单件小批生产中使用较为合适。

6.3.4 调整装配法

调整装配法与修配法的实质相同，即在扩大尺寸链组成环的公差的同时，均能保证装配精度要求，只是在改变预定补偿环尺寸的方法上有所不同。

用一个可调整零件，装配时调整它在机器中的位置，或者增加一个定尺寸零件如垫片、套筒等，以达到装配精度的方法，称为调整法。用来起调整作用的这两种零件，都起到补偿装配累积误差的作用，称为补偿件。

调整法应用很广，在实际生产中，常用的具体调整法有以下3种。

1. 可动调整法

采用移动调整件位置来保证装配精度，调整过程中不需拆卸调整件，比较方便。实际应用的例子很多。图6-7所示是常见的轴承间隙调整；图6-8所示是机床封闭式导轨的间隙调整装置，压板1用螺钉紧固在运动部件2上，平镶条4装在压板1与支承导轨3之间，用带有锁紧螺母的螺钉5来调整平镶条的上下位置，使导轨与平镶条结合面之间的间隙控制在适当的范围内，以保证运动部件能够沿着导轨面平稳、轻快而又精确地移动；图6-9所示为滑动丝杠螺母的楔块调整间隙装置，该装置利用调整螺钉使楔块上下移

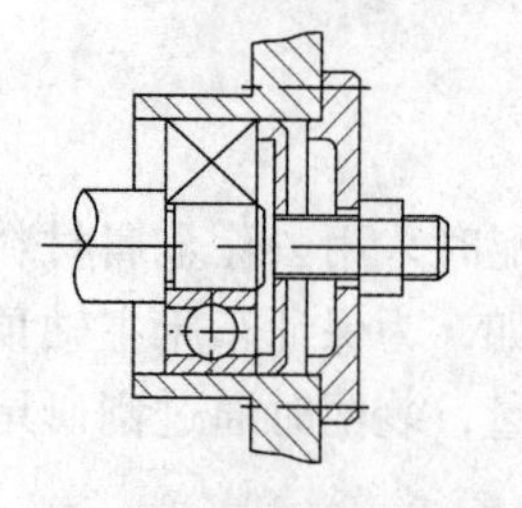
图6-7 轴承间隙的调整

动来调整丝杠与螺母之间的轴向间隙。以上各调整装置分别采用螺钉、楔块作为调整件，是可动调整法的典型结构。

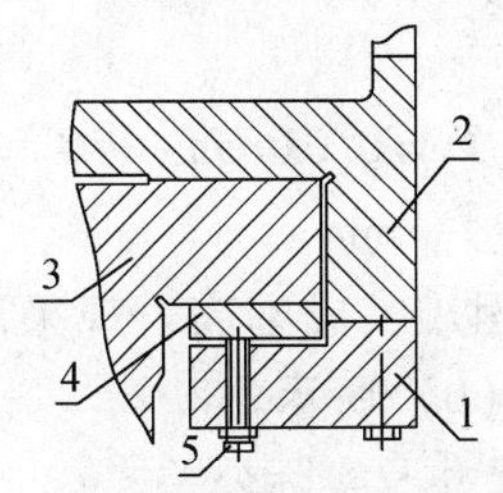

图 6-8　机床封闭式导轨的间隙调整装置

1—压板；2—运动部件；3—导轨；4—平镶条；5—螺钉

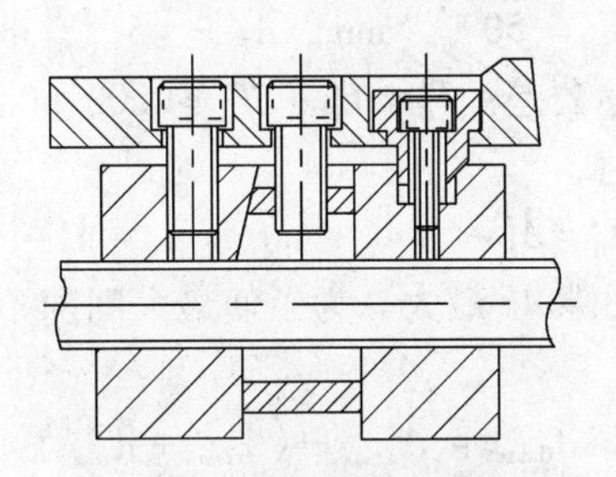

图 6-9　楔块调整螺母间隙

2. 固定调整法

选定某一零件为调整件，根据装配要求来确定该调整件的尺寸，以达到装配精度。由于调整件尺寸是固定的，称为固定调整法。图 6-10 所示为固定调整法的实例。箱体孔中轴上装有齿轮，齿轮的轴向窜动量 A_0 是装配要求。可以在结构中专门加入一个厚度尺寸为 A_t 的挡圈作调整件。装配时，根据间隙要求，选择不同厚度的挡圈垫入。挡圈预先按一定的尺寸间隔做出几种，供装配时选用。

调整件尺寸的分级数和各级尺寸的大小，应按装配尺寸链原理进行计算确定。

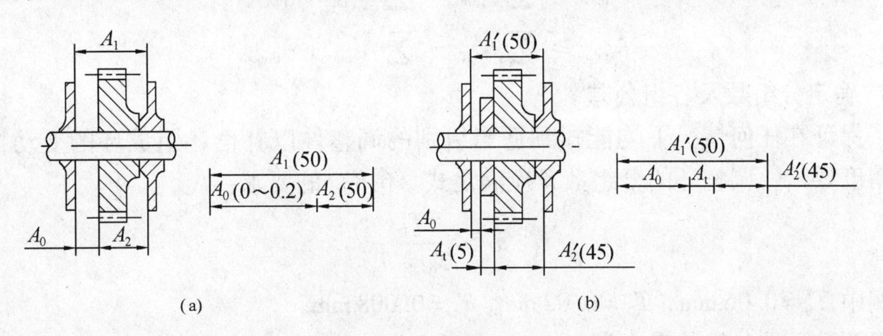

图 6-10　固定调整法

固定调整（补偿）环的计算示例如下。

【例 6.6】　如图 6-10 所示，已知齿轮与箱体间的装配间隙保证在 0～0.02 mm 范围内，A_1、A_2 的基本尺寸相等，为 50 mm。计算固定补偿件的尺寸及公差。

解 （1）采用完全互换法计算。

因为 $T_0 = T_1 + T_2 = 0.02$ mm

根据零件使用性能分配公差：$T_1 = 0.01$ mm　　$T_2 = 0.01$ mm

所以 $A_1 = 50^{+0.01}_{0}$ mm，$A_2 = 50^{0}_{-0.01}$ mm

由于零件的公差太小，加工困难，成本高，现采用固定补偿件的调整装配法装配，增加补偿环 A_t，其结构如图 6-10（b）所示。

（2）确定补偿环、组成环的尺寸及实际公差。

确定齿轮厚度为 45 mm，则 A_t 基本尺寸为 5 mm，取其公差为 0.008 mm，将组成环公差扩大 3 倍，则

$$A_1' = 50^{+0.03}_{0} \text{ mm},\ A_2' = 45^{0}_{-0.03} \text{ mm}$$

扩大公差后封闭环的实际公差：$T_0' = T_1' + T_2' = 0.03 + 0.03 = 0.06$（mm）

（3）确定补偿环极限尺寸。

因为
$$A_0 = \vec{A}_1' - (\vec{A}_2' + \vec{A}_t) = \vec{A}_1' - \vec{A}_2' - \vec{A}_t$$

当 $\vec{A}_1'$ 最大，$\vec{A}_2'$ 最小时，间隙 A_0 最大。为了使最大间隙不大于规定值，调整环 A_t 最低限度也应最大。即：

$$A_{0\max} = \vec{A}'_{1\max} - (\vec{A}'_{2\min} + \vec{A}_{t\max})$$

同理
$$A_{0\min} = \vec{A}'_{1\min} - (\vec{A}'_{2\max} + \vec{A}_{t\min})$$

由此求得补偿环的极限尺寸为：

$$\vec{A}_{t\max} \geqslant \vec{A}'_{1\max} - \vec{A}'_{2\min} - A_{0\max} = 50.03 - 0.02 - 45 + 0.03 = 5.04 \text{（mm）}$$

$$\vec{A}_{t\min} \leqslant \vec{A}'_{1\min} - \vec{A}'_{2\max} - A_{0\min} = 50 - 0 - 45 = 5 \text{（mm）}$$

一般说来，当调整环为减环时，具有下列关系：

$$\vec{A}_{t\max} \geqslant \sum \vec{A}'_{\max} - \sum \vec{A}'_{\min} - A_{0\max} \tag{6-4}$$

$$\vec{A}_{t\min} \geqslant \sum \vec{A}'_{\min} - \sum \vec{A}'_{\max} - A_{0\min} \tag{6-5}$$

当调整环为增环时，具有下列关系：

$$\vec{A}_{t\max} \geqslant \sum \vec{A}'_{\max} - \sum \vec{A}'_{\min} + A_{0\min} \tag{6-6}$$

$$\vec{A}_{t\min} \geqslant \sum \vec{A}'_{\min} - \sum \vec{A}'_{\max} + A_{0\max} \tag{6-7}$$

（4）确定分组数及各组公差。

为了保证在任何情况下均能找到适当组别的调整件以补偿各组成环的变动，保证封闭环的精度要求，调整环的分组数 n 应满足式（6-8）的要求：

$$n \geqslant \frac{T_0'}{T_0 - T_t} \tag{6-8}$$

本例中 $T_0' = 0.06$ mm，$T_0 = 0.02$ mm，$T_t = 0.008$ mm。

所以调整环的分组数最少为：

$$n = \frac{0.06}{0.02 - 0.008} = 5 \text{（组）}$$

各组尺寸间距为：
$$\frac{T_0'}{n} = \frac{0.06}{5} = 0.012 \text{（mm）}$$

故调整环挡圈的各组基本尺寸：

$A_{t1}=5.04$ mm　$A_{t2}=5.028$ mm　$A_{t3}=5.016$ mm　$A_{t4}=5.004$ mm

$A_{t5}=4.992$ mm

各组挡圈尺寸及偏差为：

$A_{t1}=5.04^{+0.008}_{0}$ mm　$A_{t2}=5.028^{+0.008}_{0}$ mm　$A_{t3}=5.016^{+0.008}_{0}$ mm

$A_{t4}=5.004^{+0.008}_{0}$ mm　$A_{t5}=4.992^{+0.008}_{0}$ mm

最后按尺寸链基本公式 $T_0=\sum_{i=1}^{n-1}T_i$ 分组验算，结果见表 6-2：

表 6-2　调整环尺寸验算　　单位：mm

组别	1	2	3	4	5
尺寸分散范围	>5.048～5.06	>5.036～5.048	>5.024～5.036	>5.012～5.024	>5～5.012
挡圈尺寸	$5.04^{+0.008}_{0}$	$5.028^{+0.008}_{0}$	$5.016^{+0.008}_{0}$	$5.004^{+0.008}_{0}$	$4.992^{+0.008}_{0}$
补偿后封闭环尺寸	0～0.02	0～0.02	0～0.02	0～0.02	0～0.02

调整装配法的优点如下。

（1）尺寸链所有组成环的公差，能够比前述的几种方法大得更多。

（2）可以达到最高的装配精度。当零件在使用过程中磨损后，还可以调整或更换固定补偿件来恢复装配精度。

（3）不需要进行钳工修配加工，装配工作比较简单易行，装配时间变化不大，可组织装配流水线生产。

调整装配法的缺点是：增加了组成环数目，使结构复杂了一些，在装配时需作一定的调整工作。调整装配法适用于批量较大、装配尺寸链的组成环数较多、封闭环的精度高，以及封闭环零件容易磨损或其尺寸易受温度影响的机构中。

3. 误差抵消调整法

通过调整某些相关零件误差的大小、方向使误差互相抵消，称为误差抵消调整法。采用这种方法，各相关零件的公差可以扩大，同时又能保证装配精度。下面以镗模装配时运用误差抵消调整为例来说明其原理。

装配要求镗模的镗套孔中心距为（100 ± 0.015）mm。设镗模板上镗套底孔孔距为（100 ±0.009）mm，镗套内、外圆的同轴度为 0.003 mm，则无论怎样装配均能满足装配精度要求。但其加工相当困难，采用误差抵消调整法进行装配，放大零件的制造公差，装配前先测量各零件的尺寸误差及位置误差，并记下误差的方向，然后按抵消误差的方向进行装配。实质上，本例是利用镗套同轴度误差来抵消镗模板上镗套底孔孔距误差的一个范例，其优点是降低了零件制造精度，靠调整最佳的装配位置，来达到满意的装配精度。这个最佳装配位置就是用误差抵消法进行调整得到的。

6.4 装配工艺规程的制定

将合理的装配工艺过程按一定的格式编写成书面文件，就是装配工艺规程。它是组织生产、计划管理、新建或改、扩建装配车间的基本依据之一。现将装配工艺规程的编制步骤简述如下。

6.4.1 装配工艺规程的制定原则

（1）确保产品的装配质量，并力求进一步提高质量。

装配是机器制造过程的最后一个环节。不准确的装配，即使是高质量的零件，也会装出质量不高的机器。像清洗、去毛刺等辅助工作，看来无关大局，但缺少了这些工序也会危及整个产品。准确细致地按规范进行装配，就能达到预定的质量要求，并且还可以争取得到较大的精度储备，以延长机器使用寿命。

（2）合理设计装配顺序和工序，尽量减少钳工装配工作量。

钳工手工调整效率低，强度大，精度难保证。应合理安排装配顺序，力求采用机械化、自动化手段进行装配，保证安装精度，提高劳动生产率。

（3）尽可能缩短装配周期，降低生产成本。

最终装配与产品出厂仅一步之差，装配周期拖长，必然阻滞产品出厂，造成半成品的堆积，资金的积压。缩短装配周期对加快工厂资金周转、产品占领市场十分重要。

（4）合理设计装配使用面积，提高面积利用率。

例如，大量生产的汽车工厂，组织部件、组件平行装配，总装在流水线上按严格的节拍进行，装配效率高，质量一致性好，车间布置整齐紧凑，占地少。

6.4.2 制定装配工艺规程所需的原始资料

（1）总装配图、部件装配图以及重要零件的零件图读图。了解装配时配合件的配合性质、精度等级、装配的技术要求等。

（2）产品验收标准、验收内容和方法。

（3）产品的生产纲领。所编制的装配工艺规程，应与生产类型相适应，不同生产类型的装配具有不同的工艺特征。大批量生产的产品应尽量选择专用的装配设备和工具，采用流水装配方法。对于成批生产、单件小批生产，则多采用固定装配方式，手工操作比重大。

（4）生产条件，如果在现有条件下来制定装配工艺规程，则应了解现有工厂的装配工艺设备、工人技术水平，装配车间面积等。如果是新建厂，则应适当选择先进的装备和工艺方法。

（5）国内外同类产品的有关工艺资料。

6.4.3　制定装配工艺规程的步骤

（1）进行产品分析。

工艺人员应对产品进行分析，必要时会同设计人员共同进行。装配工艺必须满足产品的设计要求。

① 分析产品图样，即所谓读图阶段。通过读图，审核产品装配图样的完整性、正确性，熟悉装配的技术要求和验收标准。

② 对产品的结构进行尺寸分析和工艺分析。所谓尺寸分析就是进行装配尺寸链的分析和计算。对产品图上装配尺寸链及其精度进行验算，在此基础上，确定保证装配精度的装配工艺方法并进行必要的计算。工艺分析就是分析产品的结构工艺性，确定产品结构是否便于装配拆卸和维修，这就是所谓审图阶段。在审图中如发现属于设计结构上的问题或有更好的改进设计意见，应及时会同设计人员加以解决。必要时对产品图纸进行工艺会签。

（2）确定装配的组织形式。

装配的组织形式，应根据产品的结构特点（包括尺寸、质量的大小和复杂程度）、生产纲领和现有生产条件确定。单件小批生产或重型产品多采用固定式装配，全部装配工作在一固定的地点完成，大批大量生产多采用移动式装配流水线或自动作业线，批量生产多采用间歇式移动装配流水线。

（3）划分“装配单元”，确定装配顺序，并画出装配系统图。

将产品划分为可进行独立装配的单元是制定装配工艺规程最重要的一步。只有划分好装配单元，才能合理安排装配顺序和划分装配工序。

在装配工艺规程制定过程中，表明产品零、部件间相互装配关系及装配流程的示意图称为装配系统图。每一个零件用一个长方格来表示，在长方格上标明零件名称、编号及数量。这种方格不仅可以表示零件，也可以表示合件、组件和部件等装配单元。

图 6-11 表示了部件和机器的装配工艺系统图，图 6-12 表示了机器的装配工艺系统合成图。从图中可以看出，装配时由基准零件开始，沿水平线自左向右进行，一般将零件画在上方，合件、组件、部件画在下方，其排列次序表示了装配的次序。图中零件、合件、组件、部件的数量，由实际装配结构确定。如有特殊技术要求，如焊接、配钻、配刮、冷压、热压和检验等，应在装配单元系统图上适当位置加注所需的工艺说明。

装配单元系统图配合装配工艺规程在生产中有着重要的指导意义。它主要应用于大批量生产中，指导组织平行流水装配，分析装配工艺问题，在单件小批生产中使用装配系统图代替装配工艺卡片。

（4）确定装配顺序。

产品或机器是由零件、合件、组件和部件等装配单元组成的。装配单元都要选定某一零件或比它低一级的单元作为装配基准件。通常应选体积或质量较大、有足够支承面、能保证装配时稳定性的零件、组件或部件作为装配基准件。

划分好装配单元，并确定装配基准件后，就可安排装配顺序。确定装配顺序的要求是保证装配精度，以及使装配连接、调整、校正和检验工作能顺利地进行，前面工序不妨碍后面工序的进行，后面工序不应损坏前面工序的质量等。

一般装配顺序的安排是：先难后易、先内后外、先下后上、先重大后轻小、先精密后一般、预处理工序在最前面。

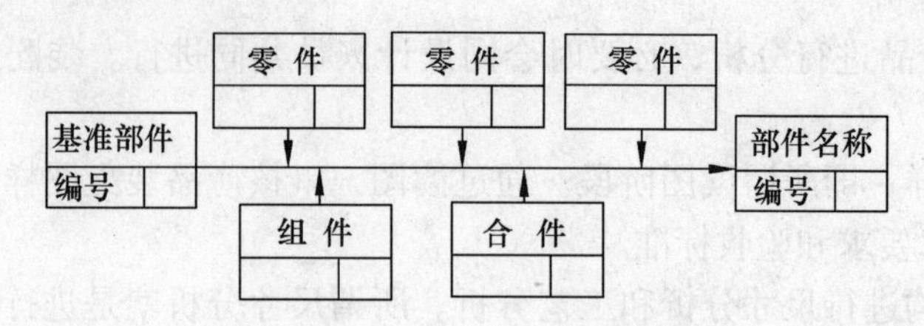

(a) 部件的装配单元系统图

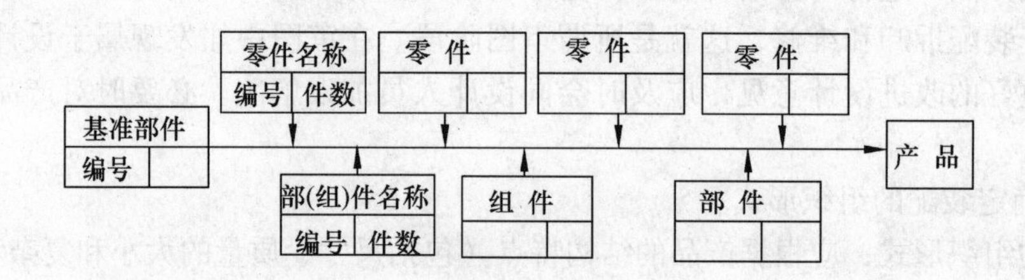

(b) 产品的装配单元系统图

图 6-11 装配单元系统图

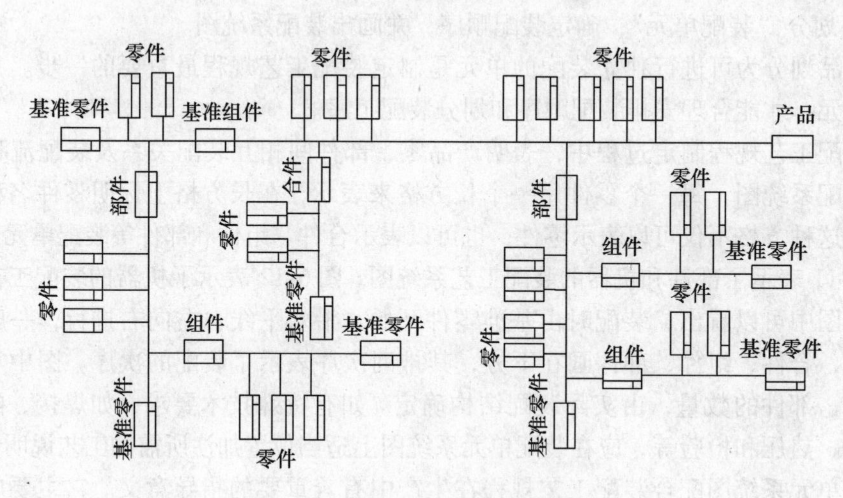

图 6-12 装配单元系统图合成图

(5) 装配工序的划分与设计。

装配顺序确定后，就可将工艺过程划分为若干个工序。并进行具体装配工序的设计。工序的划分通常和工序设计一起进行。

工序设计的主要内容包括以下几点。

① 必须选择合适的装配方法，制定工序的操作规范。例如，过盈配合所需压力、变温装配的温度值、紧固螺栓连接的预紧扭矩、装配环境等。

② 选择设备与工艺装备。选择装配工作所需的设备、工具、夹具和量具等。若需要

专用设备与工艺装备。则应提出设计任务书。

③ 确定工时定额，并协调各工序内容。目前装配的工时定额都根据实践经验估计。在大批大量生产时，要严格测算平衡工序的节拍，均衡生产，实现流水作业。

（6）编写工艺文件。

单件小批生产时，通常只绘制装配系统图。装配时，按产品装配图及装配系统图工作。成批生产时，通常还制定部件、机器的装配工艺过程卡，关键工序还编写工序卡。在大批量生产中，不仅要制定装配工艺过程卡，而且要制定装配工序卡，以直接指导工人进行产品装配。此外，还应按产品图样要求，制定装配检验及试验卡片。装配工艺过程卡片和装配工序卡片内容与格式见表 6-3、表 6-4。

表 6-3　装配工艺过程卡片

企业名称		装配工艺过程卡片	产品型号		部件图号		共　页
			产品名称		部件名称		第　页
工序号	工序名称	工序内容	装配部门	设备及工艺装备		辅助材料	工时定额（分）

										编制（日期）	审核（日期）	会签（日期）	
标记	处数	更改文件号	签字	日期	标记	处数	更改文件号	签字	日期				

表 6-4　装配工序卡片

企业名称		装配工艺过程卡	产品型号		部件图号		共　页
			产品名称		部件名称		第　页

工序号	工序名称		车间		工段		设备		工序时间	

工步号	工步内容	工艺装备	辅助材料	时间定额（分）

										编制（日期）	审核（日期）	会签（日期）
标记	处数	更改文件号	签字	日期	标记	处数	更改文件号	签字	日期			

(7) 制定产品检测与试验规范。

产品装配完毕之后，应按产品图样要求制定检测与试验规范，其内容包括以下几点。

① 检测和试验的项目及检验质量指标。

② 检测和试验的方法、条件与环境要求。

③ 检测和试验所需工装的选择与设计。

习题与思考题

1. 装配工作的主要内容有哪些?

2. 机械产品的装配精度包括哪些项目？举例说明装配精度与零件精度的关系。

3. 保证产品装配精度的方法有哪些？如何选择装配方法?

4. 极值法解尺寸链与概率法解尺寸链有何不同？各用于何种情况?

5. 用分组装配法组装产品时应注意哪些问题?

6. 修配法的适用条件是什么？采用修配法解尺寸链时如何选择修配环?

7. 图 6-13 为一齿轮装配结构图，要求齿轮 3 在轴 1 上回转。因此，齿轮左、右端面与轴套 4、挡圈 2 之间应留有一定间隙 A_0。已知，$A_1 = 35$ mm，$A_2 = 14$ mm，$A_3 = 49$ mm，若要求装配后齿轮右端的间隙在 0.10～0.35 mm 之间，试以完全互换法求各组成环尺寸及极限偏差。

8. 某轴与孔的设计配合为 ϕ10H6/h6，为降低加工成本，两零件按 IT9 级制造。当采用分组装配法时，试计算下面两个问题。

(1) 分组数与每一组的极限偏差。

(2) 如加工 1000 套，且孔与轴的实际尺寸分布均符合正态分布规律，每一组孔与轴的零件数各为多少?

9. 图 6-14 所示牛头刨床摇杆机构中，摇杆与滑块的装配间隙要求为 0.03～0.05 mm，试用修配法解装配尺寸链（选修配环，确定修配环之上下偏差，计算最大修配量)。设 $A_1 = A_2 = 100$ mm，$T_{A1} = 0.10$ mm，$T_{A2} = 0.06$ mm。

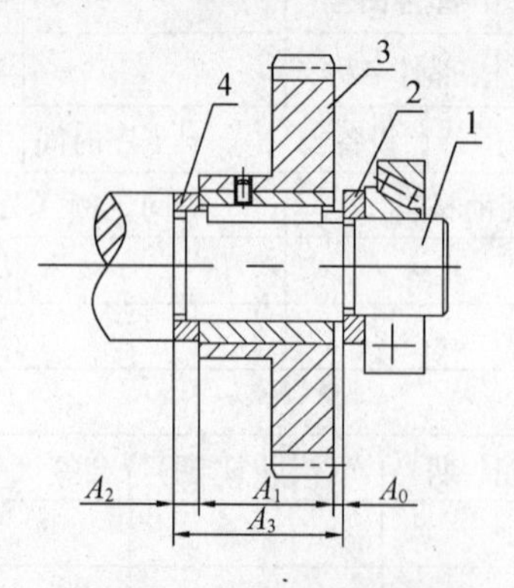

图 6-13 齿轮装配结构图

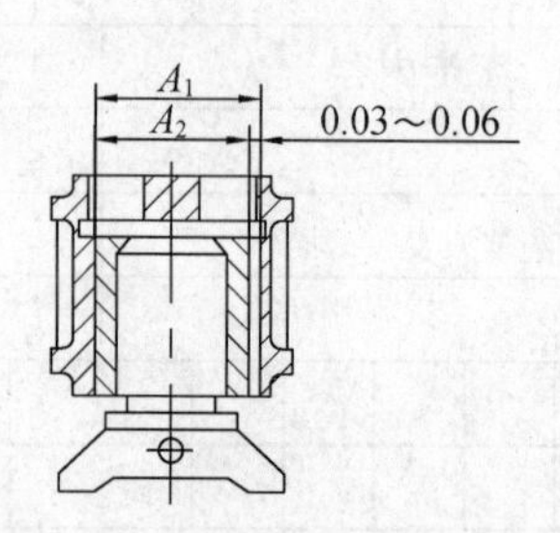

图 6-14 牛头刨床摇杆机构示意图

第7章　机械加工现代工艺技术简介

7.1　概　　述

7.1.1　现代制造技术的发展

20世纪中期以后，制造业迎来的是一个更为激烈的竞争和生存环境。新知识、新概念的不断涌现和新产品、新工艺的迅速更新，加速了市场的变化，企业面临着更加严峻的挑战。

在市场需求不断变化的驱动下，制造业的生产沿“小批量、少品种大批量、多品种变批量”的方向发展。在科技高速发展的推动下，与市场需求相适应，制造技术也沿着以下4个方向发展：传统制造技术的革新、拓展；精密工程；非传统加工方法；制造系统的柔性化、集成化、智能化。未来，机械产品将向大型化、参数化和高可靠性方向发展，技术密集度及附加值将有大幅度提高，制造企业将普遍建立柔性化、集成化、智能化的生产模式。机械制造业的发展过程，是一个不断提高制造产品的加工精度和表面质量、不断提高和完善制造过程的自动化水平和不断降低制造成本的过程。

现代制造技术是传统制造技术与微电子、计算机、自动控制等现代高新技术相交叉融合的结果，是一个集机械、电子、能源、材料科学、信息科学、生物科学及现代管理等技术成果于一身，并将其综合应用于产品设计、制造、检验、管理、服务等生产周期的全过程，以实现“优质、高效、低耗、灵活、清洁”的生产技术模式，取得理想技术经济效果的制造技术的总称。

随着计算机技术、微电子技术、传感技术、自动控制技术和机电一体化技术的迅速发展及其在机械制造方面的应用，由系统论、信息论和控制论所组成的系统科学和方法论与机械制造科学的密切结合，组成了机械制造系统，并形成了现代制造工程学。制造系统就是人、机器以及物料流和信息流的一个组合体。

现代制造技术特别强调人的主体作用，强调人、技术和管理三者的有机结合，因此，现代制造技术具有以下特征。

(1) 现代制造技术已成为一门综合性学科。现代制造技术是由机械、电子、计算机、材料、自动控制、检测和信息等学科的有机结合而发展起来的一门跨学科的综合性学科，现代制造技术的各学科、各专业间不断交叉融合，并不断发展和提高。

(2) 产品设计与制造工艺一体化。传统的机械制造技术通常是指制造过程的工艺方法，而现代制造技术则贯穿了从产品设计、加工制造到产品的销售、服务、使用维护等全过程，成为“市场调查＋产品设计＋产品制造＋销售服务”的大系统，如并行工程就是为了保证从产品设计、加工制造到销售服务一次成功而产生的，已成为面向制造业设计的一个新的重要方法和途径。

（3）现代制造技术是一个系统工程。现代制造技术不是一个具体的技术，而是利用系统工程技术、信息科学、生命科学和社会科学等各种科学技术集成的一个有机整体，已成为一个能驾驭生产过程的物料流、能量流和信息流的系统工程。

（4）现代制造技术更加重视工程技术与经营管理的有机结合，现代制造技术比传统制造技术更加重视制造过程的组织和管理体制的简化和合理化，由此产生了一系列技术与管理相结合的新生产方式：如制造资源计划（MRP）、准时生产（JIT）、并行工程（CE）、敏捷制造（AM）和全面质量管理（TQC）等。

（5）现代制造技术追求的是最佳经济效果。现代制造技术追求的目标是以产品生命周期服务为中心，以新产品开发速度快、成本低、质量好、服务优、灵活性强取胜，并获得最佳的经济效果。

（6）现代制造技术特别强调环境保护。现代制造技术必须充分考虑生态平衡，环境保护和有限资源的有效利用，做到人与自然的和谐、协调发展，建立可持续发展战略。未来的制造业将是“绿色”制造业。

7.1.2 现代制造技术的分类

现代制造技术的分类及发展大体上可从5个方面来论述。

（1）传统加工工艺的改造和革新。

这一方面的技术潜力很大，如高速切削、超高速切削、高速磨削（磨削速度达到120 m/s）、强力磨削、砂带磨削，涂层刀具、超硬材料刀具、超硬材料磨具的出现都对加工理论的发展、加工质量和效率的提高产生重要的影响。

（2）精密工程。

精密工程包括精密加工、超精密加工和纳米加工3个档次。

（3）特种加工方法。

特种加工方法又称非传统加工方法，它是指一些物理的、化学的加工方法。如电火花加工、电解加工、超声波加工、激光加工、电子束加工，离子束加工等。特种加工方法的主要对象是难加工的材料，如金刚石、陶瓷等超硬材料的加工，其加工精度可达分子级加工单位或原子级单位，所以它又常常是精密加工和超精密加工的重要手段。

（4）快速成型（零件）制造。

快速成型制造技术是利用离散/堆积成型概念，直接根据产品CAD的三维实体模型数据，经计算机数据处理后，将三维实体数据模型转化为许多二维平面模型的叠加，再直接通过计算机控制这些二维平面模型，并顺次将其连接，堆积成复杂的三维实体零件模型。这就是快速成型（零件）制造的基本原理。

快速成型制造技术是机械工程、数控技术、CAD与CAM技术、激光技术以及新型材料技术的集成。它可以自动迅速地把设计思想物化为具有一定结构和功能的原型或直接制造零件，可以对产品设计进行快速评价、修改，以响应市场需求，提高企业的竞争能力。

目前，快速成型制造方法很多，较成熟的商品化方法有叠层实体制造法和立体光刻等。

(5) 制造系统的自动化、集成化、智能化。

机械制造自动化的发展经历了单机自动化、刚性自动线、数控机床和加工中心、柔性制造系统和计算机集成制造等几个阶段，并向柔性化、集成化、智能化进一步发展。

7.2 成组技术

7.2.1 概述

近年来，由于科学技术飞跃发展及市场竞争日益激烈，机械工业企业的产品更新愈来愈快，产品品种日益增多，而每种产品的批量都愈来愈少。致使劳动生产率比较低，生产周期长，产品成本高，不利于竞争。在这种情况下，产生了新的生产模式——大批量定制生产（Mass Customization Production，简称 MCP）。采用新的生产模式的目的是探索如何在单件小批量生产过程中，产生大批量生产的效益。那么，在新的生产模式下，如何组织生产、增加柔性、提高生产效率，以满足多变的市场需求呢？在各种先进制造技术的支持下，成组技术（Group Technology，简称 GT）可作为一种有效的工具，在小批生产中获得大批生产的良好效果。

事实上，不同的机械产品，尽管其功能和用途各不相同，然而每种产品中所包含的零件类型都存在一定的规律性。大量的统计分析表明，任何一种机械产品中的组成零件都可分为以下3类。

(1) 专用件。其结构复杂，专用性强，数量少，一般占零件总数的5%～10%，如机床床身、主轴箱、发动机中的一些大件均属此类。

(2) 相似件。这类零件在产品中的种类多，数量大，约占零件总数的65%～70%，其特点是功能相同，只是在形状和尺寸上略有差异，相似程度高，且多为中等复杂程度的零件，如轴、套、支座、拨叉、齿轮等。

(3) 标准件。这类零件结构简单，通用性好。如螺母、螺钉、垫圈、轴承等，一般均已组织大量生产。

零件的相似性是应用成组技术的首要条件。相似的零件是指一些几何形状相似、尺寸相近，因而制造工艺也相似的零件。制造工艺的相似又表现在3个方面：采用相似的加工方法进行制造；采用相似的工装进行安装；采用相似的测量工具进行测量。

成组技术的实质就是按零件结构形状、材料、技术要求和加工工艺的相似性，将其归并成组（族），即通过制造系统对输入信息的组织计算，将单件、小批生产的零件，组合成为生产批量较大的零件组，按零件组进行制造。以各品种零件的“叠加批量”取代原单一品种批量，相当于生产批量大幅度增加，因此，可采用近似大批量生产中的高效工艺、设备及生产组织形式来进行多品种、中小批量生产，从而提高其生产率和技术经济效益。

成组技术经历了“成组加工—成组工艺—成组技术—成组生产系统”这样一个发展历程。随着计算机技术和数控技术的发展，成组技术不仅已被公认为是提高多品种、中小批量生产企业经济效益的有效途径，也成为最新计算机辅助制造（CAM）、柔性制造系统（FMS）和计算机集成制造系统（CIMS）发展的重要基础技术。

7.2.2 成组加工工艺的拟定

成组技术在加工工艺领域的应用，称为成组工艺。成组工艺的主要作用是针对一定范围的零件制定加工内容，确定加工设备和工艺装备等，并通过零件的分类编码，合理组织生产。

1. 零件的编码与成组

(1) 零件的分类编码系统。

零件分类编码是对零件相似性进行识别的一个重要手段，也是 GT 的基本方法。就是用数字来描述零件的几何形状、尺寸和工艺特征，即零件特征的数字化。零件的分类编码系统就是用字符（数字、字母或符号）对零件各有关特征进行描述和标识的一套特定的规则和依据。按照分类编码系统的规则用字符描述和标识零件特征的过程，就是对零件进行编码的过程，这种编码叫 GT 码。

① 零件的编码原理。在成组技术的条件下，零件的各种特征信息由代码来标识，是由零件的识别码和零件的分类码组成的。零件的识别码，是为了便于生产的组织和管理而设置的，仅表示零件彼此的区别和隶属产品信息。识别码规则比较简单，一般是零件的图号或零件号，且编号唯一。

零件的分类码是为了成组技术的需要，借助一定的分类编码系统，分类码不仅标识零件彼此的区别，还反映出零件固有的功能、名称、结构、形状、工艺、加工生产等方面的信息。分类编码不唯一，不同的零件可以有相同的分类代码，正是利用分类码的这一特征，使之能按照结构相似或工艺相似的要求，划分出结构相似的零件组或工艺相似的零件组，后者即可供工艺部门对工艺相似零件制定并检索标准工艺数据。

② 零件的分类编码方法。零件分类编码系统可以分为 3 种类型：一是以零件设计特征为基础的编码系统，用于检索和促进设计标准化。其基本的代码结构是树式结构，其码位之间是隶属关系，即除第一码位内的特征码外，其他各码位的确切含义要根据前一码位来确定，树式结构的分类编码系统所包含的特征信息量较多，能详细描述零件特征，但结构复杂，编码和识别比较困难；二是以零件制造特征为基础的编码系统，用于计算机辅助工艺规程编制、刀具设计以及其他与产品有关的工程内容。其基本的代码结构是链式结构，每个码位具有独立的含义，与前后码位无关，链式结构所包含的特征信息量比树式结构少，但结构简单，编码和识别代码比较方便。三是以零件的设计和制造特征为基础的编码系统，它由一系列较少的链式结构码位构成，链中的码位都是独立的，但在整个编码中，需要有一个或几个码位表示零件的其他特征信息，其确切含义由前一位码位确定，这与树式结构相同，故称为混合结构。混合式编码结构能较好地满足设计和制造的需要，是零件分类编码系统中最常用的方法。只有对零件进行分类编码，才能比

较精确地评定出有关零件的相似程度以及归并零件组（族）。因此，分类编码系统是推行成组技术的重要工具。

零件编码系统由大量代表零件设计或制造特征的符号构成。大多数分类编码系统只使用数字，也可以由数字和英文字母混合组成。

③ JLBM-1 机械零件分类编码系统。由于实施成组技术的目的、范畴和手段不同，迄今为止，世界各国已制定了几十种编码系统。其中德国 Opitz 教授领导研制的奥匹兹（Opitz）分类系统，在国际上获得较为广泛的应用。在分析了德国奥匹兹系统等的基础上，根据全国机械产品的具体情况，我国原机械工业部已于 1984 年制定了“机械零件分类编码系统（JLBM-1 系统）”。它是我国机械工厂实施成组技术的一种指导性文件。

JLBM-1 系统采用 15 个码位（参见表 7-1），由 9 个主码和 6 个辅码组成，与每个码位相对应的是由 0 到 9 的 10 个特征码。特征码表示零件名称、功能、结构形状、尺寸大小和工艺特征等信息，每个特征码都代表一定的含义，见表 7-1 和表 7-2。其中主码第一、二位码构成一个功能名称矩阵，反映了零件的功能和主要形状，四、六是指外表面上和内表面上有无环槽、螺纹、锥面等；主码七、八是指外表面上和内表面上有无键槽、花键、齿形、曲面，以及单一平面、平行平面、等分平面、不等分平面等；主码九是指

表 7-1　JLBM-1 零件分类编码系统

<table>
<tr><th colspan="17">码　位</th></tr>
<tr><th colspan="11">主　码</th><th colspan="6">副　码</th></tr>
<tr><th colspan="3">一位</th><th>二位</th><th>三位</th><th>四位</th><th>五位</th><th>六位</th><th>七位</th><th>八位</th><th>九位</th><th rowspan="2">十位</th><th rowspan="2">十一位</th><th rowspan="2">十二位</th><th rowspan="2">十三位</th><th rowspan="2">十四位</th><th rowspan="2">十五位</th></tr>
<tr><th colspan="3">名称类别粗分类</th><th>名称类别细分类</th><th colspan="7">回转类零件的形状与加工码</th></tr>
<tr><td>0</td><td rowspan="5">回转类零件</td><td>轮盘类</td><td>盘、盖</td><td colspan="2" rowspan="2">外部形状及加工</td><td colspan="2" rowspan="2">内部形状及加工</td><td colspan="2" rowspan="2">平面、曲面加工</td><td rowspan="2">辅助加工</td><td rowspan="10">材料</td><td rowspan="10">毛坯原始形式</td><td rowspan="10">热处理</td><td colspan="2" rowspan="2">主要尺寸</td><td rowspan="10">精度</td></tr>
<tr><td>1</td><td>环套类</td><td>防护盖</td></tr>
<tr><td>2</td><td>销杆轴类</td><td>法兰盘</td><td>基本形状</td><td>功能要素</td><td>基本形状</td><td>功能要素</td><td>外平面端面</td><td>内平面</td><td>非同轴线孔成型、刻线</td><td rowspan="8">直径 D 或宽度 B</td><td rowspan="8">长度（L 或 A）</td></tr>
<tr><td>3</td><td>齿轮类</td><td>带轮</td><td colspan="7" rowspan="2"></td></tr>
<tr><td>4</td><td>异形件类</td><td>手轮</td></tr>
<tr><td>5</td><td rowspan="5">非回转类零件</td><td>专用件类</td><td>离合器体</td><td colspan="7">非回转、类零件的形状及加工码</td></tr>
<tr><td>6</td><td>杆条类</td><td>分度盘</td><td colspan="4">外部形状及加工</td><td colspan="2">主孔及内部加工</td><td>辅助加工</td></tr>
<tr><td>7</td><td>板块类</td><td>滚轮</td><td rowspan="2">总体形状</td><td rowspan="2">平面加工</td><td rowspan="2">曲面加工</td><td rowspan="2">外形要素</td><td rowspan="2">主孔加工</td><td rowspan="2">内部加工</td><td rowspan="2">辅助孔成形</td></tr>
<tr><td>8</td><td>座架类</td><td>活塞</td></tr>
<tr><td>9</td><td>箱壳体类</td><td>其他</td><td colspan="7"></td></tr>
</table>

表 7-2　主码第一位的 10 个特征号含义

一位＼二位		0	1	2	3	4	5	6	7	8	9
0	轮盘类	盘、盖	防护盖	法兰盘	带轮	手轮捏手	离合器体	分度盘、刻底盘、环	滚轮	活塞	其他
1	环套类	垫圈片	环、套	螺母	衬套轴套	外螺纹套直管接头	法兰套	半联轴节	油缸气缸		其他
2	回转类零件：销杆轴类	销堵短圆柱	圆杆圆管	螺杆螺栓螺钉	阀杆阀芯活塞杆	短轴	长轴	蜗杆丝杠	手把手柄操纵杆		其他
3	齿轮类	圆柱外齿轮	圆柱内齿轮	锥齿轮	蜗轮	链轮棘轮	螺旋锥齿轮	复合齿轮	圆柱齿条		其他
4	异形件	异形盘套	弯管接头弯头	偏心件	扇形件弓形件	叉形接头叉轴	凸轮凸轮轴	阀体			其他
5	专用件		省略								其他

		三位	四位	五位		六位	七位	八位	九位	
特征项号		外部形状及加工		内部形状及加工			平面、曲面加工		辅助加工（非同轴线孔、成形、刻线）	
		基本形状	功能要素	基本形状		功能要素	外（端）面	内面		
0	单轴线	光滑	无	无轴线孔		无	无	无	无	
1	单轴线	单向台阶	环槽	非加工孔		环槽	单一平面不等分平面	单一平面不等分平面	均布孔	轴向
2	单轴线	双向台阶	螺纹	通孔	光滑单向台阶	螺纹	平行平面等分平面	平行平面等分平面	均布孔	径向
3	单轴线	环、曲面	1 +2	通孔	双向台阶	1 +2	槽、键槽	槽、键槽	非均布孔	轴向
4	单轴线	正多边形	锥面	盲孔	单侧	锥面	花键	花键	非均布孔	径向
5	单轴线	非圆对称截面	1 +4	盲孔	双侧	1 +4	齿形	齿形	倾斜孔	
6	单轴线	弓、扇形或4、5以外	2 +4	球、曲面		2 +4	2 +5	3 +5	各种孔组合	
7	单轴线	平行轴线	1 +2 +4	深孔		1 +2 +4	3 +5 或 4 +5	4 +5	成形	
8	多轴线	弯曲、相交轴线	传动螺纹	相交孔平行孔		传动螺纹	曲面	曲面	机械刻线	
9	多轴线	其他	其他	其他		其他	其他	其他	其他	

有无轴向或径向的均布孔、非均布孔、倾斜孔和刻线等。第十到十五位码为辅助码，表示零件的材料、毛坯、尺寸和精度等。零件编码就是根据不同情况和加工内容，在有关码位分别赋予不同的特征码。应该注意的是企业或工厂在应用此系统前，必须对本企业的零件名称做标准化处理，并有明确的解释。编码示例如图 7-1 所示。

JLBM-1 系统的特点是零件类别按名称类别矩阵划分，便于设计、检索；分类表简单，定义明确，容易掌握；码位适中，又有足够描述信息的容量。有关该系统的详情可参阅技术标准 JB/Z251—85。

码位	一	二	三	四	五	六	七	八	九	十	十一	十二	十三	十四	十五
特征码	2	4	1	2	0	0	3	0	1	3	6	0	4	3	4
特征说明	销、杆、轴类	短轴	外部有单向台阶	外部有螺纹	内部无轴线孔	内部无功能要素	外部有键槽加工	内部无平面加工	轴向有均布孔	优质碳素钢	锻件	无热处理	回转直径大于30至58	长度大于50至120	外圆要求高精度

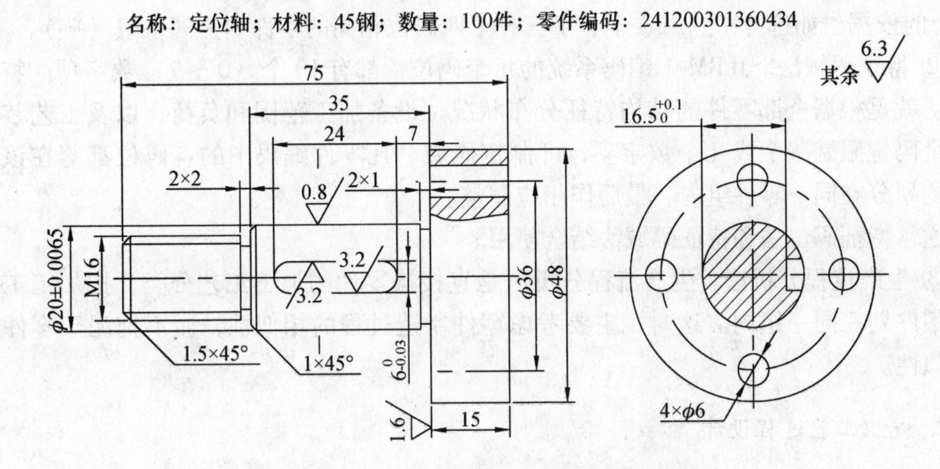

图 7-1　JLBM－1 零件分类编码系统实示例

（2）零件分类编码的作用。

零件的分类编码反映了零件固有的名称、功能、结构、形状和工艺特征等信息。分类码对于每种零件而言不是唯一的，即不同的零件可以拥有相同的或接近的分类码，并由此能划分出结构相似或工艺相似的零件组来。

零件分类编码系统是实施成组技术的基础和重要手段，对零件进行分类成组，可以使零件设计标准化、系列化和通用化，辅助人工或计算机编制工艺过程和进行成组加工车间的平面设计，改进数控加工的程序编制，使工艺设计合理化，促进工装和工艺路线标准化，为计算机辅助制造打下基础，进一步以成组的方式组织生产。

(3) 面向工艺的分类编码系统。

前述零件分类编码系统，如用于制造，根据工艺相似性分零件组（或族），则其中包含的工艺信息远远不够，不能满足编制成组工艺文件的需要。为此，德国斯图加特（Stuttgart）大学图奋查莫尔（KTuffentsammer）等人研制了一种以工艺分类为目标的工艺分类编码系统。此系统按不同的加工方法如车、钻、铣、磨有不同的编码表。每一种编码表的第 1 位码都是该种加工方法为安装工件所用的夹具。

此工艺编码系统设计的思想和 GT 技术先行者——前苏联的米特洛范诺夫早期在工厂推行 GT 的经验一致，只有应用相同夹具的零件，才能分在同一组（族）内。这样，在同一组（族）内更换零件时可使调整时间最短。此外，加工中的各种工艺装备，尤其是夹具对分组的重要性显而易见。对整体几何形状有较大差别，但在机床上操作主要内容相似的零件应该属于同一个零件组（族），这使工艺和工艺装备各有继承性，提供了各种工艺装备和工艺“重复使用”的机会。由于不同工厂在工艺和工艺装备上差别较大，因此这类工艺编码系统在转换使用场地时有较大工作量，影响其推广应用。

(4) 零件的分类成组方法。

根据零件编码划分零件组（族）最有效的方法是使用电子计算机，也可以用手工进行分组（族）。划分零件组（族）的主要方法有以下 3 种。

① 特征码位法。特征码位法是指选择与加工直接有关的几个码位，作为划分零件组（族）的依据。如选择一、二、十、十三和十四码位相同的零件划为同一组（族）。

② 特征码域法。JLBM-1 编码系统的每个码位，都有 10 个（0～9）数字项。特征码域法，就是根据全部零件的结构特征分布状况，设备加工范围和负荷，以及工艺装备等对每个码位限制一个或几个数字项，即制定码域。凡零件编码中的各码位都落在该码域内，均划分在同一零件组内，最后作相应调整。

通常特征码位法和特征码域法结合使用。

③ 生产流程分析法。生产流程分析法是直接按零件的加工工艺分类，把加工工艺相同的零件划在同一组内。这时，主要考虑零件制造过程的相似性，而不拘泥于零件结构的相似性。

2. 成组工艺过程设计

所谓成组工艺，就是把品种繁多的各种单件小批量生产的零件，根据其外形结构、技术要求和加工方法的相似性，把零件归并成若干组，在每一组（族）零件中选择一个能包括该组（族）全部结构要素的主样件，它往往是经过综合方法人为拟定的包含这组零件全部几何特征的假想零件，也可以是零件组中结构最复杂、工艺路线最长的实际零件。由于它包含了组内其他零件所具有的所有待加工表面要素，根据这个主样件制定出的典型的工艺规程，适用于组内的所有零件（包括在该组范围内的未来新设计的零件），它集中反映了零件组内所有零件相似的工艺特征，当加工对象由一种零件转变为同组内另一种零件时，只要从中删除一些所设计零件不需要的工序或工步，就能被组内所设计的零件使用，形成各个零件的加工工艺，而不需要改变加工方法和加工设置，或者对加工工艺系统仅做简单调整。

成组加工工艺过程就是按主样件进行编制，该工艺过程不仅应适应组（族）中每个零件的加工，而且是最佳工艺方案。表7-3是成组工艺路线的一个简例，具体编制步骤如下。

（1）查询主样件。调出成组编码系统，对零件进行成组编码。调出规则引擎，将零件的成组编码交与规则引擎，由其根据零件的成组编码与系统中已有的主样件进行查询对比。如查询到符合规则的主样件，即找到了零件所属的零件族，可在此基础上根据零件的实际情况进行一定的修改，编制出符合要求的工艺文件并保存。如没有找到匹配的主样件，则按下列步骤执行。

（2）创建零件组的主样件。从同一零件组中找出一个包含结构要素最多的零件作为原始代表件，以它为基础，把其他零件中不同于原始代表件的全部结构要素都添加到原始代表零件上，这样即可绘制出该零件组的主样件图。

（3）进行主样件加工表面编号。

（4）编制主样件的工艺规程。

（5）绘制工艺装备配置示意图。

表7-3　套筒零件的成组工艺路线

零件简图	工步									综合零件
	1	2	3	4	5	6	7	8	9	
	切端面	车外圆	车外圆	钻孔	钻孔	镗锥孔	车外圆	倒角	切断	
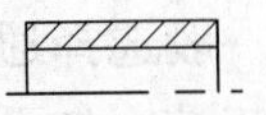	1	2		4					9	
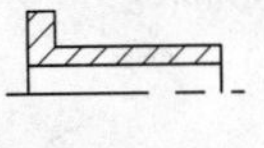	1	2	3	4					9	
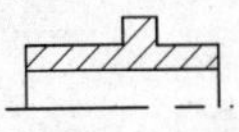	1	2	3	4			7		9	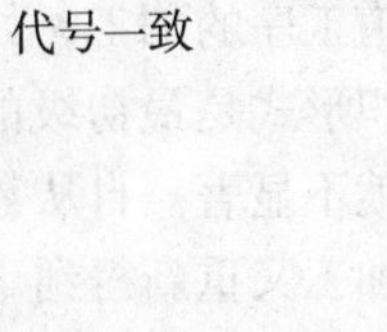
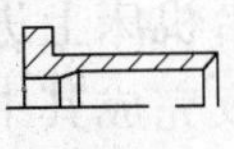	1	2	3	4	5	6			9	注：表面代号与工步代号一致
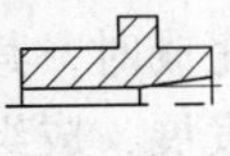	1	2	3	4		6	7		9	
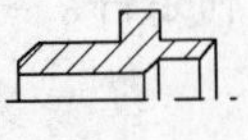	1	2	3	4	5	6	7	8	9	

（6）初步确定按本成组工艺规程能加工的零件形状、尺寸、毛坯、材料、精度和表面粗糙度范围。

如使用零件编码，则确定本成组工艺规程所适用的码域范围。若用复合工艺路线法则编制步骤如下：

① 分析编入一个零件组内每一个零件的工艺路线，并从中选择几个有代表性的零件，以工序数目最多、工艺路线安排比较合理的零件为代表零件；

② 对所选的几个代表零件制定工艺规程；

③ 综合所编制代表零件的工艺规程，初步制定本组零件的成组工艺规程。

(7) 成组工艺规程的最后制定：初步编制的成组工艺规程，必须在成组夹具设计完成后，以及零件按成组工艺规程进行试加工后进行最后制定工作，以对成组工艺规程中不足之处做修订，最后存入数据库。

3. 设计成组夹具

在成组技术原理指导下，为完成成组工序而设计、制造的专用夹具称为成组夹具。成组零件虽然有很多共性，但不同的零件都有其各自特点，所以要求成组夹具不同于一般的专用夹具，成组夹具一方面应具有较大的通用性，另一方面又不受各零件特有结构的影响，当更换工件时，应调整简便、装夹迅速、定位准确、夹紧可靠，以实现生产的连续性。

与专用夹具相比，成组夹具结构中除了具有夹具体、传动机构和夹紧机构等通用件外，还增加了多种定位元件、夹紧元件和导向元件等可调可换件。当组内零件品种更换时，只需将可调整部分进行更换或调节，便可继续使用。

4. 选择机床

机床的选择原则除了根据工艺需要外，还要兼顾本企业的生产条件。一般选择通用机床或对通用机床做适当改装，配备成组夹具和刀具；或设计专用设备和工装，如可调组合机床、简易高效半自动液压仿形机床、可调主轴箱机床等；或选用数控机床。

7.2.3 成组技术的生产组织形式

1. 成组单机

成组单机加工是把同一零件组内所有零件的相同或相似工序集中在一台机床上进行加工。它的特点是从毛坯到产品多数可在同一种类型的设备上完成，也可仅完成其中某几道工序的加工，如在转塔车床、自动车床加工的中小零件，多半属于这种类型。这种组织形式是最初级的形式，最易实现，但对较复杂的零件，需用多台机床完成时，其效果就不显著。自从数控机床和加工中心出现以来，特别是柔性运输系统的发展，成组单机加工又重新得到重视，同时成组技术也为提高数控机床的利用率创造了有利条件。

2. 成组生产单元

成组生产单元是将工艺上相似的一组或几组零件所需的设备，按其工艺流程合理布置成封闭的生产系统，称为成组加工单元。成组加工单元与流水线相似，但不要求工序

间保持一定的节拍，在加工单元内加工顺序可灵活安排。

成组加工单元生产周期短、管理简化，是一种先进的生产组织形式和科学的管理方法，广泛用于多品种、中小批量生产。

3. 成组生产流水线

成组生产流水线是成组技术的较高级组织形式。当一系列零件组需要在几台机床上进行加工，而这一系列零件组的工艺相似程度又很高时，可以按照某一固定的加工顺序来布置机床，组织成成组生产流水线。成组生产流水线能加工的工件种类较多（可多达200种左右），工艺适应性大。

4. 柔性制造系统

柔性制造系统一般是指用一台主机将各台数控机床连接起来，配以物料流与信息流的自动控制生产系统。它一方面进行自动化生产，而另一方面又允许相似零件组中不同零件经过少量调整实现不同工序的加工。这一组织生产的方式代表着现代制造技术的发展方向。

7.3 计算机辅助工艺规程设计

1. 计算机辅助工艺规程设计的含义

计算机辅助工艺规程设计（Computer Aided Process Planning，CAPP）是在成组技术的基础上，通过向计算机输入被加工零件的原始数据、加工条件和技术要求等，由计算机自动地进行编码、编程、绘图，直到最终迅速正确地输出经过优化的工艺规程文件的过程。如机械加工工艺路线：包括各加工表面的加工方法、加工方案和加工顺序等。工序设计：如解算工艺尺寸链，确定各工序的工序尺寸及其公差，合理选择机床设备、刀具、夹具、量具和切削用量等；工序卡（含工序简图）、模拟加工过程、显示刀具运动轨迹以及自动生成数控加工代码等。

2. 计算机辅助工艺规程设计的作用

在传统的工艺设计工作中，工艺数据的汇总、计算、抄写等重复性劳动要占到总工作量的50%～60%，加上各种工艺基础数据的生成与文档管理，工艺管理工作占全部工作量的80%左右。工艺人员的很大一部分时间是用于工艺数据的汇总统计、重复填写等工作上，因此设计效率低下、设计周期长而且设计成本较高；另外，传统的工艺规程设计大都是由工艺人员凭经验进行的，由于工艺设计所涉及的因素多，因果关系错综复杂，不同的工艺人员各自编制同一个零件的工艺规程，其所设计的方案一般各不相同，而且很可能都不是最佳方案，而且对工步、切削参数的规定及工时定额的确定，多数也是凭经验而定，十分粗略，缺少科学依据，工艺文件的个性化色彩浓重，样式繁多，不利于管理；设计质量参差不齐，难于实现优化设计。

计算机辅助工艺规程设计的出现，从根本上改变了依赖个人经验编制工艺规程的落后状况。缩短了工艺准备周期，促进了工艺规程的标准化和最优化，同时提高了工艺设计质量，降低了设计费用，减少了人力投入，而且可使工艺人员从烦琐重复的工作中摆脱出来，集中精力去考虑提高工艺水平和产品质量的问题。此外，CAPP也为制定先进合理的工时定额及推行成组技术和改善企业管理、促进生产组织的优化，提供了科学依据。

CAPP是连接计算机辅助设计（CAD）和计算机辅助制造（CAM）的纽带，也是柔性制造系统（FMS）和计算机集成制造系统（CIMS）的基础技术之一，是设计与制造之间的桥梁。通过它实现了机械制造过程的高度自动化，大大提高了劳动生产率和经济效益。国外通常把计算机辅助设计、计算机辅助工艺规程编制和计算机辅助制造这一集成制造系统，称为CAD-CAP-CAM系统。

3. 计算机辅助工艺规程设计的基本方法

目前，国内外研制和实际使用的CAPP系统，根据工作原理大致可分为派生式CAPP系统，创成式CAPP系统，综合式CAPP系统。综合式CAPP系统是将派生式系统、创成式系统与人工智能结合在一起，综合而成的一种系统。目前，世界上应用的CAPP系统大部分属于派生式系统，其原因是派生式CAPP系统是适合于回转类零件计算机辅助工艺规程设计的主要方式。

（1）派生式（又称样件法）CAPP。

派生式CAPP系统，是在成组技术的基础上，通过检索和修改零件组（族）主样件的标准工艺而制定出当前零件的最优加工方案的典型工艺规程，并以文件的形式存储在计算机中，如表7-3所示。

在派生式CAPP的数据库中存储有各类标准工艺。由于标准工艺是工艺人员根据本企业的加工情况事先拟定的，它反映了本企业的最优加工方案。当需编制一个新零件的工艺规程时，计算机会根据该零件的成组编码识别它所属的零件组（族），并调用该组（族）主样件的典型工艺文件，按以下步骤编制工艺规程：① 输入描述该零件特征的表头数据（如零件名称、材料、热处理，批量与图号等）；② 计算机检索和调用主样件工艺文件中的标准加工顺序编制出该零件的加工顺序表；③ 再逐一地从典型工艺文件中调出相关的工序，经必要的工作要素处理，如确定加工余量，计算工序尺寸，选择切削用量等，即可编制出该零件完整的工艺规程，再经制表输出。对所编制的工艺规程，还可以通过人机对话方式加以编辑和修改，形成新的工艺规程贮存在工艺文件库中备用。

（2）创成式CAPP。

创成式CAPP系统的工作原理是根据加工能力知识库和工艺数据库中的工艺信息和各种工艺决策逻辑，让计算机模仿人的逻辑思维，自动地生成零件的加工工艺规程。该系统首先将与零件工艺设计有关的加工原理，工艺逻辑原则（如“先粗后精”、“基准重合”等原则、加工方法、加工顺序等逻辑关系）等存储在计算机系统的数据库或知识库中。当需要制定某零件的工艺规程时，首先输入当前零件的有关信息（如几何要素、技术要求等），系统便模仿工艺人员的手工编制过程，利用决策逻辑和制造工程数据信息作

出各种工艺决策，结合所规定的加工原理和逻辑原则自动生成加工工艺规程。

创成式 CAPP 由于其知识库需要包含所有的工艺决策逻辑，加上工艺设计过程的多样性及复杂性，工艺过程设计往往要依靠工艺人员多年积累的丰富经验和知识作出决策，而不仅仅是依靠计算。因此，要实现能够自动排序的完全创成式系统的难度太大，目前，利用创成法来制定工艺规程尚有太大局限性。从 20 世纪 80 年代中后期到 90 年代初期，人们将人工智能的原理和方法引入到计算机辅助工艺规程设计中来，产生了 CAPP 专家系统。这些系统具有一个将工艺知识与经验以产生式规则表示的知识库和模拟工艺设计专家进行工艺决策的推理机。它更符合实际，具有更大的灵活性和适应性，弥补了派生法的不足。尽管如此，实践证明专家系统仍然存在着诸多问题，不尽人意。

(3) 综合式 CAPP。

综合式 CAPP 系统，是综合派生式和创成式 CAPP 系统的特点，以样件法为主，创成式为辅。即局部利用创成式的逻辑原则（如钻、扩、铰加工顺序原则，先粗后精加工原则等）设计工艺规程编制系统。例如当零件不能归入系统已存零件组（族）时，则转用创成法进行工艺设计或用创成法的决策原理进行工艺编辑。此法综合考虑了派生法和创成法的优点，兼取两者之长，是一种实用的 CAPP，因此是很有发展前途的。

综合式 CAPP 最常用的形式有：① 利用计算机数据库中的各种零件标准工艺生成新零件的工艺规程；② 对于一些相似性很高的零件，常采用参数化设计；③ 对一些零件工艺选取和排序规律性很强的，采取一定的决策树决策甚至对工艺知识进行推理以生成工艺；④ 对于那些不能归入现有零件族的零件，针对其加工表面进行分割，事先对这些亚于元零件的“特征”（或“元零件”）编好工艺，新零件的工艺就是它所具有的特征的工艺总和。

工艺设计是一个极为复杂的智能过程，是特征技术、逻辑决策、组合最优化等多种过程的复合体，用单一的数学模型不可能实现其所有功能。所以，CAPP 今后的研究方向应该是基于知识的工艺体系与组合优化过程的有机结合。

4. 计算机辅助工艺规程设计的基本过程

(1) 利用编码及零件输入模块，完成对所设计零件的信息描述。零件信息描述方法的选择可根据产品的特点而定，可以选用标准编码系统，也可以根据产品的特点自已设计编码系统。一般而言，主码加辅码不要超过 15～20 位。主码说明零件的结构：如类别、形状、回转加工、平面加工，辅码说明零件尺寸、材料和精度等。

(2) 创建零件组（族）。根据零件的功能、结构形状的相似性、工艺过程的相似性等信息，确定划分零件组（族）的依据和标准。

(3) 确定零件组（族）的主样件。根据所划分的零件组（族），绘制出包括组（族）内所有零件结构和加工表面要素的主样件。

(4) 建立零件组（族）成组工艺文件。制定主样件的工艺过程的工艺路线和相应的工序内容，编制工艺过程工序卡片，形成标准工艺，并输入计算机系统数据库中备用。

(5) 建立加工件工艺文件。工件以代码形式输入并运行程序，系统自动检索此零件所属的一个加工组，并调出成组工艺文件，然后根据待加工零件的技术和特征信息对工艺规程进行修改。

(6) 在数控控制器中对此加工工步中的制造特征和对应的加工工艺进行排序，机床按照加工特征对应的加工工艺，获取数据，实现零件的加工制造。

7.4 现代集成制造系统的新生产模式

7.4.1 计算机集成制造系统

1. CIMS 的基本概念

计算机集成制造（Computer Integrated Manufacturing，简称 CIM）是一种利用计算机技术、管理技术和系统工程技术组织管理企业生产的理念，是对制造企业的市场预测、产品设计、工艺设计、生产决策、生产管理、物料储运、零件加工、检验、装配、储运和用户服务等整个制造过程中的信息进行统一控制、管理、以优化企业生产活动的思想方法。按照 CIM 理念，采用信息技术实现集成制造的具体实现便是计算机集成制造系统(Computer Integrated Manufacturing System，简称 CIMS)。

CIM 的核心是集成，而 CIMS 的核心是 CIM 基础上的系统优化。CIMS 以获取生产有效性和适应环境变化对质量、成本、服务及速度的新要求为首要目标，以制造资源集成为基本，将企业经营所涉及的各种资源、过程、组织及信息流、物流和价值流有机集成并优化运行（包括市场需求分析—产品研究开发—制造—支持，以及质量、销售、采购、发送、服务以及产品最后报废、环境处理等各环节)，保证各子系统所有信息数据的共享性、一致性、准确性、及时性。

CIMS 是工厂自动化进程中所需具备的一切观念和构架，它的出现，一方面利于发挥自动化的高效率，高质量，另一方面又具有充分的灵活性，利于管理人员根据不断变化的市场需求以及企业经营环境，及时改变企业的产品结构和各种生产要素的配置，实现全局优化，甚至实现“无人工厂” 的境界。

2. CIMS 的基本构成

CIMS 是基于 CIM 理念构成的一种数字化、虚拟化、网络化、智能化、绿色化、集成优化的先进制造系统。不同的制造企业有不同的 CIMS 模式，典型的 CIMS 一般由五部分组成。

(1) 工程分析及设计子系统（CAD、CAPP)：由计算机辅助设计、计算机辅助工艺编制和数控程序编制等功能组成。使设计和制造一体化，能对性能进行分析和仿真，用以支持产品的设计和工艺准备，处理有关产品结构方面的信息。

(2) 制造自动化子系统（CAM 子系统)，它包括各种不同自动化程度的制造设备和子系统，用来实现信息流对物流的控制和完成物流的转换。如生产调度，对 CNC、MC、FMC、FMS 以及产品的装配和检测进行自动控制等。它是信息流和物流的接合部分，用

来支持企业的制造功能。

(3) 计算机辅助质量保障子系统（CAQ）：具有制订质量管理计划、实施质量管理、处理质量方面信息、支持质量保证等功能，确保对生产制造过程的各环节准确检测并进行质量反馈控制。

(4) 经营管理与决策子系统（MIS）：具有生产计划与控制、经营管理、销售管理、采购管理、财务管理、物资储运、保障等功能。

(5) 支撑平台子系统（BDPS）：包括计算机网络、通讯（NET系统）和数据库子系统，其功能是对信息资源进行采集、传递、加工处理、存储、管理并与各子系统相连，实现CIMS数据的集成与共享。

CIMS的支持技术群主要由系统总体模式、系统集成方法论、系统集成技术、标准化技术、企业建模和仿真技术、CIMS开发与实施技术等总体技术和设计自动化技术、加工自动化技术、经营管理与决策系统技术、支撑平台技术、流程及工业CIMS中生产过程控制技术等组成。

在实施计算机集成制造理念的过程中，伴随着CIM内涵的发展，又产生了精益制造（Lean Production，简称LP）、并行工程（Concurrent Engineering，简称CE）、虚拟制造（Virtual Manufacturing，简称VM）、敏捷制造（Agile Manufacturing，简称AM）和智能制造（Intelligence Manufacturing，简称IM）等许多新的先进制造模式。在后续的内容中将作简要介绍。

7.4.2 柔性制造系统

1. 柔性制造系统的概念

柔性制造系统（Flexible Manufacturing System，简称FMS）是一个功能结构复杂的人、机系统，由若干数控加工单元、物料储运单元、计算机控制单元和自动上下料装置等组成，各单元具备一定的柔性，能根据生产任务和环境的变化迅速进行调整，适用于多品种，中、小批生产，这是一种面向未来的先进制造系统。

柔性制造系统与刚性系统相比较具有以下特点。

(1) 具有高度的柔性，主要表现在两个方面：一是能在同一时间内加工不同种类零件的不同工序；一是能选择不同的工艺路线加工一种零件的一组工序。既能适应零件生产数量的变化，又能适应工艺要求的变化。快速、适时地向顾客提供个性化、差别化的产品。

(2) 具有高度的自动化程度，可实现无人自动连续运转，大大提高了加工精度和生产过程的稳定性、可靠性。

(3) 设备利用率高，辅助时间短，生产率高。

(4) 缩短了制造新产品的准备时间，减少了在制品库存量，缩短了生产周期。

2. 柔性制造系统的组成及功能

柔性制造系统一般由多工位的自动加工系统、自动化物料储运系统和计算机控制的信息系统组成。自动加工系统包括数控机床、加工中心等自动加工设备以及自动更换工件、刀具等装置。物料储运系统由多种运输装置构成，如传送带、轨道小车、工业机器人、工件交换台、托盘及夹具等搬运装置及装卸工作站。它的功能包括物料的存取、贮存、运输和装卸。一般采用带堆垛机的立体仓库。从立体仓库到各工作站的运输可以采用棍道传送带或架空单轨悬挂式运输装置，也可采用自动导引运料小车或工业机器人作为运输工具。信息系统由中央管理计算机、各设备控制装置的分级控制网络组成，其作用是实施对整个柔性制造系统的控制。

柔性制造系统是在成组技术、计算机技术、数控技术、CAD 技术、模糊控制技术、智能传感器技术、人工神经网络技术（ANN）、虚拟现实（VR）和自动检测技术等基础上发展起来的一种现代制造技术，它具有以下功能。

（1）以成组技术为核心的零件分类编码功能。

（2）以数控加工机床为核心的自动更换刀具、自动更换工件等自动加工功能。

（3）以输送和存储系统为核心的自动输送和存储物料功能。

（4）以各种自动检测装置为核心的自动测量、故障自动诊断以及物料输送和存储系统的状态监控等功能。

（5）以计算机系统为核心的信息流控制和处理功能，如对生产作业控制和管理、物料运输的控制和管理、刀具监测和控制、系统性能的监测与报告等。

柔性制造系统实现了集中控制和实时在线控制，缩短了生产周期，解决了多品种、中小批量传统生产的效率和系统柔性的矛盾。

3. 柔性制造系统的生产类型

典型的柔性零件加工系统有以下几类。

（1）柔性制造模块（Flexible Manufaeturing Module，简称 FMM）。由单台扩展了许多自动化功能（如托盘交换器、托盘库或料库、刀库、上下料机械手等）的数控加工设备（CNC 机床）配以工件自动装卸装置组成。它是最小规模的柔性制造设备，可以进一步组成柔性制造单元或柔性制造系统。

（2）柔性制造单元（Flexible Manufacturing Cell，简称 FMC）。它是在计算机控制下，由两到三个柔性制造模块或功能齐全的加工中心构成，其间由工件自动输送装置等连接，它能完成整套工艺操作，在毛坯和工具储量保证的情况下能独立工作，具有一定的生产调度能力，适应于多品种加工，品种数一般为几十种。根据零件工时和组成 FMC 的机床数量，年产量从几千件到几万件，也可达十万件以上。FMC 可视为一个规模最小的 FMS，是 FMS 向廉价化及小型化方向发展的一种产物，其特点是实现单机柔性化及自动化，迄今已进入普及应用阶段。

（3）柔性制造系统（FMS）。它包括 4 台或更多的数控加工设备、FMM 或 FMC，是规模更大的 FMC 或由 FMC 为子系统构成的系统，物料和刀具运送管理系统更加完善，生产加工过程由计算机控制系统实施综合控制。FMS 具有良好的生产调度和实时控制能力。可在不停机的情况下实现多品种、中小批量的加工及管理。

（4）柔性制造生产线（ Flexible Manufacturing Line，简称 FML）。其规模与 FMS 相同或比 FMS 大，但加工设备在采用通用数控机床的同时，更多地采用数控组合机床（数控

专用机床、加工中心、可换主轴箱机床、模块化多动力头数控机床等)，所以这种柔性制造生产线也被称为柔性自动线。自动线上工件的输送通过工件自动输送系统在系统中沿着一条单一的路线流动。FML的特点是专用性较强、柔性较低、生产率较高、生产量较大，相当于数控化的自动生产线，一般用于少品种，中、大批量生产。年产量一般为几万件到几十万件。因此，可以说FML相当于专用FMS。

(5) 柔性制造工厂（Flexible Manufacturing Factory，简称FMF)。它是以FMS为子系统，由计算机系统进行有机的联系，实现全厂范围内的从订货、设计、生产管理、机械加工、物料运送和存储直至发货的全盘自动化。它是目前柔性制造系统的最高形式，也称为自动化工厂。

装配柔性系统（FAS）是指在计算机系统的控制下，完全由担负装配作业的设备（如自动装配机、装配中心、装配机器人和焊接机器人等）进行工作的系统。

柔性检测系统可分为零件检测系统和产品检测系统两大类。

4. 柔性制造系统适用范围

FMS虽然是一种新的有很大发展前景的生产系统，但它并不是万能的。它是在兼顾了数控机床灵活性好和刚性自动生产线效率高两者优点的基础上逐步发展起来的，原则上FMS与单机加工和刚性自动生产线有着不同的适用范围。如果用FMS加工单件，则其柔性比不上单机加工，且设备资源得不到充分利用。如果用FMS大批量加工单一品种，则其效率比不上刚性自动生产线。因此，FMS的优越性是以多品种、中小批量生产和快速市场响应为前提的。

7.4.3　并行工程

1. 并行工程的概念

为了提高市场竞争能力，以最快的速度设计生产出高质量的产品，20世纪80年代末在美国和一些西方工业国家出现了一种叫并行工程（Concurrent Engineering，简称CE）的生产方式。这种生产方式是将时间上先后的知识处理和作业实施过程转变为同时考虑或尽可能同时处理的一种作业方式。

美国防务分析研究所在R-338报告中给出的定义：“并行工程是对产品及其相关各过程（包括制造过程和支持过程）进行并行、集成化设计的工作模式。这种模式要求产品开发人员一开始就能考虑到从产品概念设计到产品消亡的整个产品生命周期中的所有因素，包括质量、成本、进度计划和用户要求”等。

2. 并行工程的特征

(1) 并行特征。

并行工程的最大特点是把时间上先后的作业过程转变为尽可能同时考虑和处理的并行过程。在产品的设计阶段就并行地考虑了产品整个生命周期中包括加工工艺、装配、检验、质量保证、销售服务、制造运行（如成本、进度计划等)、维护等相关因素及过程，通过仿真、评估和优化，使产品开发过程更趋合理、高效，减少了过程的更叠，缩短了研发周期。

(2) 协同特征。

并行工程特别强调团队设计小组的协同工作（teamwork），即组建跨部门、多学科的工作小组，将传统的部门制度或专业组制度变成以产品（型号）为主线的多功能综合产品开发团队，以形成信息通畅、工作衔接、优势互补的集成并行的工作环境。

(3) 整体特征。

并行工程强调生产制造过程是一个有机的整体，在表面相互独立的各个制造过程和知识处理单元间，实质上存在着不可分割的内存联系，而且多是丰富的双向信息联系，并行工程注重全局性考虑问题，即产品研制者从一开始就考虑到产品整个生命周期中所有的因素，追求整体最优化的实现。

(4) 集成特征。

并行工程将管理者、设计者、制造者、支持者以至用户集成一个协调的整体，实现了人员集成；将产品全生命周期中各类信息采集、表示、处理和操作工具统一管理，实现了信息集成；将产品全生命周期中开发企业内部与外部、协作企业各部门间的功能集成，实现了功能集成；将产品开发过程中所涉及的多学科知识、各种技术及方法集成形成知识库、方法库，实现了技术集成。

7.4.4 虚拟制造

1. 虚拟制造的概念

随着市场的国际化和新技术的不断涌现，市场需求朝着小批量、特性化方向发展，产品的更新换代越来越快，要求产品的制造过程具有高速度和低成本。在全球激烈竞争中，传统的企业生产模式显然越来越丧失竞争力。于是各种形式的合作开发、生产和销售方式应运而生，虚拟制造技术也诞生了。

虚拟制造技术是利用计算机技术对所要进行的生产和制造活动进行全面的建模和仿真（包括产品的设计、工艺规划、加工制造、性能分析、质量检测、装配、物流、资源计划和调配、组织和管理控制等）。在产品的设计阶段就实时地模拟出产品的形状和工作状况、制造过程、检查产品的可制造性和设计合理性、预测其制造周期和使用性能，在产品设计阶段或制造之前，就能使人体验到未来产品装配的性能或者装配系统的状态，从而可以做出预见性的决策并优化实施方案，提高了人们的预测和决策水平，它为设计、制造工程师提供了从产品概念形成，结构设计到制造全过程的三维可视及交互的环境，使制造技术走出了主要依赖于经验的狭小天地，发展到了全方位预报的新阶段。

随着虚拟制造技术的不断推广，未来，完全交互式的三维可视环境将会逐步代替销售手册、安装手册、甚至是维护手册，使顾客在决定购买之前能够首先看到并了解产品的先进性。

2. 虚拟制造的分类

虚拟制造涉及与产品设计及制造有关的工程活动，与企业经营有关的管理活动，因

此虚拟设计、生产和生产控制机制是虚拟制造的有机组成部分。按照这种思想，虚拟制造可以分成三类：以设计为中心的虚拟制造，以生产为中心的虚拟制造和以控制为中心的虚拟制造。

(1) 以设计为中心的虚拟制造（DCVM)。就是把制造信息引入设计过程，利用仿真技术分析，优化产品设计，从而在设计阶段就对所设计零件甚至整机进行可制造性分析，如加工过程工艺分析，毛坯制造的热力分析，运动部件的运动及动力分析，数控加工轨迹、加工时间、费用及加工精度分析等。以获得对产品设计评估、性能、质量预测的结果。

(2) 以生产为中心的虚拟制造（PCVM)。这是在制造过程中融入仿真技术，快速地对不同工艺方案、制造资源环境、生产计划及调度结果等生产过程进行优化组合，并对产品的可生产性作出分析评估，主要提供精确生产成本信息，对组织和实施生产进行合理化决策。

(3) 以控制为中心的虚拟制造（CCVM)。这是将仿真加到控制模型和实际处理中，实现基于仿真的最优控制。其中虚拟仪器是当前的热点问题之一，它是利用计算机硬件的强大功能，将传统的各种控制、检测仪表的功能数字化，并可以灵活地进行各种功能的组合，形成不同的控制方案和模块。主要提供模拟实际生产过程的虚拟环境，从而实现对制造过程的优化控制。

3. 虚拟制造的特征

由于虚拟制造系统基本上不消耗资源和能量，也不生产实际产品，而是产品的设计、开发与实现过程在计算机上的本质实现，与实际制造相比较，它具有如下主要特征。

(1) 协同工作。通过互联网分布在不同地点、不同部门、不同专业背景的人员可以在同一个模型上协同工作，互相交流，资源共享，以避免重复研究带来的损失，减少大量的文档生成及传递的时间和误差，实现异地设计，异地制造，将制造业信息化与知识化融为一体，使产品开发以高效、快捷、低耗响应市场变化。

(2) 设计柔性。开发的产品（ 部件）存储在计算机里，工程技术人员可根据用户需求或市场变化快速改型设计，生成新的产品。如果产品设计过程中出现变故，可随时调整设计进程，等时机成熟再进行开发或投放生产，从而提高设计过程的柔性。

(3) 高度经济。产品与制造环境是虚拟模型，在计算机上通过虚拟的产品模型、过程模型和资源模型的组合与匹配来仿真特定制造系统中的设备布置、生产活动、经营活动等行为，优化制造系统各要素（人、技术、管理、环境等）的整体配置，确保制造系统的可行性、合理性、经济性和高适应性。例如通过产品的数字化模型，可以完成无数次物理样机无法进行的虚拟试验，从而无须制造及试验物理样机就可获得最优方案，从而降低研发成本，缩短研发周期，提高产品质量。

(4) 虚拟经营和管理。企业除了自身内部各部门之间的虚拟管理外，还可以以自身最强的优势和有限资源，最大限度地集成企业外部力量，实现世界范围内的企业重组，运用虚拟经营和虚拟管理，实现资源共享，优势互补，寻求企业的新发展。

虚拟制造在本质上是利用计算机生产出一种“虚拟产品”，但要实现和完成这个产品，则是一个跨学科的综合技术，涉及仿真、可视化、虚拟现实、数据继承、综合优化等领域。所以，目前国内还缺乏全企业层次上的虚拟制造的应用实践。

7.4.5 敏捷制造模式

1. 敏捷制造的内涵

敏捷制造是美国针对当前各项技术迅速发展、渗透，国际市场竞争日趋激烈的形势，而提出的一种新的经营管理及生产组织模式和战略计划。它将人、组织机构、管理、先进的柔性制造技术进行全面集成，使制造企业能够对市场的不可预见因素作出快速反应。使整个企业集成，强调企业面向市场的敏捷性。敏捷制造可以帮助企业在正确的时间内，以正确的成本和正确的质量，生产出正确的产品 。

所以，美国机械工程师学会 ASME 主办的“机械工程”杂志 1994 年期刊中对 AM 作出如下定义“敏捷制造（Agile Manufacturing，简称 AM）就是指制造系统在满足低成本和高质量的同时，对变幻莫测的市场需求的快速反应”。

AM 的一个最重要的基本点是可重构性、可重用性和可扩展性。AM 的核心是充分利用信息时代的通讯工具和通信环境，为某一产品的快速开发，组建制造企业间的动态联盟，各联盟企业之间通过虚拟管理加强各方面的合作和知识、信息、技术等资源的共享，充分发挥各自的优势和创造能力，在最短的时间内，以最小的投资完成产品的设计制造过程，并把产品快速推向市场。

2. 敏捷制造的主要概念

（1）全新企业概念。通过网络建立信息交流“高速公路”，以竞争能力和信誉为依据选择合作伙伴，将产品涉及的不同地点的企业、工厂、车间重新协调、组织而建成没有围墙，超越空间约束的“虚拟动态企业”。虚拟企业是依靠计算机网络联系、统一指挥的“临时”合作的经济实体，从策略上不强调全能，也不强调产品从头到尾都是自己开发、制造。

（2）全新的组织管理概念。敏捷企业是以任务为中心、多学科群体为基层组织的一种动态组合。它提倡以“人”为中心和“基于统观全局管理”的模式，要求各个项目组都能了解企业全局，明确工作目标、任务和时间要求，在完成任务过程中可以用分散决策代替集中控制，用协商机制代替递阶控制机制，提高经营管理目标，尽善、尽美、尽快地满足用户的特殊需要。敏捷企业强调把职权下放到项目组，强调技术和管理结合，在先进柔性制造技术的基础上，通过计算机网络联系多功能项目组的“虚拟公司”，把全球范围内的各种资源集成在一起，实现技术、管理和人的集成。

（3）全新的产品概念。敏捷制造的产品进入市场后，可以根据用户需要进行改变，得到新的功能和性能，即使用柔性和模块化的产品设计方法，依靠极大丰富的通信和软件资源，进行性能和制造过程仿真。敏捷制造为保证用户在整个产品生命周期内满意，企业将质量跟踪持续到产品报废为止，甚至包括产品的更新换代。

（4）全新的生产概念，产品成本与批量无关。从产品看是单件生产，而从具体的实

际和制造部门看，却是大批量生产。高度柔性化、模块化、可伸缩的制造系统的规模是有限的，但在同一系统内可生产出产品的品种却是无限的。

3. 敏捷制造的基本特点

（1）敏捷制造是自主制造系统。

敏捷制造系统具有自主、简单、易行、有效的特点。每个工件的加工过程、设备利用及人员投入都由本单元自己掌握和决定。以产品为对象的敏捷制造，每个系统只负责一个或若干个同类产品的生产，易于组织小批或单件生产，不同产品的生产可以重叠进行，可将产品较复杂的项目组分成若干单元，使每一单元相对独立的对产品生产负责，单元之间分工明确，协调完成一个项目组的产品。

（2）敏捷制造是虚拟制造系统。

敏捷制造系统是一种以适应不同产品为目标构造的虚拟制造系统，它能够随环境变化迅速地动态重构，对市场变化做出快速的反应，实现生产的柔性自动化。实现产品目标的主要途径是组建虚拟企业。虚拟企业主要特点是：功能、机构虚拟化，动态组织柔性虚拟化，地域虚拟化，产品开发、加工、装配、营销分布在不同地点，通过计算机网络加以协调和连接。

（3）敏捷制造是可重构的制造系统。

敏捷制造系统设计过程不是预先按规定需求范围建立的过程，而是使制造系统从组织结构上具有可重构、可重用和可扩充三方面的能力。通过对制造系统硬件重构和扩充，适应新的生产过程，完成预计变化的活动，要求软件可重用，能对新制造活动进行指挥，调度与控制。

7.4.6　绿色制造

绿色制造（Green Manufacturing，简称 GM）又称清洁制造，是指在保证产品的功能、质量、成本的前提下，综合考虑环境影响和资源优化利用的现代制造模式。它使产品从设计、制造、包装、运输、使用到报废整个产品生命周期中不产生环境污染或环境污染最小化、资源利用最优化，并使企业经济效益和社会效益协调优化。

传统的制造模式是一个开环系统，即原料—工业生产—产品使用—报废—回收再利用。绿色制造技术，改变了原来末端处理的环境保护办法，对环境保护从源头抓起，并考虑产品的基本属性，使产品在满足应有的基本性能、使用寿命、质量的同时，满足环境目标要求。即通过绿色设计、绿色材料、绿色设备、绿色工艺、绿色生产过程、绿色包装、绿色管理等生产出绿色产品，产品使用完以后再通过绿色处理后加以回收利用，最大限度地减少制造对环境的负面影响，同时使原材料和能源的利用效率达到最高。

国外不少国家的政府部门已推出了以保护环境为主题的“绿色计划”。1991 年日本推出了“绿色行业计划”，加拿大政府已开始实施环境保护“绿色计划”。美国、英国、德国也推出类似计划。

国际经济专家分析认为，目前“绿色产品”比例为 5%～10%，再过 10 年，所有产品都将进入绿色设计家族，可回收，易拆卸，部件或整机可翻新和循环利用。也就是说，在未来10年内绿色产品有可能成为世界商品市场的主导产品。

7.4.7 精益生产

精益生产是20世纪50年代日本丰田汽车公司为了求得汽车行业竞争的胜利，创立的一种追求无废品、零库存、多品种、低成本的生产、管理和市场经营相结合的丰田生产方式，以后美国麻省理工学院又正式提出精益生产概念，并将它用于汽车工业的改造。经过各国科技人员的努力，精益生产已经开始为各种行业服务。

精益生产的基本思想是：在企业运行的各个环节上，精简一切不必要的环节，合理配置和利用一切生产要素，消除一切浪费。精益生产的主要技术基础是并行工程以及作为三大支撑技术的成组技术、准时生产、全面质量管理。赖以如此强大的技术支持，精益生产在资金、劳动力、生产时间、工厂面积、技术开发等诸方面实行最优配合，利用最少的资源、最低的成本向客户提供高质量的产品服务，使企业获得最大的利润和最佳应变能力。

精益生产的生产方式采用了“以人为中心、以简化为手段、以尽善尽美为终极目标”的经营理念，有很强的生命力，在世界各国引起了强烈反响。目前美国的通用汽车公司、福特汽车公司、德国大众汽车公司、西门子公司等企业，都已采用了精益生产方式，收到了较好的效果。

7.4.8 智能制造

智能制造（Intelligent Manufacturing，简称IM）技术是制造技术、自动化技术、系统工程与人工智能等学科互相渗透、互相交织而形成的一门综合技术，是人工智能在机械制造中的广泛深入的应用。

智能制造系统使机器代替人进行自动检测、自动补偿、自动优化、自动保护、自主决策，使人和设备不受生产操作和国界限制而实现彼此完美的合作。智能制造系统具有自律能力、自组织能力、自学习与自我优化能力、自修复能力，因而适应性极强，而且由于采用VR技术，人机界面更加友好。因此，IM技术的研究开发对于提高生产效率与产品品质，降低成本，提高制造业市场应变能力、国家经济实力和国民生活水准，具有重要意义。

智能制造的特点是具有极强的适应性和友好性。对于制造过程，要求实现柔性化和模块化；对于人，强调安全性和友好性；对于环境，要做到环保节能、资源回收和再利用；对于社会，则提倡合理的协作和竞争。

智能制造的主要策略是综合利用各个学科、各种先进技术和方法（人工智能、神经网络、模糊控制、计算机技术、人类学、信息科学、管理科学等），解决和处理制造系统中的各种问题。比如，智能CAD系统的智能化，系统能智能地支持设计者的工作，而且人机接口也是智能的。

习题与思考题

1. 现代机械制造技术有哪些?
2. 简述成组技术的基本原理。
3. 什么是柔性制造系统?
4. 并行工程、虚拟制造、敏捷制造、绿色制造、精益生产、智能生产有何特点?

参 考 文 献

[1] 谢旭华，张洪涛．机械制造工艺及工装［M］．北京：科学出版社，2007.
[2] 李振杰．机械制造技术［M］．北京：人民邮电出版社，2009.
[3] 周世学．机械制造工艺与夹具［M］．北京：北京理工大学出版社，2006.
[4] 陈福恒，孔凡杰．机械制造工艺学基础［M］．济南：山东大学出版社，2004.
[5] 司乃钧．机械加工工艺基础［M］．北京：高等教育出版社，2006.
[6] 薛立锵．电子机械制造工艺学［M］．西安：西安电子科技大学出版社，1994.
[7] 朱焕池．机械制造工艺学［M］．北京：机械工业出版社，1995.
[8] 王启平．机械制造工艺学［M］．哈尔滨：哈尔滨工业大学出版社，1995.
[9] 王先逵．机械制造工艺学［M］．北京：机械工业出版社，1995.
[10] 李云．机械制造工艺学［M］．北京：机械工业出版社，1995.
[11] 陈明．机械制造技术［M］．北京：航空航天大学出版社，2001.
[12] 陈锡渠．现代机械制造工艺［M］．北京：清华大学出版社，2006.
[13] 何七荣．机械制造工艺与工装［M］．北京：高等教育出版社，2003.
[14] 李华．机械制造技术［M］．北京：高等教育出版社，2000.
[15] 李伟光．现代制造技术［M］．北京：机械工业出版社，2001.
[16] 林朝平．现代制造技术［M］．南京：东南大学出版社，2001.
[17] 刘金斗．机床夹具设计手册［M］．上海：上海科技出版社，2002.
[18] 徐嘉元，曾家驹．机械制造工艺学［M］．北京：机械工业出版社，2005.
[19] 周伟平．机械制造技术［M］．武汉：华中科技大学出版社，2000.
[20] 赵志修．机械制造工艺学［M］．北京：机械工业出版社，1985.
[21] 顾崇衔．机械制造工艺学［M］．太原：山西科学技术出版社，1981.
[22] 赵元吉．机械制造工艺学［M］．北京：机械工业出版社，1995.
[23] 郑修本．机械制造工艺学［M］．北京：机械工业出版社，1995.
[24] 尚德香．机械制造工艺学［M］．延吉：延边大学出版社，1987.
[25] 姚智慧，张广玉．机械制造技术［M］．哈尔滨：哈尔滨工业大学出版社，2002.
[26] 倪森寿．机械制造工艺与装备［M］．北京：化学工业出版社，2003.
[27] 谢家瀛．机械制造技术概论［M］．北京：机械工业出版社，2001.
[28] 王季琨，沈中伟，刘锡珍．机械制造工艺学［M］．天津：天津大学出版社，1998.
[29] 顾崇衔．机械制造工艺学［M］．西安：陕西科学技术出版社，1987.
[30] 傅水根．机械制造工艺基础［M］．北京：清华大学出版社，1998.
[31] 鲁秉恒．机械制造技术基础［M］．北京：机械工业出版社，1999.
[32] 肖继德，陈宁平．机床夹具设计［M］．北京：机械工业出版社，2002.
[33] 徐发仁．机床夹具设计［M］．重庆：重庆大学出版社，2003.
[34] 刘守勇．机械制造工艺与机床夹具［M］．北京：机械工业出版社，2004.
[35] 任家龙．机械制造技术［M］．北京：机械工业出版社，2000.
[36] 李庆寿．机床夹具设计［M］．北京：机械工业出版社，1996.

[37] 余光国. 机床夹具设计 [M]. 重庆：重庆大学出版社，1995.
[38] 孙学强. 机械加工技术 [M]. 北京：机械工业出版社，1999.
[39] 孙学强. 机床夹具设计习题集 [M]. 北京：机械工业出版社，1997.
[40] 张德全. 机械制造装备及其设计 [M]. 天津：天津大学出版社，2003.
[41] 白成轩. 机床夹具设计新原理 [M]. 北京：机械工业出版社，1997.
[42] 杜君文. 机械制造技术装备及设计 [M]. 天津：天津大学出版社，1998.
[43] 钱同一. 机械制造工艺基础 [M]. 北京：冶金工业出版社，1997.
[44] 王建峰. 机械制造技术 [M]. 北京：电子工业出版社，2002.
[45] 陈海魁. 机械制造工艺基础 [M]. 北京：中国劳动社会保障出版社，2000.
[46] 苏建修. 机械制造基础 [M]. 北京：机械工业出版社，2001.